京津冀暴雪天气

张迎新　张守保　杨　璐　秦庆昌　李宗涛　编著

气象出版社
China Meteorological Press

图书在版编目（CIP）数据

京津冀暴雪天气 / 张迎新等编著. -- 北京 : 气象出版社, 2023.6
ISBN 978-7-5029-8010-8

Ⅰ. ①京… Ⅱ. ①张… Ⅲ. ①雪暴一天气预报一研究一华北地区 Ⅳ. ①P457.6

中国国家版本馆CIP数据核字(2023)第144915号

京津冀暴雪天气

Jing-Jin-Ji Baoxue Tianqi

出版发行:气象出版社

地　　址:北京市海淀区中关村南大街 46 号　　**邮政编码**:100081

电　　话:010-68407112(总编室)　010-68408042(发行部)

网　　址:http://www.qxcbs.com　　**E-mail**:qxcbs@cma.gov.cn

责任编辑:张　媛　　**终　　审**:张　斌

责任校对:张硕杰　　**责任技编**:赵相宁

封面设计:博雅锦

印　　刷:北京建宏印刷有限公司

开　　本:787 mm×1092 mm　1/16　　**印　　张**:10

字　　数:256 千字

版　　次:2023 年 6 月第 1 版　　**印　　次**:2023 年 6 月第 1 次印刷

定　　价:80.00 元

前　言

京津冀地区东濒渤海，西倚太行山，为沿海与内陆的过渡地带；地势西北高、东南低，西北部是坝上高原，北部、西部分别为燕山、太行山山地，盆地、丘陵分布其间；东南部为黄河、海河、滦河冲积平原；东部是沿海海洋。特殊的地理位置、复杂多样的地形地貌，形成了复杂多变的天气气候，暴雨(雪)、强对流、大雾等各类气象灾害频发。京津冀是我国的政治中心，同时也是交通枢纽、工业生产的主要基地和商品流通集散地。因此，气象灾害及其带来的次生灾害所造成的生命财产损失往往非常巨大。暴雪是该区域冬季经常发生的高影响天气过程，常伴有强降温、大风等，易使道路结冰、电线覆冰等，对交通运输、电力、农业及人民生产生活造成重大影响。

近年来，随着气象部门大力推进气象现代化建设，新的观测资料和越来越多的数值预报产品不断投入天气预报业务和科研应用；应用新资料、新技术、新方法对京津冀暴雪等灾害性天气发生及演变规律进行分析研究，取得了许多新的成果。为了帮助预报员做好暴雪天气预报，本书介绍了在气象业务和科研工作中总结出来的暴雪天气特征、影响系统等，并提出了预报着眼点和一些预报方法。本书是为具有气象专业背景、天气动力学和天气学基础的业务预报和科研人员编写的。

本书共分 5 章。第 1 章“京津冀地区降雪的气候特征”由张迎新同志负责编撰；第 2 章“主要影响系统和环流特征”由张守保同志负责编撰；第 3 章“新探测资料的应用”、第 4 章“暴雪过程的中尺度分析”由张迎新同志负责编撰；第 5 章“降水相态的预报”由杨璐同志负责编撰，其中 5.3 节“雨雪过程中云微物理特征”由秦庆昌同志负责编撰。全书由张迎新、张守保同志负责统稿、审阅。李宗涛同志做了绘图等许多辅助性工作。

感谢李江波、郭金兰、翟亮、苗爱梅正研级高级工程师对本书的编撰给出了宝贵建议。

在撰写过程中，参考了许多人的研究成果，除参考文献所列正式刊登的论文、论著外，还有一些资料来自会议、报告等材料。对没有正式发表的文献未能一一列出作者和出处，恳请有关人员谅解，在此也深表谢意。

由于暴雪天气、雨雪相态预报的复杂性，加上作者水平有限，错误与不当之处在所难免，敬请读者批评指正。

《京津冀暴雪天气》编写组

2023 年 1 月

目　录

第 1 章

京津冀地区降雪的气候特征

京津冀地处华北平原东北部，东濒渤海，西倚太行山与山西省交界，南接黄淮平原与河南省为邻，东南与山东省毗连，北连蒙古高原，与内蒙古自治区接壤，东北与辽宁省相接（图 1.1）。地域十分广阔，位于 36°01′～42°35′N，113°29′～119°58′E，南北跨越约 6.5 个纬度距离，南北长约 730 km，东西宽约 560 km，总面积约 18.77×10^4 km^2。全境大体上由高原、山地和平原（即坝上高原和基本上由燕山与太行山所构成的山地以及平原）3 部分组成（高原位于西北缘；燕山自西向东、太行山自北向南构成半环状“弧形山脉”环抱着平原），并自西北向东南依次排列，形成西北高、东南低逐级下降的地势，地貌复杂多样，高原、山地、丘陵、盆地、平原类型齐全，高低相差悬殊。坝上高原系内蒙古高原的一部分，地势南高北低，平均海拔 1200～1500 m；坝上到坝下地势陡降，但海拔 1000 m 以上的孤峰林立，其中，第一高峰小五台山海拔 2871.5 m。山地由中山、低山、盆地、丘陵组成，海拔多在 2000 m 以下。背山面海的平原是华北大平原的一部分（臧建升，2008）。

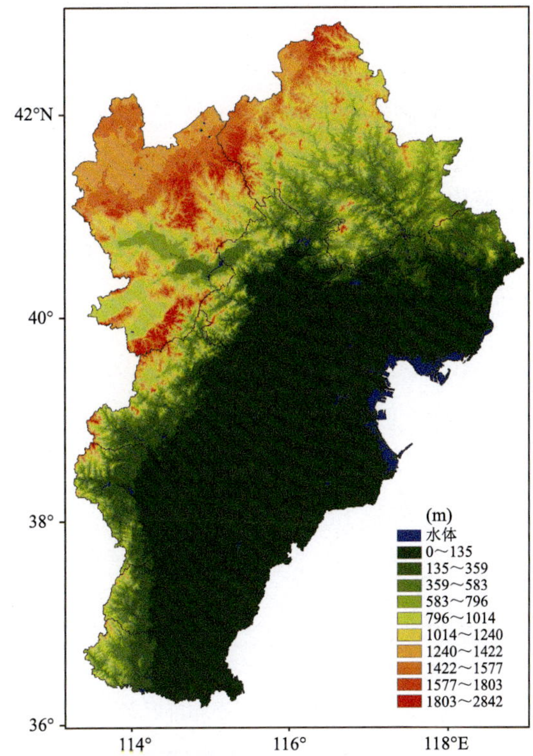

图 1.1　京津冀地形

冬半年与夏半年的环流特征不同，在 500 hPa 高度场上，北半球中纬度表现为 3 个大槽，分别位于东亚靠近西太平洋一侧、欧洲大陆和北美靠近大西洋一侧。华北地区位于东亚大槽后部、欧亚大陆脊前的西北气流控制下。在对流层上层(200 hPa)，副热带高空急流轴线的平均位置在 34°N 附近，中心强度可达 70 m/s，是四季中强度最强、位置最偏南且基本稳定的时期。在地面图上，我国受庞大的、向南伸展的蒙古冷高压控制，盛行北风气流；在 850 hPa 流场上，华北上空同样受强盛的西北气流控制。因此，华北地区具有典型的冬季风特征：盛行偏北气流、冷空气活跃、寒冷干燥，只有在合适的水汽输送条件背景下才有可能产生降雪天气。本章针对京津冀地区降雪天气过程进行统计分析。

1.1 资料和方法

资料为中国气象局国家气象信息中心资料室提供的京津冀地区地面观测站逐日降水量、降雪量和降雪日数。考虑到 20 世纪 50 年代、60 年代为观测站由少变多、站点数量迅速增长的阶段，本文选取了台站数量已经稳定的 1976—2015 年资料，对 178 个气象台站的京津冀地区降雪气候特征进行分析。

降雪的选取标准：定义气象台站日新增积雪深度≥1 cm 为降雪日，将该日降水量≥0.1 mm 记为 1 次有效降雪，0.1～2.4 mm 记为小雪等级，2.5～4.9 mm 记为中雪等级，5.0～9.9 mm 记为大雪等级，≥10 mm 记为暴雪等级。有 1 站出现降雪(小雪、中雪、大雪、暴雪)就算当天出现同量级的降雪。

1.2 降雪的时间分布特征

1.2.1 年际变化

1976—2015 年，京津冀地区年平均降雪量和平均降雪日数分别为 13.8 mm 和 4.6 d。从 40 年时间序列来看，平均降雪量和平均降雪日数都存在着明显的年际变化，1990 年平均降雪量最大为 29.9 mm，1999 年平均降雪量最小为 3.2 mm，前者为后者的 9.3 倍；1991 年平均降雪日数最大为 9.0 d，1999 年平均降雪日数最小为 1.4 d，前者是后者的 6.4 倍(图 1.2)。

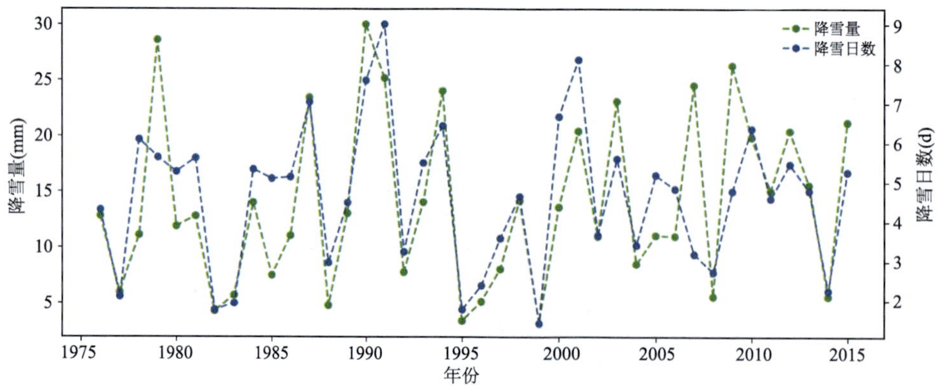

图 1.2　1976—2015 年京津冀地区年平均降雪量及平均降雪日数

年平均降雪量与平均降雪日数呈正相关，但由于降雪日数较少，年平均降雪量的大小往往决定于1次或几次区域性大雪或暴雪天气过程，2007年和2009年平均降雪日数分别低于常年①(3.2 d)和接近常年(4.7 d)，但降雪量却分别为第5位和第3位。以2009年为例，仅11月10—11日，京津冀地区共出现130站次暴雪以上降雪天气。

1.2.2 月际变化

京津冀地区降雪出现在9月至次年6月，最早出现的时间为9月25日(1995年承德坝上高原的塞罕坝)，最晚发生在6月5日(1987年坝上高原的康保、沽源、尚义、张北、塞罕坝)。

降雪量主要集中在11月至次年3月，占全年总降雪量的93.5%，降雪量呈双峰分布，峰值分别为11月(3.2 mm)以及次年2月、3月(分别为3.2 mm、2.7 mm)。相对于降雪量，降雪日数则呈现单峰分布，进入11月降雪日数开始明显增多，至次年2月降雪日数最多(图1.3)。

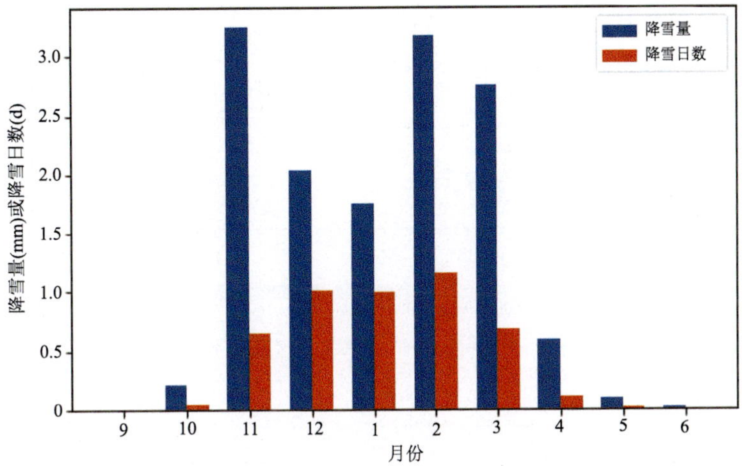

图1.3 1976—2015年京津冀地区月平均降雪量及降雪日数

1.3 降雪的空间分布特征

京津冀地区年平均降雪量总体呈现北多南少，高原山地降雪多，平原沿海降雪少的特征(图1.4)。坝上高原沽源—崇礼—张北—尚义一线为整个京津冀地区降雪的中心，沽源和崇礼的年平均降雪量最大，分别为37.4 mm和36.0 mm。在坝上高原以外地区，还存在4个小的降雪中心，分别为佛爷顶(29.7 mm)、兴隆(25.0 mm)、井陉(21.4 mm)和涉县(20.2 mm)，其中佛爷顶、兴隆位于燕山南麓，井陉、涉县位于太行山东麓，均与地形有密切关系。平原地区的年平均降雪量均在20 mm以下，沿海地区最小，普遍在10 mm左右。

1.4 大雪—暴雪的统计特征

京津冀地区各站最大日降雪量统计(图1.5)，大部分站日最大降雪量在20～35 mm；19站小于20 mm，最小日降雪量为北京上甸子的14.1 mm；13站日最大降雪量大于40 mm；日降雪量大于50 mm的有5站，分别为河北兴隆(59.5 mm)、河北滦平(54.1 mm)、北京朝阳

① 常年指1976—2015年平均。

(54.0 mm)、北京延庆(53.6 mm)和河北石家庄(51.1 mm)。

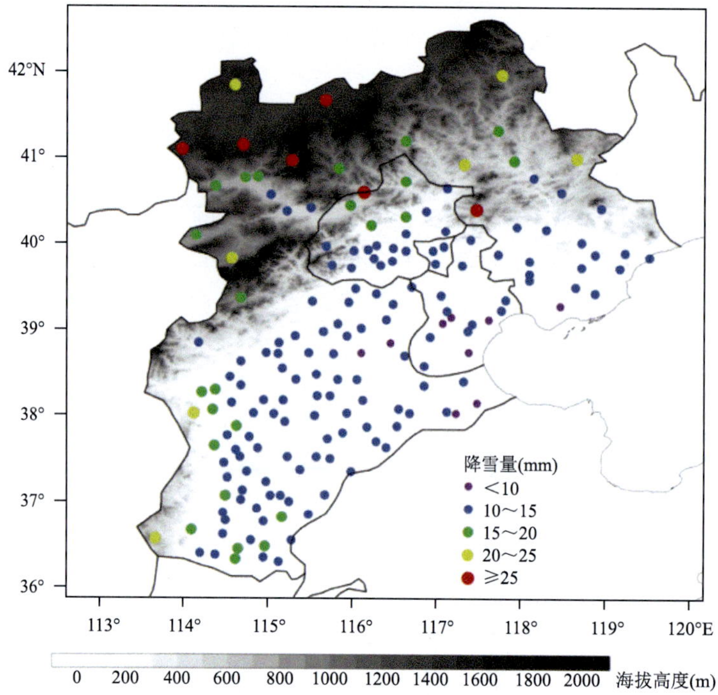

图 1.4 1976—2015 年京津冀地区年平均降雪量

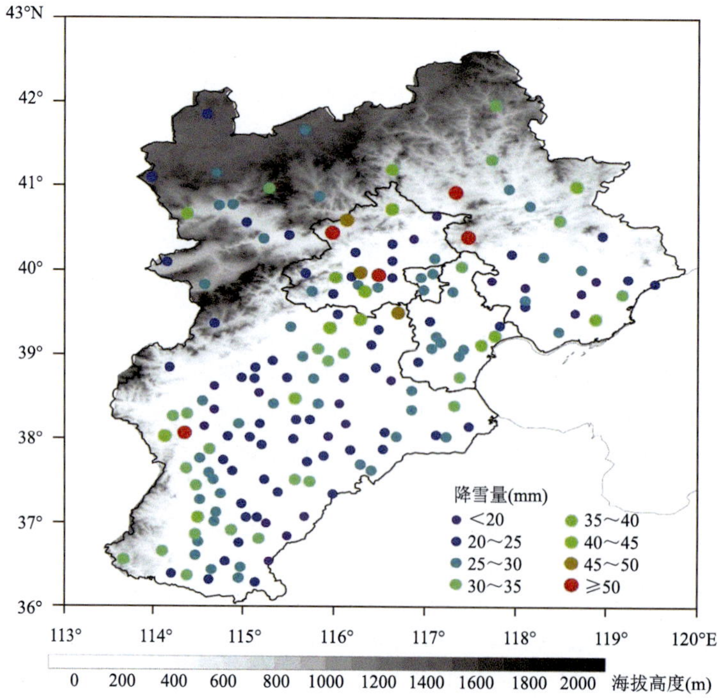

图 1.5 1976—2015 年京津冀地区各站最大日降雪量

京津冀地区大雪以上量级(≥5 mm)年平均日数与年平均降水量的分布相似,呈现北多南少,高原山地日数多,平原沿海日数少的特征(图1.6)。坝上高原沽源—崇礼—张北—尚义一线为大值区,年平均日数在1.3 d以上。另一大值区是燕山南麓(佛爷顶、兴隆)、太行山东麓(井陉、涉县),均与地形有密切关系。

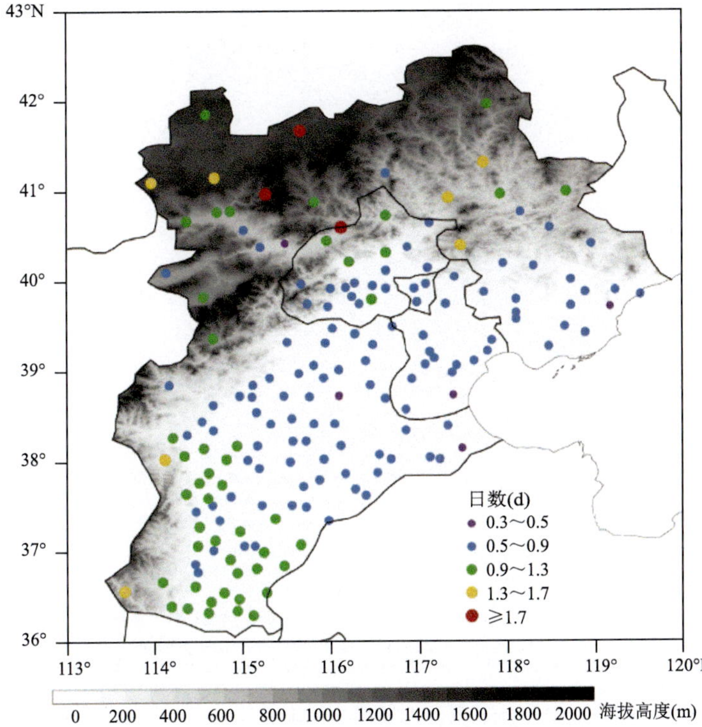

图1.6　1976—2015年京津冀地区大雪以上量级(≥5 mm)年平均日数

京津冀地区大雪以上量级(≥5 mm)月平均站次数(图1.7),主要出现在11月至次年3月。其中11月出现最多,其次是2月、3月,与月平均降水量的月际变化一致,但与降雪日数

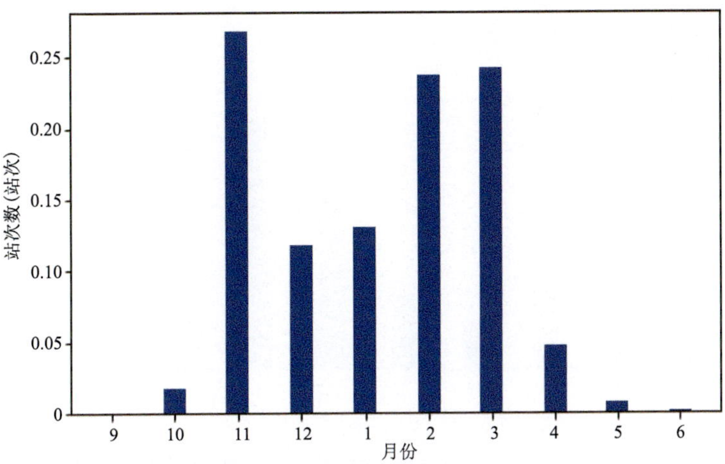

图1.7　京津冀地区大雪以上量级(≥5 mm)月平均站次数

略有不同(降雪日数2月、3月多)。说明11月出现的大雪以上的过程,降雪范围较大。

京津冀地区暴雪以上量级(≥10 mm)年平均日数与大雪相似,呈现北多南少,高原山地日数多,平原沿海日数少的特征(图1.8)。

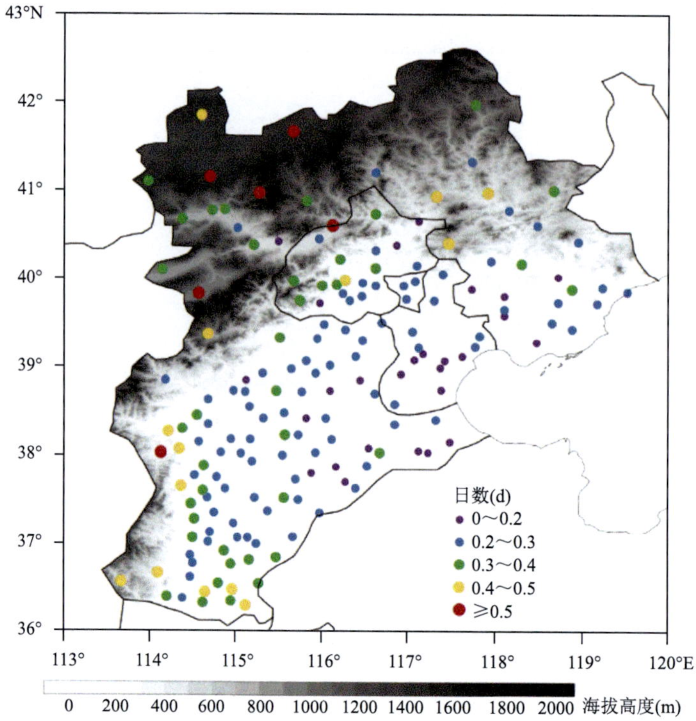

图1.8　1976—2015年京津冀地区暴雪以上量级(≥10 mm)年平均日数

从月际变化(图1.9)来看,主要出现在11月至次年3月。与大雪的月际变化一致,11月出现最多,其次是2月、3月。说明11月出暴雪的范围较大,其次是2月、3月。

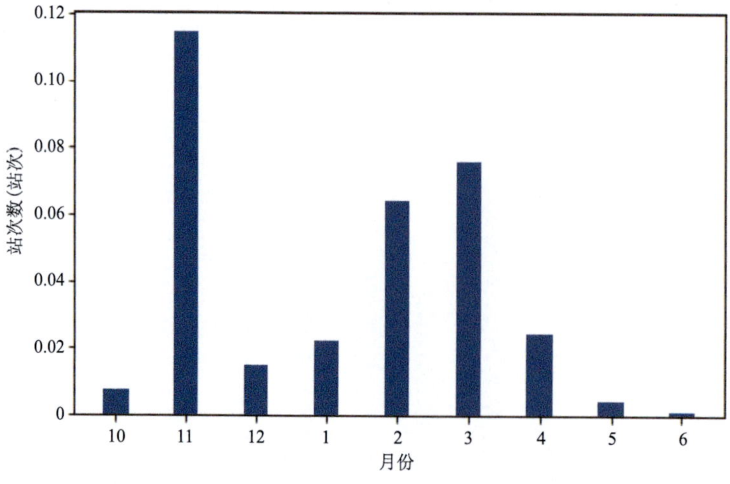

图1.9　京津冀地区暴雪以上量级(≥10 mm)月平均站次数

参考文献

臧建升，2008. 中国气象灾害大典：河北卷[M]. 北京：气象出版社.

第 2 章
主要影响系统和环流特征

近年来，很多学者对我国错综复杂的大雪天气开展了大量的研究工作，从热力、动力、对称不稳定等天气学角度进行分析和诊断，取得了不少有益的成果。国内外对大雪的研究方法较为多样化，很多学者在研究大雪物理过程的基础上，按大雪出现的环流形势、锋区和流场扰动的配置、系统的演变、急流轴的变化及卫星云图特征等进行研究。本章对京津冀地区降雪天气的主要影响系统和环流特征进行分析。

大雪以上天气的形势场具有一定的共性，充足的水汽供应、冷空气东移南下、0 ℃层高度及温度层结是必要条件。在历次京津冀冬季暴雪以上的天气过程中，常常伴有南支槽与中纬度西风带低槽的同位相叠加，700 hPa 西南气流非常强盛，可达急流（12 m/s 以上）程度，水汽主要来源于孟加拉湾或是南海北部源源不断的输送，850 hPa 比湿超过 2 g/kg。统计京津冀降雪天气，其形势可分为：华北回流类、低槽冷锋类及气旋类。

2.1 华北回流类*

华北冬季降雪主要以回流类降雪为主（张迎新 等，2006，2007；王迎春 等，2004；徐达生，1957）。华北回流天气是指冷空气从东北平原南下，经过渤海，以偏东路径影响华北平原。徐达生（1957）研究认为，华北平原冬季较大的降雪、春秋季较大的降水大部分与回流天气有关。张迎新等（2006）对 2002 年 12 月暴雪个例分析指出，降水强度及开始结束时间与高空暖湿气流风向、风速及低层偏东风有很好的相关，而张守保等（2008）统计了 1980—2002 年华北平原的回流天气过程，合成分析结果显示，涡度和散度的垂直分布与一般降水过程不同，低层存在辐散和反环流，低层经渤海回流到华北地区的空气是比较干的。周雪松等（2008）对 2004 年华北回流降雪机制进行了分析，指出在回流暴雪形成与发展过程中，动力锋生机制发挥了重要作用，其产生的锋面次级环流是造成暴雪的主要原因。华北回流可以带来暴雪至大暴雪，有时也只是零星小雪或小雪，往往与高空的环流形势、水汽密切相关。如 2009 年 11 月 10—12 日京津冀中南部的暴雪至大暴雪天气，共有 82 站出现 10 mm 以上的暴雪，其中石家庄地区共有 8 站出现 50 mm 以上的特大暴雪，石家庄本站降雪最多，为 93.3 mm。受降雪天气影响，石家庄大部、邢台西部、邯郸西部累计积雪深度超过 30 cm，石家庄市区累计积雪深度最大为 55 cm。据河北省民政部门统计，本次暴雪共致 328.4 万人受灾，直接经济损失达 15.2743 亿元（张迎新 等，2011a；侯瑞钦 等，2011）。又如 2001 年 12 月 7 日引发北京市交通近乎瘫痪的降雪过程，也是一次回流天气（赵思雄 等，2002；孙继松 等，2003），虽然北京市区平均降雪量只有 1～

* 张守保，2009. 华北回流天气的多尺度结构特征[D]. 南京：南京信息工程大学.

2 mm，但由于降雪后导致路面结冰打滑，数十万辆机动车几乎无法正常行驶，北京市交通大堵塞，引起社会强烈不满。《北京青年报》以“大雪考验北京交通”和“雪给北京上了一课”为题，分别于 12 月 8 日和 9 日在头版对此事进行了报道和评述，社会各界对此十分关注。但由于该天气影响系统的信息较弱，给预报增加了难度。早在 20 世纪 50 年代末，施友功等(1956)、徐达生(1957)对 1956 年 2 月出现的一次华北回流天气进行了分析，对此次回流天气进行了详细的总结。此后对华北回流天气没有系统地研究过，但各地的预报和科研人员统计当地的回流天气，总结出一些预报指标并在业务预报中使用(如偏东风至少维持 6 h 才能产生降水，850 hPa 等压面上小高压入渤海，太原高空风分析出现强烈的暖湿平流，预示降水开始等)。近年来，张迎新等(2006，2007)、张守保等(2008，2013)对华北回流天气综合环流特征进行了分析。

多年来，国外为寻求回流天气的结构和演变规律的努力一直持续不断。美国得克萨斯州立大学的 Walter Henry 团队对墨西哥湾沿岸的回流天气进行了统计和个例分析(Henry，1979；Johnson，1976； Karnavas，1978)。由于缺乏高空探测资料，他们的研究未能给出回流天气详细的演变过程。鉴于此，1988 年 2—3 月，针对墨西哥湾地区出现在晚冬和早春的回流天气实施了外场试验，以揭示变性的极地气团回流到美国南海岸后的天气结构特征。此后，其他气象学家根据观测资料进行了一系列的分析研究(Charlie et al.，1992； Richard et al.，1998)。其基本结论是：气团自海上又回流到陆上空气的湿度是加大的，此回流层的厚度约有 2 km。当回流空气来到陆上，在下一次冷锋到来时形成“三明治”式的锋面结构。

本节介绍华北回流天气个例的环流形势特征，尤其是产生大降水和形成偏东大风的环流形势特征。同时对回流天气的动力、水汽条件进行了合成分析，旨在提高对华北平原的回流天气的认知，提升对回流天气的预报能力。

2.1.1 华北回流天气的综合形势特征

统计标准和使用资料分别为：

(1)统计标准

地面在华北地区呈北高南低形势分布，且京津冀有 1/3 以上县市出现降水，其中日降水量局部有中雪以上的成片降水，即为 1 次回流天气过程。

(2)使用资料

普查 1981—2002 年的历史天气图，在 22 年资料中共选取回流降水个例 31 个。使用美国国家环境预报中心(NCEP)再分析资料(1°×1°，1 d 4 次)进行天气形势分析和物理量诊断。

2.1.1.1 天气分型

普查历史天气图，根据地面在华北地区呈北高南低形势分布，且满足以上的统计标准。主要以高空 500 hPa 形势为依据，大致分为两型：

(1)两槽一脊型

主要天气形势(图 2.1)：

①乌拉尔山附近(50°～70°N，50°～70°E)为低压槽或低压。

②贝加尔湖地区及以西(50°～65°N，75°～95°E)为高压脊。

③河套及以西地区(35°～41°N，100°E 附近)有低槽。

④贝加尔湖以东(45°～60°N)范围内维持低压槽或负变温。若负变温不明显，可考虑负变高。

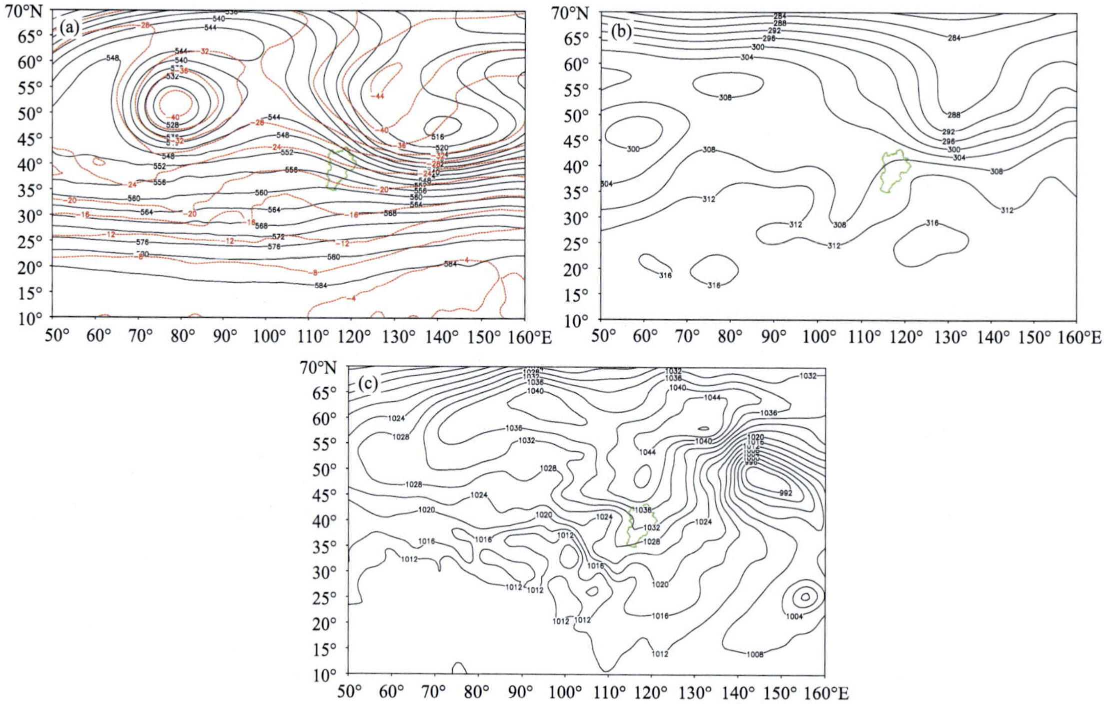

图 2.1　两槽一脊型天气形势

(a. 500 hPa，b. 700 hPa，c. 地面；a 与 b 中实线为等高线，单位：dagpm，
a 中虚线为等温线，单位：℃，c 中实线为等压线，单位：hPa)

(2)高纬低压带型

主要天气形势(图 2.2)：

①低压带位于 50°～65°N，75°～130°E。

②西风带锋区中在 40°～50°N 有 4～6 根等温线。

③巴尔喀什湖到我国新疆(40°～50°N，75°～90°E)有≤－2 ℃的变温。

2.1.1.2　动力条件的合成分析

(1)相对涡度场

图 2.3a，b 分别是沿 115°E 和 37.5°N 所做的华北回流天气过程平均相对涡度的垂直剖面。从图可见，降水区(图中实线)800～850 hPa 或以下是弱的负涡度区，且负涡度区的厚度由北向南是逐渐减小的，400 hPa 以上为强的大片负涡度区，中间层是较强的正涡度区，且正涡度由南到北是向高空倾斜的。这也说明降水区低层有反气旋存在，且此反气旋自北向南呈斜楔状。这与一般降水过程中，中低层是正涡度区、高层是负涡度区的配合方式是不同的。

(2)散度场

图 2.3c，d 分别是沿 115°E 和 37.5°N 所做的华北回流天气过程平均散度的垂直剖面。从图可见，降水区(图中实线)近地面层散度为正，但值较小，其上至 500 hPa 为较强的负散度区，500 hPa 以上散度为正。这说明降水区近地层是弱的辐散区，中低层辐合、高层辐散，且高层的辐散较强(正散度值较大)。与一般降水过程不同的是，在回流天气中近地面层存在弱辐散区。

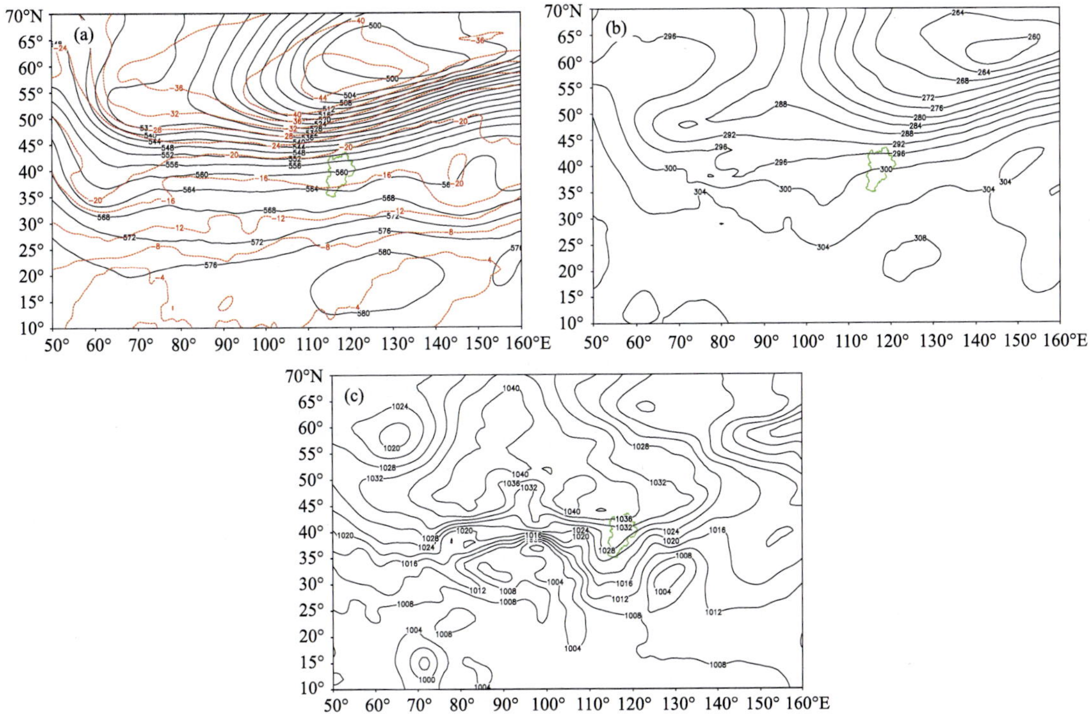

图 2.2 高纬低压带型的天气形势

(a. 500 hPa，b. 850 hPa，c. 地面；a 与 b 中实线为等高线，单位：dagpm，a 中虚线为等温线，单位：℃，c 中实线为等压线，单位：hPa)

(3)垂直运动场

图 2.4 是回流天气过程中，平均垂直速度沿 115°E 的垂直剖面图。由图可见，回流天气中，大气的垂直运动维持一个南方上升、北方下沉的垂直环流(图中 *AB* 环流)，且向北倾斜。降水区(蓝色线)上空是上升区，最大上升速度出现在 600～300 hPa。此垂直环流与北方锋面的垂直环流是一致的。

2.1.1.3 水汽条件的合成分析

在日常预报业务工作中，经常会遇到华北回流天气。有关此类天气的水汽源地，还未有一定论。但普遍认为华北回流天气的水汽通道有两条，一条伴随西南气流来自南方，另一条伴随经渤海变性的低层东北气流。使用中尺度模式 MM5 对一次回流天气过程进行模拟后得出：低层东北南下的冷空气，虽流经渤海，但其仍是干冷的。试图应用 1 d 4 次的 NCEP 再分析资料分析华北回流天气的水汽源地。

(1)比湿与水汽通量

从 700 hPa 流场和比湿场(图 2.5)可看出，降水开始时(图 2.5a)，比湿大于 4 g/kg 的区域到达华北平原南部。在湖南、湖北附近有一比湿大值区(比湿在 7～8 g/kg)，并伴有一支西南气流。随后比湿大值区向东移并迅速北伸，降水期间(图 2.5b)，比湿大值区顶部伸展到40°N，此时河北中南部地区降水最强；随着比湿大值区及西南气流的东移和南撤(图 2.5c)，水汽输送明显减弱，降水区也向东南方向移动，河北降水趋于停止。从石家庄附近(115°E，38°N)水

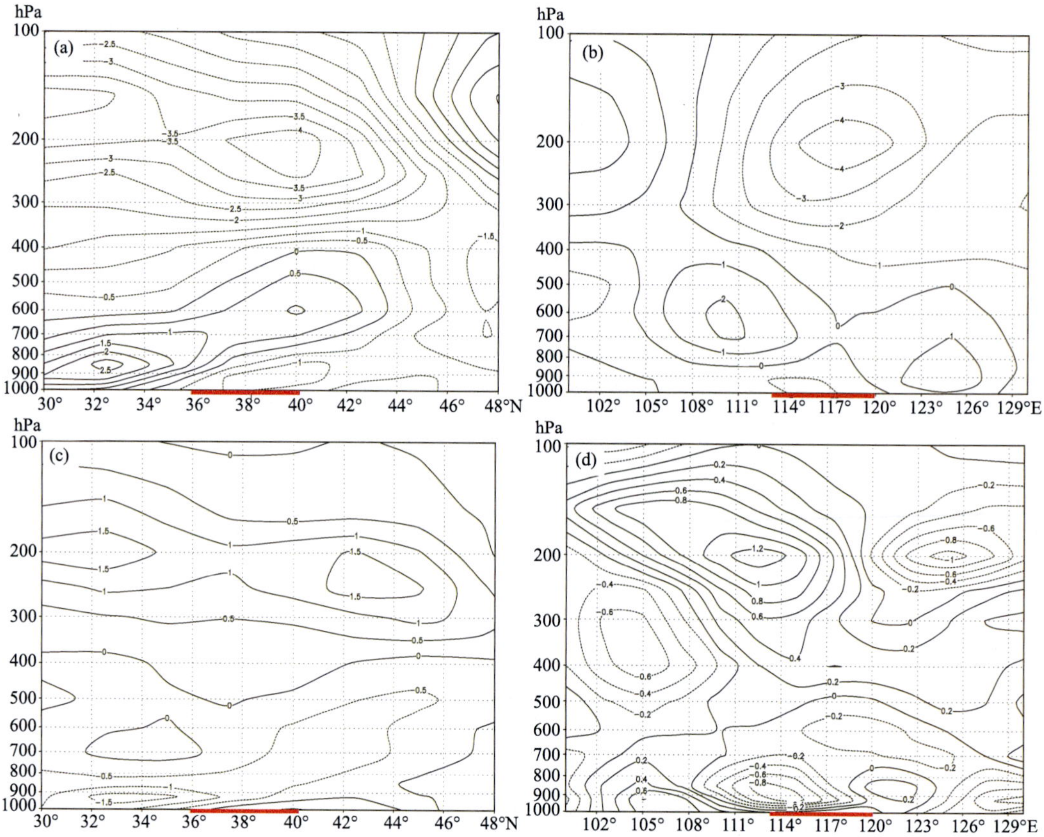

图 2.3　华北回流天气过程的合成平均相对涡度、散度的垂直剖面(单位:10^{-5}/s)
(a,b. 涡度;c,d. 散度;a,c. 沿 115°E;b,d. 沿 37.5°N)

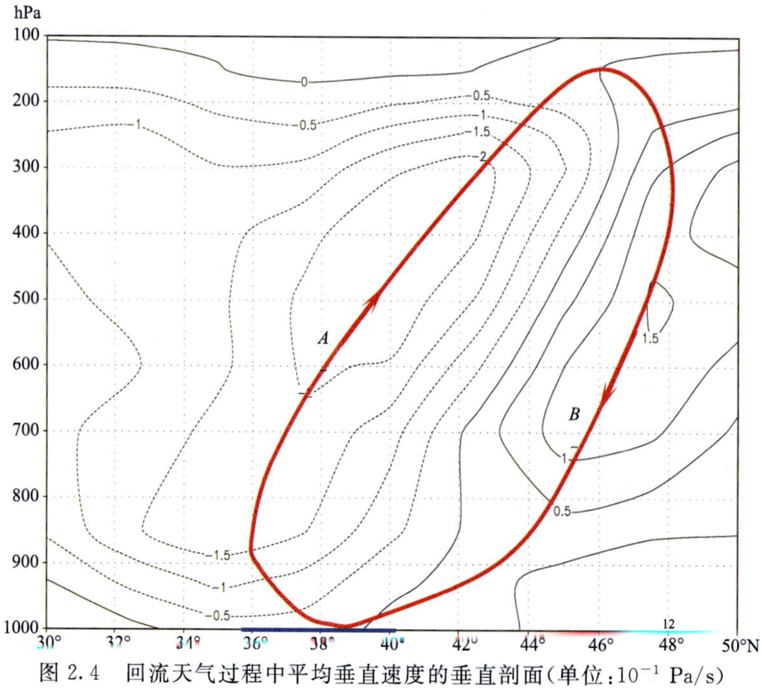

图 2.4　回流天气过程中平均垂直速度的垂直剖面(单位:10^{-1} Pa/s)

汽通量垂直时间演变(图 2.5d)可清楚看出,水汽通量的大值区在 850～450 hPa,最大值出现在 600 hPa 分布的附近,且出现在降水强度最大时段。这说明水汽伴随中层的西南气流进入降水区,且水汽通量的大值区范围和出现时段与降水区和降水强度对应。850 hPa 的比湿场(图略)的分布与 700 hPa 相似,在整个降水过程中,比湿大值区由南向北、由西向东移动。

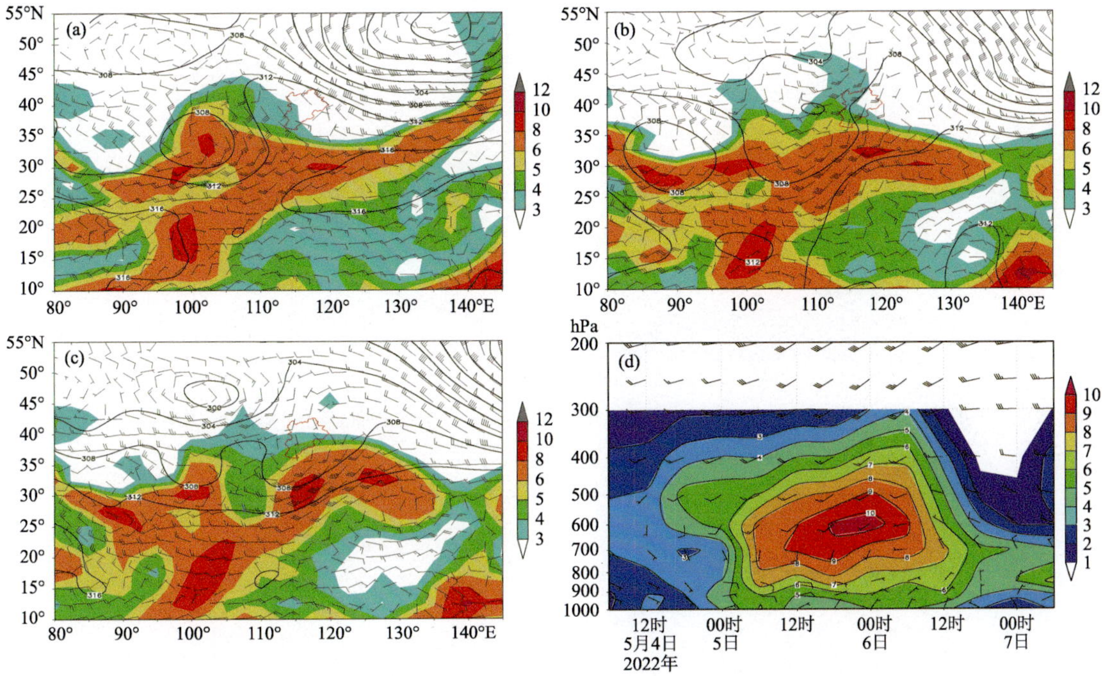

图 2.5　700 hPa 流场及比湿场合成分布(a,b,c,阴影表示≥4 g/kg)和石家庄附近水汽通量(阴影表示≥2 g/(s・hPa・cm))垂直分布的时间演变(d)

(a. 降水开始,b. 降水期间,c. 降水结束,d. 降水过程中)

从以上分析可得出:华北回流天气过程中,低层东北南下的冷空气,虽流经渤海,但其仍是干冷的。水汽通道只有一条,伴随西南气流来自南方地区。

(2)水汽的垂直分布

图 2.6 是回流降水过程中,降水较强时段沿 37.5°N 所做的合成比湿和风场的垂直剖面图。由图可见,降水区(红色线)中高层是西南风,对应比湿的大值区,且在 700 hPa 附近是一大值中心;低层是偏东风,对应比湿的小值区,且存在从东向西的干舌(图中红线箭头)。这也说明水汽主要伴随中高层的西南气流,而低层的偏东风,虽经过渤海,也是比较干燥的。

(3)水汽通量散度的时空分布

图 2.7 是石家庄附近的水汽通量散度与水平风场垂直分布的时间演变情况。800 hPa 以下基本为水汽通量散度正值区,水汽辐散,且对应偏东风。而在降水时段(实线)800～600 hPa 基本上为水汽通量散度负值区,水汽辐合,对应西南气流,且在降水强度较大时段,水汽通量散度负值区的厚度扩展到 500 hPa 高度。即水汽伴随中层西南气流来自南方。

总之,水汽伴随中层的西南气流进入降水区,且水汽通量的大值区范围和出现时段与降水区和降水强度对应。

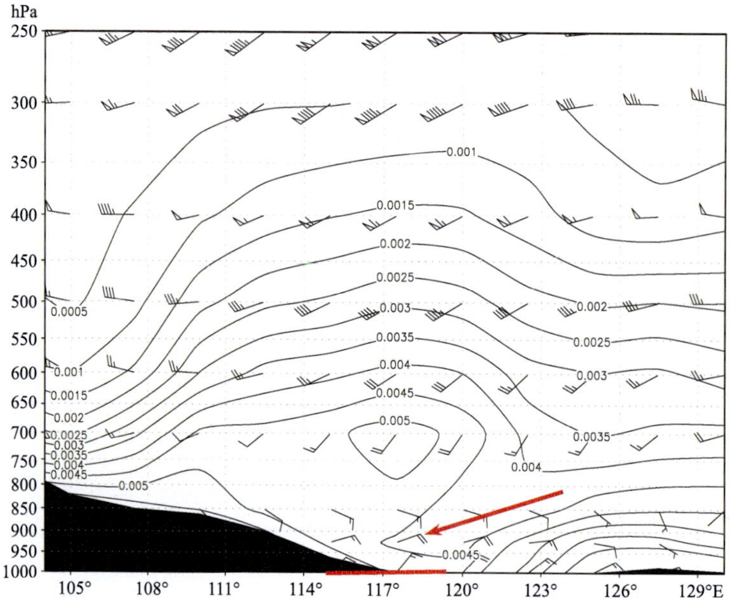

图 2.6　回流天气的降水较强时沿 37.5°N 合成比湿和风场的垂直剖面(单位:kg/kg,阴影区为地形)

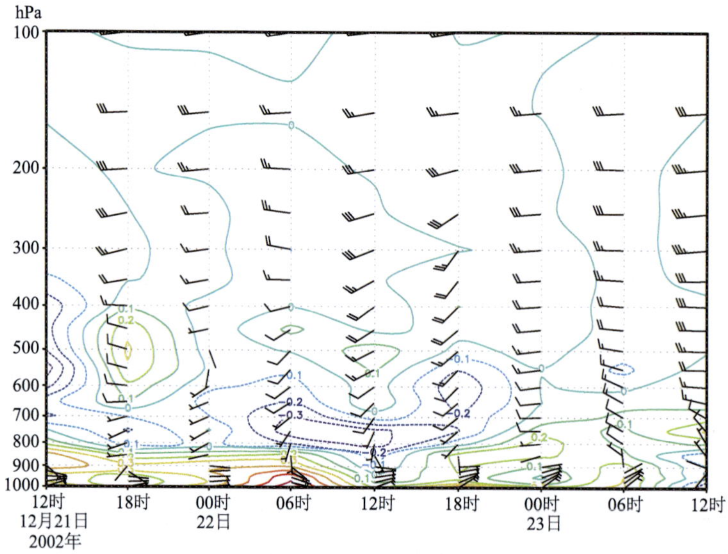

图 2.7　石家庄附近水汽通量散度垂直分布的时间演变(单位:g/(s·hPa·cm^2))

(4)湿层厚度分析

从整层的平均相对湿度(图 2.8)看,降水时段内,降水区 400 hPa 以下超过 75%,而且此水汽分布持续时间较长(一般大于 12 h)。在华北平原的北部(42°~43°N)有一相对湿度的密集区由底层到高层向北倾斜(图 2.8a),42°N 以南的湿区由底层到高层向北扩展,其北侧的干区由高层到低层向南扩散。说明降水区域中层湿度较大。源自南方的暖湿气流在北方南下的干冷空气上爬升。这说明由南向北的水汽输送通道是华北回流天气的水汽来源,在沿 38°N 的纬向剖面中(图 2.8b),在华北平原上 116°~120°E 范围 700 hPa 以下是一相对湿度的密集区,且向东倾斜。其东侧的干区由高层到低层向西扩散。源自西方的暖湿气流在东方南下的干冷空气上爬升。这进一步证实由西南向东北的水汽输送通道是华北回流天气的水汽来源。

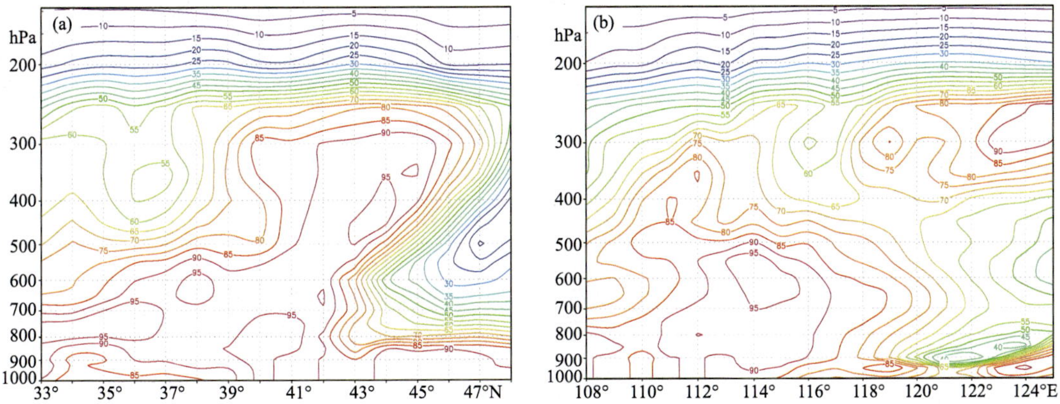

图 2.8　降水时段内的平均相对湿度垂直分布(单位:%)

(a. 沿 115°E,b. 沿 38°N)

2.1.1.4　热力条件分析——假相当位温场

在华北平原的回流天气中,东北平原南下的冷空气是重要的影响因子。但这股冷空气是干冷还是湿冷,一直是预报员争论的焦点,以 2002 年 12 月 22—23 日的回流过程为例试图来揭示这一点。图 2.9a 是降水强度最大时 925 hPa 等压面上 θ_{se} 场和风场。由图可见,来自东北平原的东到东北气流控制了京津冀 40°N 以南地区,伴随 θ_{se} 的低值区一直伸展到 115°E 附近;在太行山地区为一近南北向 θ_{se} 密集区,太行山以西为一大值区。说明低层来自东北平原的冷空气是干冷的,且受阻于太行山以东。同样 850 hPa 等压面上也存在这种结构(图略)。那么

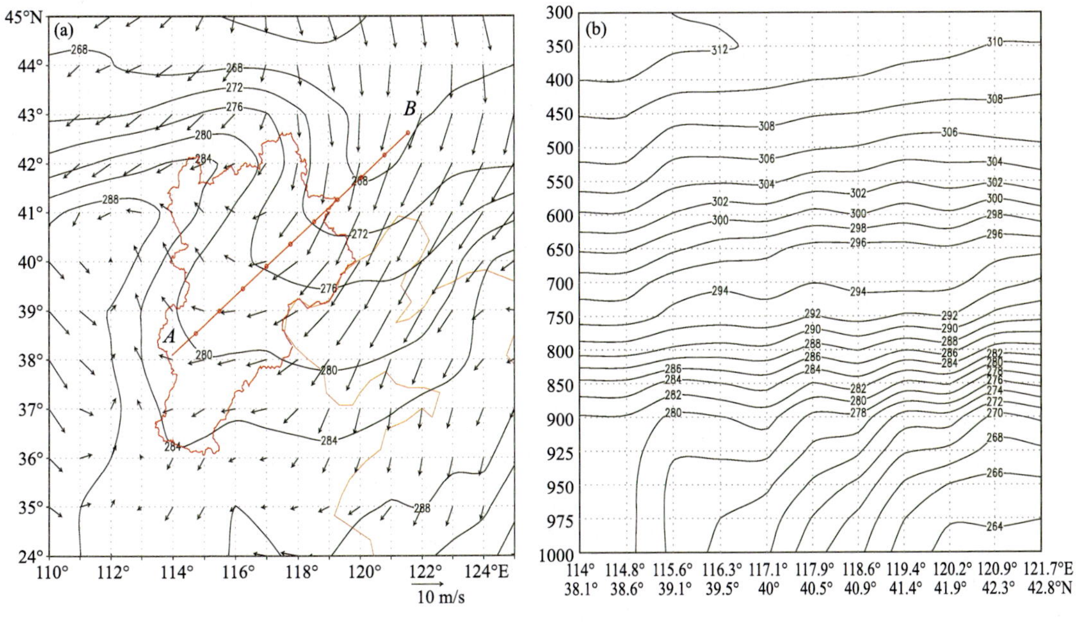

图 2.9　2002 年 12 月 22—23 日 925 hPa 等压面上 θ_{se} 和风场的分布(a)及 θ_{se} 沿 AB 的垂直剖面(b)

(θ_{se} 的单位为 K)

其垂直结构如何呢？图 2.9b 是沿图 2.9a 中 AB 线所做的 θ_{se} 垂直剖面，从图中可见，900 hPa 等压面以下为 θ_{se} 的低值区（$\leqslant$280 K），属于干冷空气，且从东北到西南近似呈楔状，其上层为 θ_{se} 的高值区，是暖湿空气，说明中高层的暖湿气流在东北冷空气之上爬升。图 2.10 是 2002 年 12 月 22 日 00 时—23 日 12 时石家庄附近（115°E，38°N）的 θ_{se} 场时空演变情况。从图中可看出：22 日 06 时以后，低层变为干冷，且厚度逐渐加大，到 23 日 06 时 280 K 的等 θ_{se} 线接近 800 hPa 的高度。因此，可以得出这样的结论：从东北平原南下的干冷空气侵入华北平原（表现为偏东风），此厚度在 800 hPa 以下，这对降水起冷垫作用。

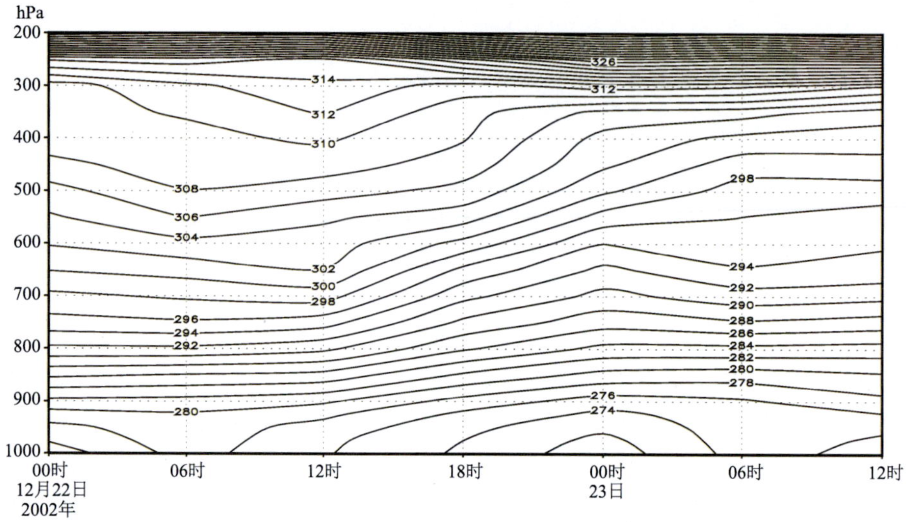

图 2.10　2002 年 12 月 22 日 00 时—23 日 12 时石家庄附近（115°E，38°N）的 θ_{se} 场的时空演变（θ_{se} 的单位为 K）

2.1.1.5　风场的时空分布

图 2.11 是石家庄附近（115°E，38°N）风的时空剖面。22 日 06 时以前中高层风向比较凌乱，风速较小；06 时后转变成一致的西南气流，对应 θ_{se} 的大值区，说明西南暖湿气流在偏东干

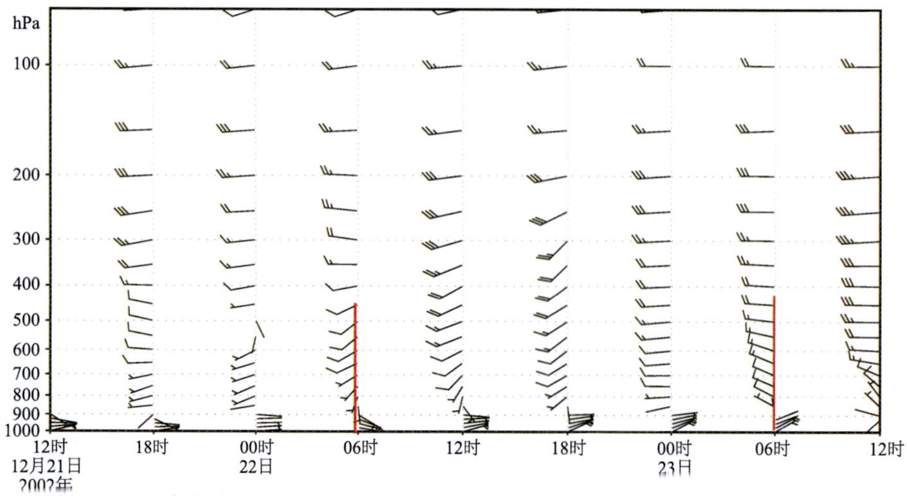

图 2.11　石家庄附近（115°E，38°N）风的时空剖面（红线处分别指降水开始与结束）

冷气流之上爬升产生降水，这与上面 θ_{se} 场的垂直剖面特征是一致的。随着中高层西南气流的偏南分量及风速加大，其降水加强（降水量最大出现在 22 日 18 时左右）。伴随 850 hPa 以上气流由西南转成偏西气流，低层的偏东风减弱消失，降水也结束。而中高层是低槽前部的西南气流，暖湿气流在冷垫上爬升，这一方面促使暖湿空气的上升，增强了上升运动；另一方面与低层的偏东风增强了大气的斜压性。这都有利于降水的加强。同时，从风场的时空剖面图上还可见：降水开始时低层偏东风与中高层西南暖湿气流叠加，而结束时低层偏东风与中高层西南暖湿气流两者之一消失。

从降水开始、结束和降水较强的 3 张 T-ln$p$ 图上（图 2.12）可看出，在对流层的底层均存在深厚的逆温层。在逆温层上下，风的垂直切变很大。逆温层以下为东到东北风，以上为较强的西南风。在逆温层内为东北到西南风的过渡层，风向呈顺时针旋转，可知，中高层为暖平流。湿层在 800～650 hPa 厚度层内（图 2.12a），低层对应偏东风的厚度层中 T 与 T_d 线距离较远，这也说明东北南下的冷空气是干的。水汽来自中高层的西南暖湿气流。

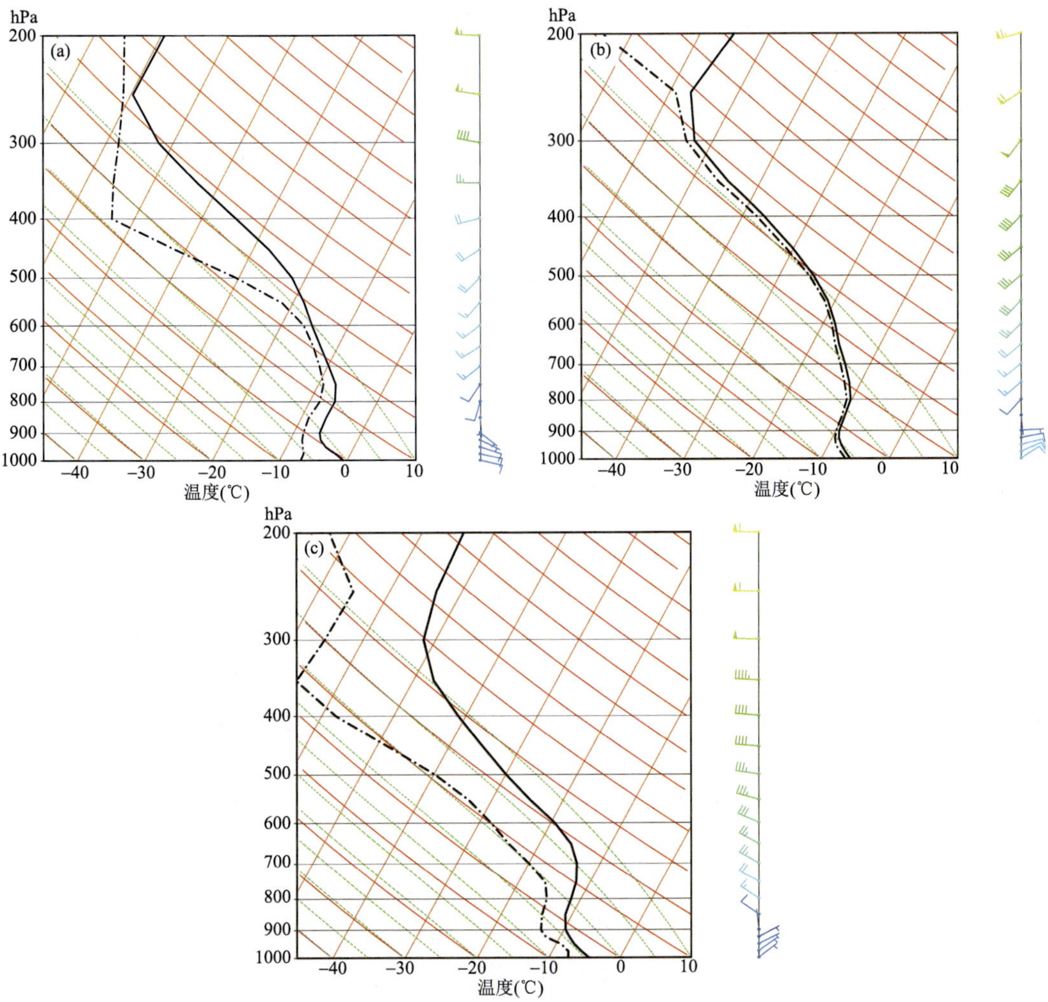

图 2.12 石家庄附近（115°E，38°N）降水期间的 T-ln$p$ 图

（a. 降水开始，b. 降水强度大，c. 降水结束；实线代表 T，虚线代表 T_d）

2.1.2 伴有偏东大风回流过程的诊断分析

根据造成回流天气的冷空气从东北平原南下经渤海影响华北平原，使用 NCEP 再分析资料，计算了产生偏东大风的 18 次过程(剔除了两次佛爷顶的大风过程)的东北地区(117.5°～125°E，40°～47.5°N)的 6 h 变压。大风产生前 6 h 和前 6～12 h 的最大变压(图 2.13)。从图中可见，产生大风的前 6 h 东北地区的最大变压值大部分超过 15 hPa(两次13 hPa)，6 次超过 20 hPa。显然产生偏东大风的回流天气过程中，北方的冷空气势力较强。又普查了 6 次大范围的大风天气过程。与其他过程相比，高空形势不明显，地面可分为两种天气形势，如图 2.14 所示。一种是北方冷空气相当强，冷高压中心达 1042.5 hPa，且在 40°N 以南有大范围低气压存在。因此，华北平原的地面气压梯度较大，造成偏东大风。另一种是虽然北方的冷空气不强，只有 1015 hPa 的冷高压中心，但配合江淮气旋的入海，华北平原的地面气压梯度也较大，同样可造成平原地区的偏东大风。因此，地面气压梯度是回流天气产生偏东大风的主要原因。

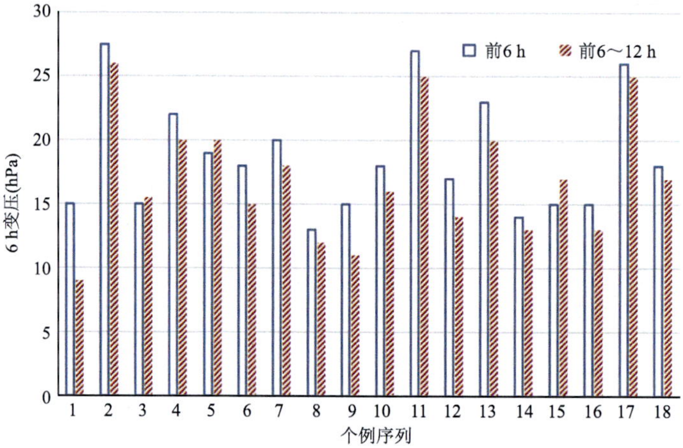

图 2.13 东北地区(117.5°～125°E，40°～47.5°N)大风过程中的 6 h 变压

2.1.3 有无降雪的回流天气的对比分析

华北回流是指冷空气从东北平原南下，经过渤海以偏东路径侵入华北平原(河北省气象局，1987)。实际上回流天气是一种冷锋天气，华北回流造成的天气变化复杂，有时只是天空云量增多、有时出现小雨雪、有时带来较明显的雨雪，有时还引起渤海和东部平原的偏东大风，诱发风暴潮，造成严重灾害。本节通过对造成两种不同天气的回流过程进行对比分析，以期揭示其结构特征。

2002 年 12 月 22—23 日是一次产生暴雪的回流天气过程，降水主要出现在河北省中南部(40°N 以南)的保定、石家庄、邢台、邯郸和衡水。12 h 降水量达 6～13 mm，按降水等级划分为暴雪。而 2006 年 10 月 11 日是一次弱回流天气过程，天气实况为：11 日白天到半夜，华北地区上空有中低云，只有河北石家庄市的赞皇县有微量降水。下面对比这两次回流过程的异同。

500 hPa 高空图(图 2.15)，中高纬地区均呈两槽一脊型，两者不同的是，河套及以西地区(35°～40°N)的西风带低槽存在与否，2002 年的暴雪过程中，河套附近的低槽存在(图 2.15a)，而 2006 年 10 月的回流过程中，华北西部的低槽几乎不存在，只是在风场上存在切变(图 2.15b)。

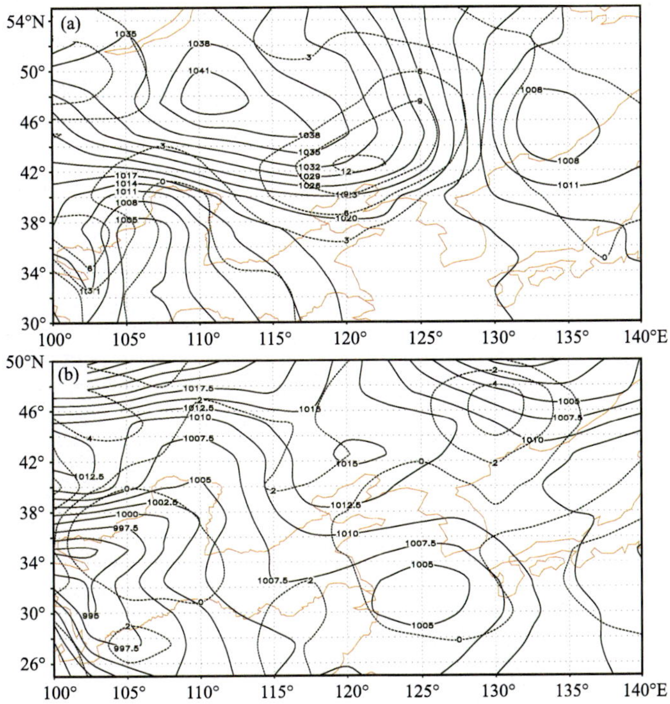

图 2.14　两种伴随大风的回流天气的地面形势
（实线代表等压线，虚线代表等 6 h 变压线；单位：hPa）

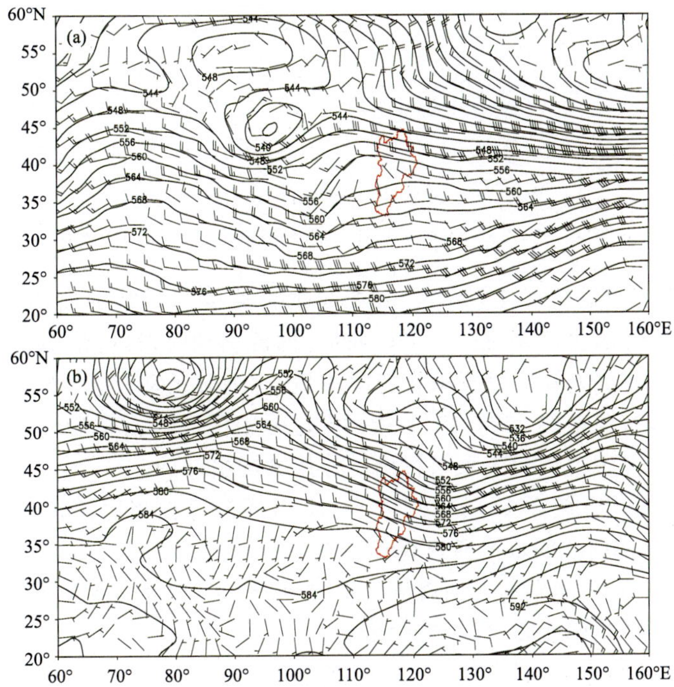

图 2.15　两种华北回流的 500 hPa 形势
（a. 2002 年 12 月 22 日，b. 2006 年 10 月 11 日；单位：dagpm）

对应 700 hPa 图(图 2.16),2002 年暴雪过程中位于河套附近的西风带低槽比较深,槽前配合西南风急流。而 2006 年无降水的过程中,华北上空为一致的西北气流。两次过程的地面图上,都有冷空气从东北平原南下,华北平原处于北高南低的形势(图略),低层为东到东北风。这就是华北回流天气的地面形势。

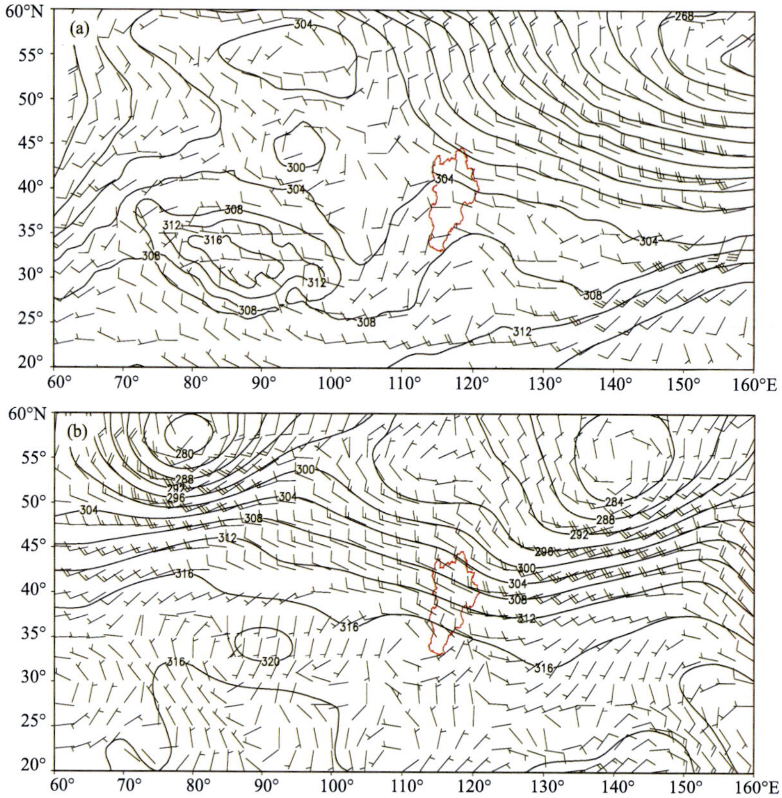

图 2.16 两种华北回流的 700 hPa 形势

(a. 2002 年 12 月 22 日,b. 2006 年 10 月 11 日;单位:dagpm)

图 2.17 是石家庄附近(115°E,38°N)风场与垂直速度的时空剖面图。回流出现的时段(红色线)对应华北平原云量较多时段。可以看出,回流出现时段内,低层的偏东风存在,而中高层是西到西北风。在 800 hPa 以下垂直速度为负,有上升运动;800 hPa 以上为一致的下沉运动,上升运动很浅薄;与前述 2002 年 12 月回流过程中深厚的上升运动场分布是不一致的。浅薄的上升运动可能是垂直风切变和太行山的作用共同引起的。

分析了湿度场的分布(图 2.18),与 2002 年 12 月回流过程相比,2006 年 10 月 11 日的回流过程中,700 hPa 自南向北的水汽通道也不存在。

从以上分析可得出:中高层的西南暖湿气流在回流天气降水中是必要条件。没有西南气流的回流天气就不会产生明显降水,只有中低云。

综上所述,总结提炼出概念模型如图 2.19 所示。

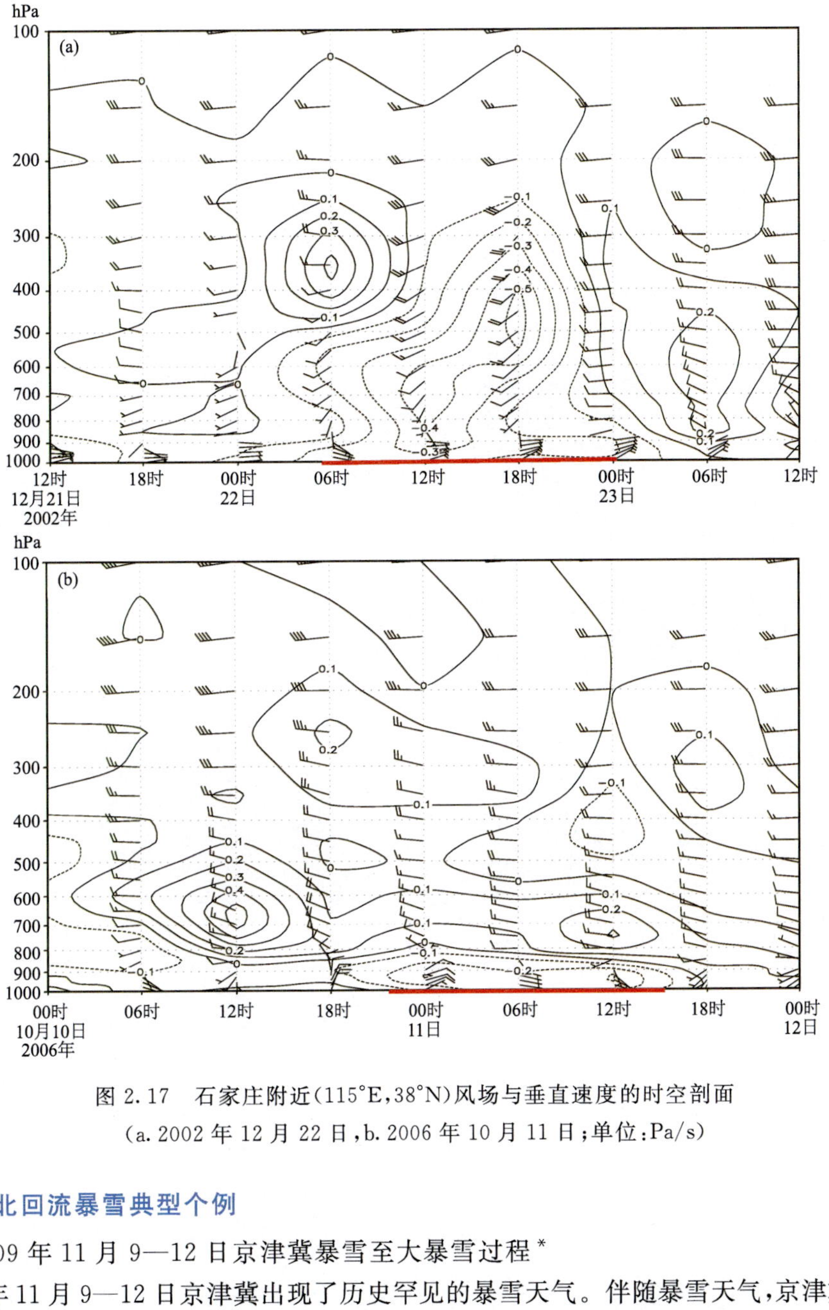

图 2.17　石家庄附近(115°E,38°N)风场与垂直速度的时空剖面

(a. 2002 年 12 月 22 日,b. 2006 年 10 月 11 日;单位:Pa/s)

2.1.4　华北回流暴雪典型个例

(1)2009 年 11 月 9—12 日京津冀暴雪至大暴雪过程*

2009 年 11 月 9—12 日京津冀出现了历史罕见的暴雪天气。伴随暴雪天气,京津冀大部分地区出现了强寒潮。由于华北南部地区降雪强度异常大,出现雨雪冰冻灾害,导致交通、电力、航空、设施农业等受到较大影响,牧区牲畜安全受到较大威胁。造成设施农业大棚被压塌、树木被折断、简易房屋倒塌等灾害,并导致部分火车停开、市内交通严重堵塞、高速公路和机场一度关闭、大部分中小学校停课等。据河北省民政部门统计,有 328.4 万人受灾,其中因灾死亡 7 人,受伤 109 人,农作物受灾面积 16.27 万 hm^2,因灾倒塌房屋 1544 间,损坏房屋 5046 间,倒塌农业大

* 张迎新,张守保,裴玉杰,等,2011. 2009 年 11 月华北暴雪过程的诊断分析[J]. 高原气象,2011,30(5):68-76.

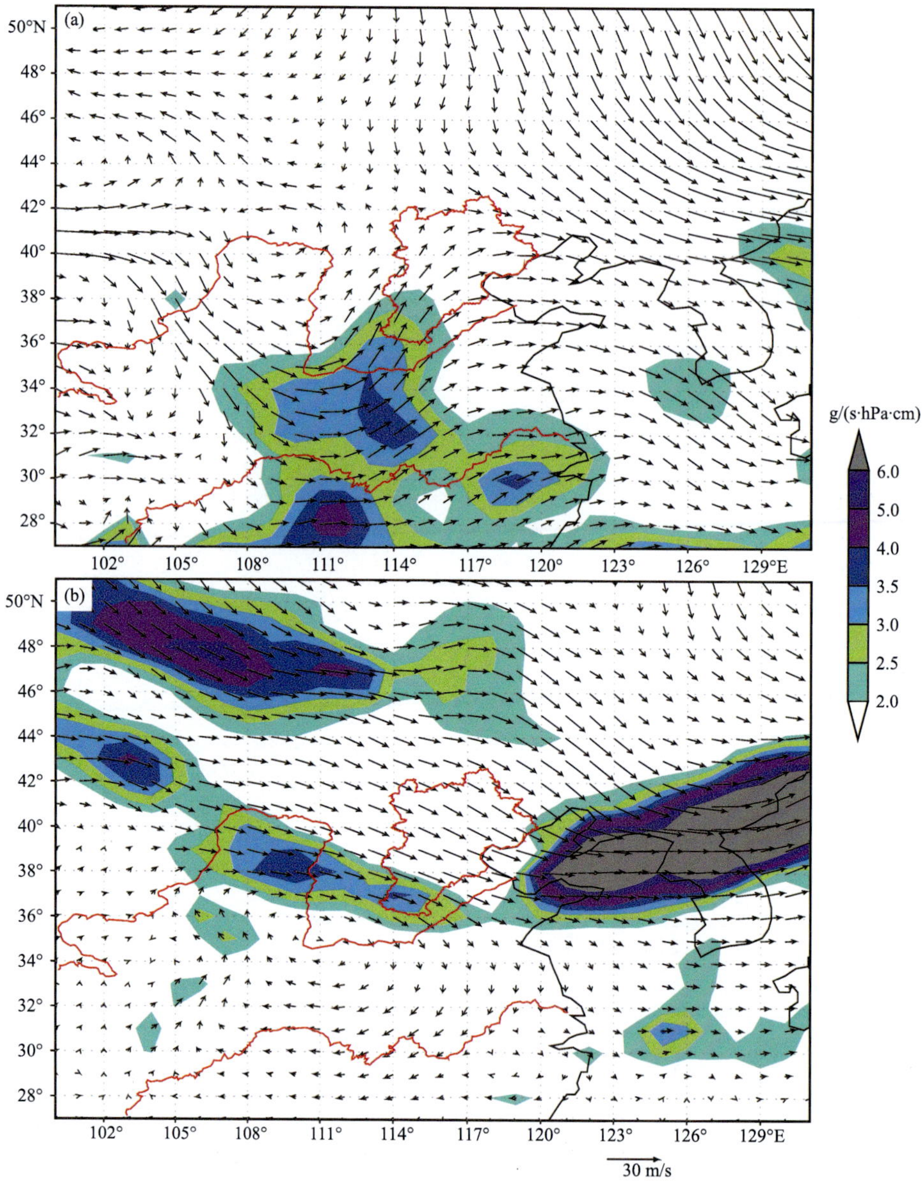

图 2.18　两种回流过程 700 hPa 水汽通量分布

(a. 2002 年 12 月 22 日，b. 2006 年 10 月 11 日)

棚 22517 个，城市集贸市场等大量设施被毁。因灾造成直接经济损失 15.27 亿元。初步测算，这次强降雪全省共降水约 40 亿 m^3。这次降雪对增加土壤墒情、缓解前期的少雨干旱比较有利。

(a)降雪实况

受冷空气和暖湿气流的共同影响，自 2009 年 11 月 8 日下午开始，京津冀先后出现全省(市)范围的雨雪天气，其中 8—9 日以降雨或雨夹雪为主，10 日以后为降雪。截至 13 日 08 时，张家口南部、北京、廊坊北部、唐山北部、保定南部、沧州南部、石家庄、衡水、邢台、邯郸降大到暴雪，其中石家庄市有 8 个县降水量为 51.1～93.5 mm，石家庄市区降水量最大为 93.5 mm；除此之外其他地区降小到中雪。另有 50 个县市降水量为 25～49.9 mm，24 个县市降水量为

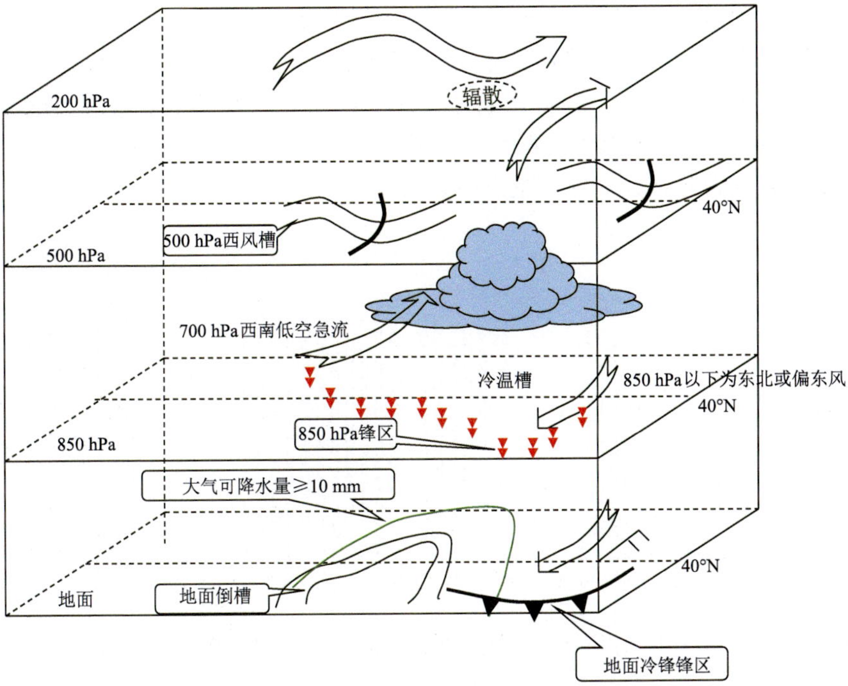

图 2.19　回流降雪天气概念模型

10～24.9 mm，60 个县市降水量在 10 mm 以下，平均降水量为 21.7 mm(图 2.20a)。河北省有 47 个县市的最大积雪深度突破当地有气象记录以来的历史极值，主要分布在中南部地区，其中石家庄大部、邢台西部、邯郸西部累计积雪深度超过 30 cm，石家庄市区累计积雪深度最大为 55 cm(图 2.20b)；中南部地区有 29 个县市日最大降雪量突破当地有气象记录以来的历史极值，主要集中在石家庄、邢台、邯郸和衡水。

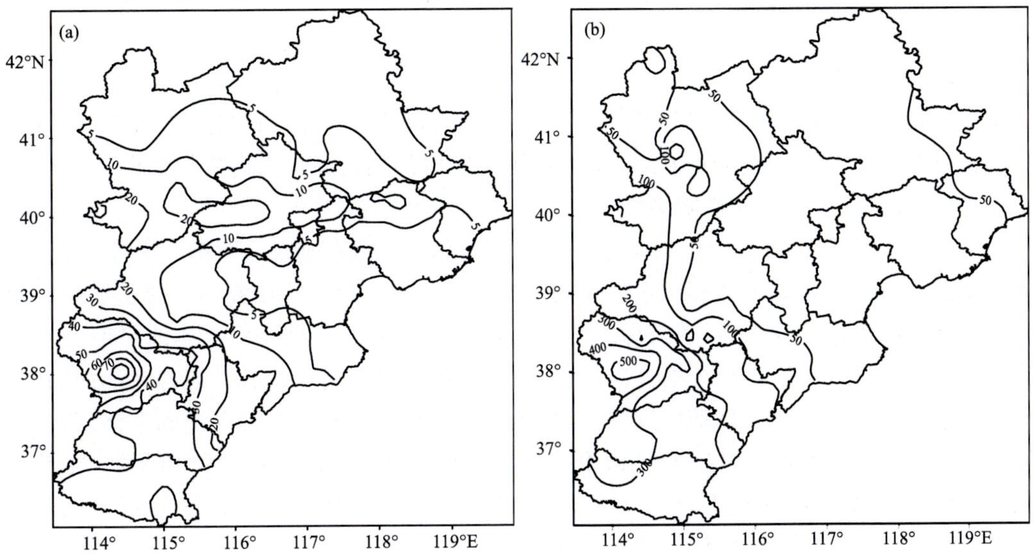

图 2.20　2009 年 11 月 9 日 08 时—13 日 08 时降水量(a，单位：mm)和
12 日 20 时积雪深度(b，单位：mm)

从逐小时降水量分布看，在回流降水时段内（10 日 07 时—10 日 22 时），降水稳定在山西中部、河北保定南部、石家庄市和邢台北部（图略），维持时间长于 16 h（由于夜间 23 时至次日 06 时停止观测，无逐小时资料）。以降雪量最大的石家庄市为例（图 2.21），10 日白天到夜间的降水强度较大（平均 3 mm/h），其中有两个时段最强 15～16 h（6.3 mm）和 20～21 h（5.7 mm）。降水为何稳定维持在此地区是研究的重点问题之一。

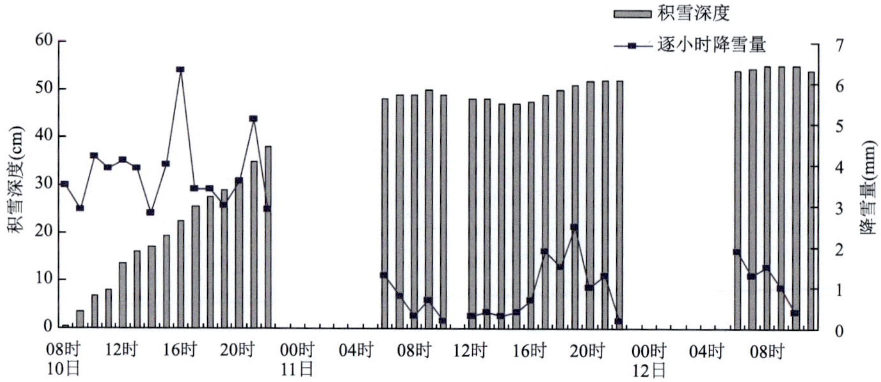

图 2.21　2009 年 11 月 10 日 08 时—12 日 11 时石家庄市逐小时降雪量（单位：mm）和积雪深度（单位：cm）

（b）寒潮

11 月 9—12 日河北省大部地区出现强降温天气，全省范围均达到强寒潮，且以 9—10 日降温幅度最大。11 月 9 日，全省日平均气温 24 h 平均下降 6.1 ℃，其中占全省 2/3 的地区日平均气温下降 5.0 ℃以上，20%的区域下降 8.0 ℃以上，秦唐地区及承德南部下降幅度超过 10.0 ℃，当日全省共有 91 个县市达到强寒潮。10 日，河北省大部地区气温继续下降，95%区域日最低气温均降到 0 ℃以下，张承北部在－10.0 ℃以下；全省平均气温 48 h 降幅为 9.7 ℃，其中石家庄和沧州及其以南地区大部、唐山南部下降超过 10.0 ℃（图略），致使 134 个县市达到强寒潮程度。

（2）天气形势演变

本次过程可分为两个阶段，第一阶段（11 月 9 日—11 日 20 时）为回流降水，第二阶段（11 日 20 时—12 日 20 时）为高空槽降水。下面以第一阶段的回流降水为例进行分析。

（a）环流形势演变特征和影响系统

图 2.22 是 2009 年 11 月 9—10 日平均高度场，亚欧中高纬地区呈两槽一脊型，槽分别位于鄂霍次克海到我国东北地区和巴尔喀什湖一带，40°N 附近为纬向环流。贝加尔湖地区南下的冷空气到达我国东北地区后，遇长白山阻挡从东北平原南下经渤海侵入华北平原。位于巴尔喀什湖附近的槽底不断有短波槽分离并快速东移，冷空气也随着东移。表现在地面图上（图 2.23），一条冷锋从渤海向西移动（锋后为偏东风），同时另一条冷锋从河西走廊东移，两者在河套地区相遇，形成锢囚锋。对应 700 hPa 图上，南支槽与西风带短波槽同位相叠加，在槽前形成强盛的西南风急流，风速达 14～16 m/s，且与北方冷空气在河北中部相遇，形成一东西向切变线，由于冷暖空气势力相当，切变线稳定维持。850 hPa 及以下层呈现了东北南下的冷空气以东北风的形式回流到华北，且形成了一支东北风急流。从 10 日 08 时—11 日 08 时的 24 h 降雪量（图略）可见，东西向雪区与切变线配合，且有两个雪量中心：一个是在陕西与山西交界

处，另一个在河北省西南部与太行山东麓。陕西与山西交界处的雪量中心是由于锢囚过程的强烈降水所造成；另一个雪量中心是冷锋后部偏东风、中高层为低槽前部西南气流及地形所造成。强劲的偏东风遇太行山，地形的作用使得太行山东麓雪量加大，这也正是华北地区回流降水的典型形势。

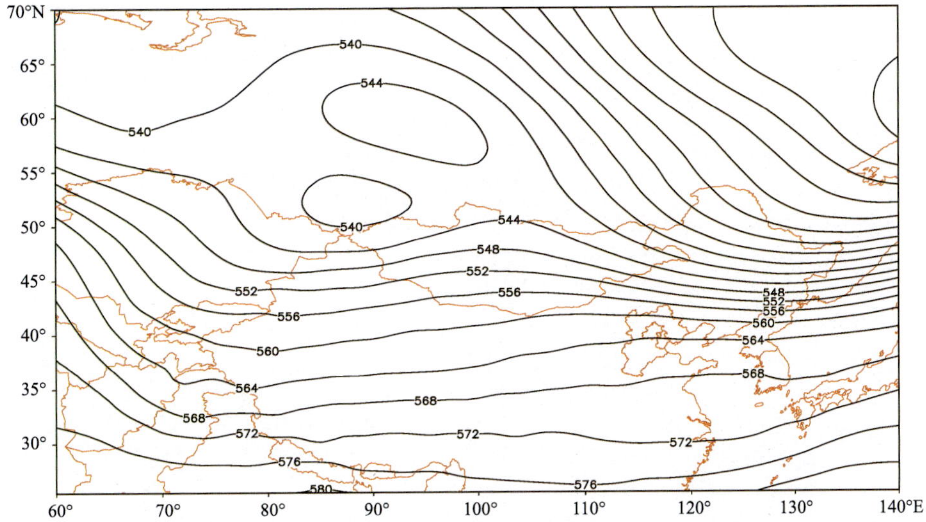

图 2.22　2009 年 11 月 9—10 日 500 hPa 平均高度场(单位：dagpm)

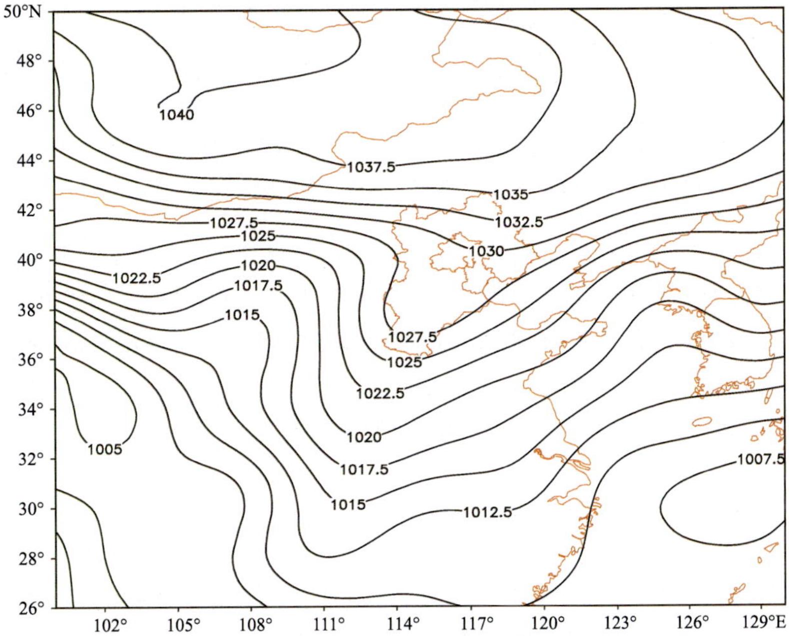

图 2.23　2009 年 11 月 9—10 日平均海平面气压场(单位：hPa)

(b)低空西南急流分析

根据 2009 年 11 月第 2—3 候(6—15 日)的距平图(图略)可知，我国长江以南地区为负距平，说明此段时间内南支槽比较活跃且位置偏北，此种形势下槽前西南气流位置偏北、势力偏强。若与西风带短波槽同位相叠加，有利于槽前西南气流向北伸展。

分析 11 月 10 日 500 hPa 日平均涡度场(图略)，与南支槽配合的正涡度区与中纬度正涡度区相接，说明南支槽与中纬度槽同位相叠加。对应 700 hPa 日平均涡度场与风场(图 2.24)发现，沿正涡度及其前沿，西南气流自北部湾一直伸展到 38°N 附近的切变线南侧。

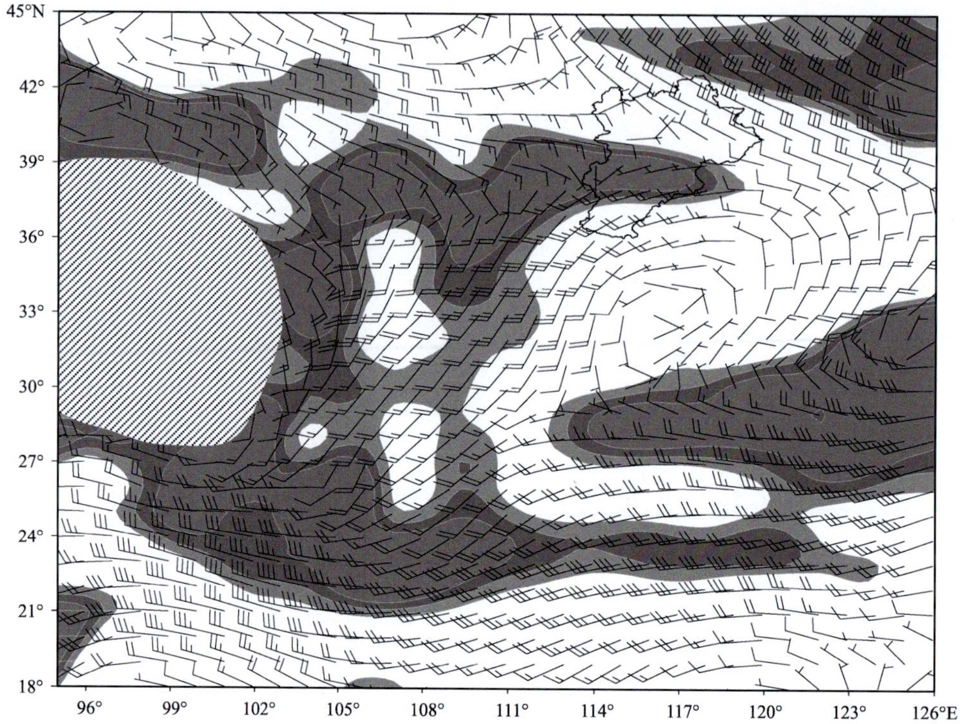

图 2.24　2009 年 11 月 10 日 700 hPa 日平均涡度场与风场
(阴影区:正涡度区;斜线区:青藏高原)

由图 2.25 可见，低空急流位于副热带和极锋高空急流之间，垂直环流分布(图 2.25 等值线)表明，次级环流的上升支出现在副热带急流出口区北侧，下沉支在 30°N 附近，此垂直环流在低层形成一支由南向北的气流，由图 2.24 可知，低层此区域盛行西南气流，故此次级环流加强和维持了西南风急流。

综上所述，南支槽偏强、南支槽与中纬度槽同位相叠加、高低空急流的耦合是低层西南风急流形成的原因。

(c)东北南下回流冷空气的性质观测分析

东北南下回流到华北平原的冷空气前沿常伴有冷锋，但它对华北平原天气的影响有其独特性(河北省气象局，1987)。华北平原冬半年，特别是春、秋、冬季的此类天气较多，且常常伴有大降水(冬季的暴雪、春秋季较大的降水或连阴雨)，还往往引起渤海和东部平原的偏东大风，造成严重的影响。过去一直认为从东北南下的回流冷空气经渤海后其性质是湿冷的，张迎新等(2006)应用 NCEP 再分析资料对此类天气的诊断分析和数值试验得出：低层东北南下的冷空气，虽流经渤海，但其仍是比较干冷的。天津是东北南下回流空气的必经之地，且濒临渤海，试图利用天津气象塔资料、京津冀自动气象站观测资料等来分析其性质。

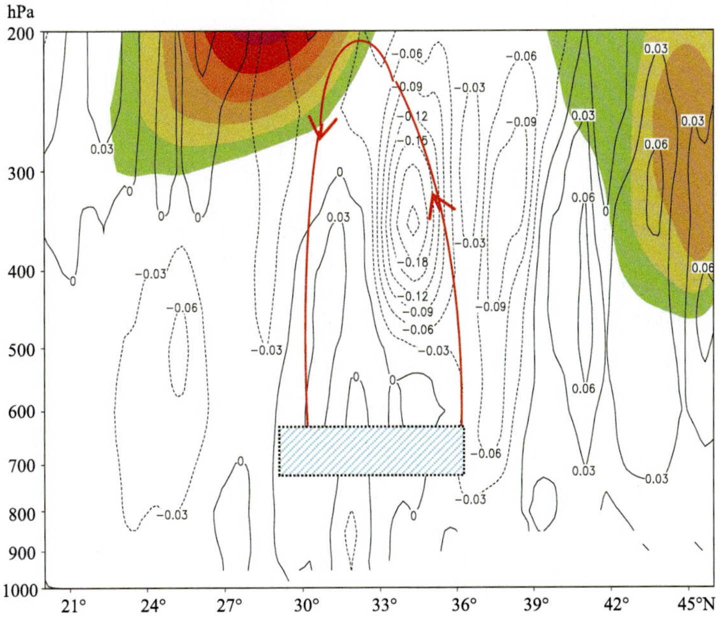

图 2.25　2009 年 11 月 10 日 20 时垂直速度与高空急流沿 112°E 剖面(单位:Pa/s)
(阴影区:风速≥35 m/s;方框:低空急流区域)

图 2.26 是天津站探测 10 m 高度相对湿度和风的时序,由于 9 日夜间天津有降水,10 日 00 时(UTC)开始无降水,在 10—11 日的偏东风时段内,相对湿度下降至 20%左右后,一直维持较低水平且在 12 日高空槽与冷锋作用下产生降雪后湿度才增加。

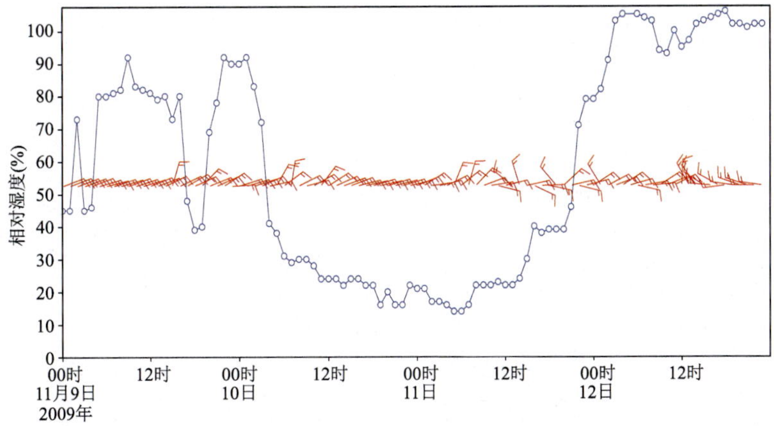

图 2.26　天津气象塔 10 m 高度相对湿度和风时序

使用京津冀自动气象站观测资料分析了风场、湿度场配置,以降雪前的 2009 年 11 月 9 日 18 时(UTC)为例(图 2.27),伴随东北风是相对湿度的小值区(箭头)。

用 NCEP(1°×1°)再分析资料,对 2009 年 11 月 10 日 20 时 700 hPa 的水汽通量(图 2.28a)和水汽通量散度(图 2.28b)进行了诊断。从图 2.28a 可见,此次降水的水汽通量大值区配合西南气流输送到华北,中心值在 4～6 g/(s·hPa·cm)。而水汽辐合(水汽通量散度负

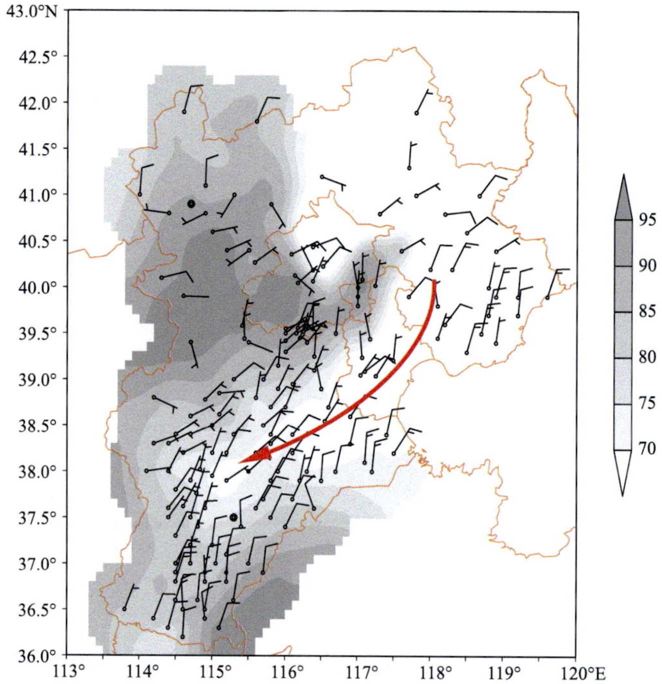

图 2.27 2009 年 11 月 9 日 18 时(UTC)自动气象站风场和相对湿度场（阴影区，箭头所示为相对湿度小值区；单位：%）

值区）主要集中在华北南部的切变线以南，这与降水中心基本重合。这说明水汽伴随西南气流源源不断地向华北南部输送。

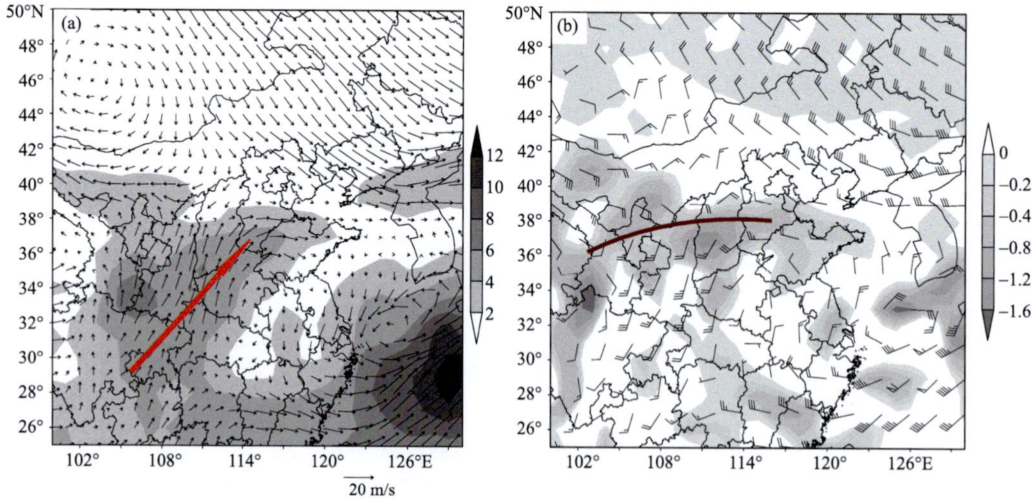

图 2.28 2009 年 11 月 10 日 20 时 700 hPa 水汽通量(a，阴影：水汽通量，单位：g/(s · hPa · cm))与水汽通量散度(b，棕色线：切变线；阴影：水汽通量散度，单位：g/(s · hPa · cm²))

为分析水汽的垂直分布情况，沿降雪中心做比湿的时间-高度剖面(图 2.29)。由图可见，比湿大值层主要与西南气流相伴集中在 600～850 hPa，且随着低层东风厚度加大，其比湿大值层也抬升，即东北南下的偏东气流是相对干的。这也可从水汽通量散度的时间-高度剖面（图略）中得到证实，边界层基本是正值，即水汽辐散，而水汽辐合主要位于 600～850 hPa。

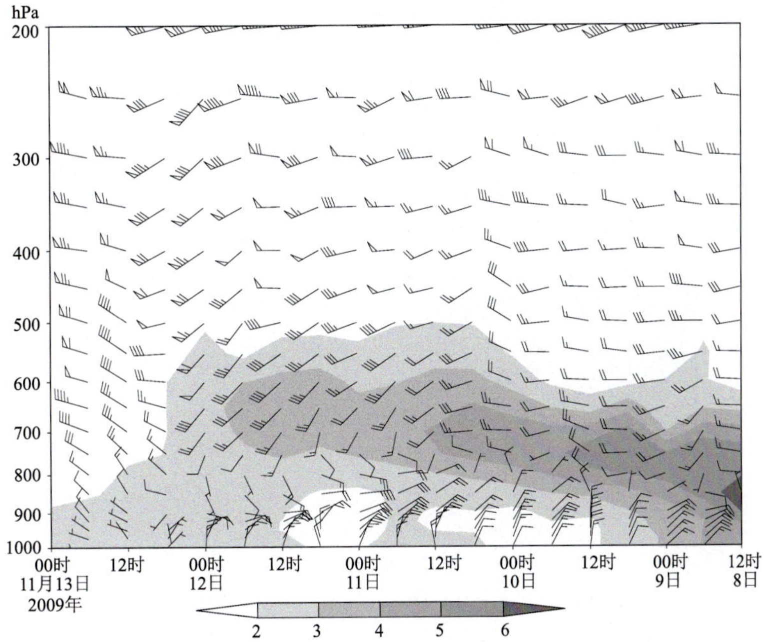

图 2.29　石家庄附近(115°E,38°N)比湿的时间-高度剖面(阴影,单位:g/kg)

综上所述，可认为自东北南下回流到华北的冷空气虽经渤海其仍是比较干的，此类降水的水汽主要伴随西南气流集中在 600～850 hPa 厚度层内。

(d)小结

通过对 2009 年 11 月 9—11 日华北罕见的强降雪天气的分析，给出本次降雪过程的观测事实，主要有以下几方面的结论：

此次降雪的主要影响系统是西风带低槽、700 hPa 切变和东北南下的回流冷空气。其中 700 hPa 出现了西南低空急流，850 hPa 以下出现了东北风急流。

降雪的水汽伴西南暖湿气流不断输入华北地区，且水汽在切变附近辐合；来自东北平原的冷空气是相对干的。

此次降雪过程包括对流性降雪和稳定性降雪。低层东北风与中层西南暖湿气流相伴时，降水加大，近地层风向改为西北风时降水逐渐停止。

(3)2018 年 4 月 4 日京津冀暴雪天气过程*

2018 年 4 月 4 日 00 时—5 日 00 时(UTC)（本过程以后均为世界时），北京市、河北省西北部出现暴雪天气，并成为北京市 30 年一遇的暴雪事件（图 2.30）。其中北京市有 1/3 站点达到暴雪量级(≥10 mm)，24 h 最大降雪量为 16.9 mm，出现在延庆区西大庄科站；最大积雪深度为 14.0 cm，出现在延庆区佛爷顶站。河北省西北部许多站达到暴雪以上量级(≥10 mm)，

* ZHANG W L, CUI X P, DUAN B L, et al, 2022. A case study on the rapid rain-to-snow transition in late Spring 2018 over Northern China: Effects of return flows and topography [J]. J Meteor Res, 36(1): 107-127.

河北省 24 h 最大降雪量出现在阳原站，降雪量达到 22 mm。

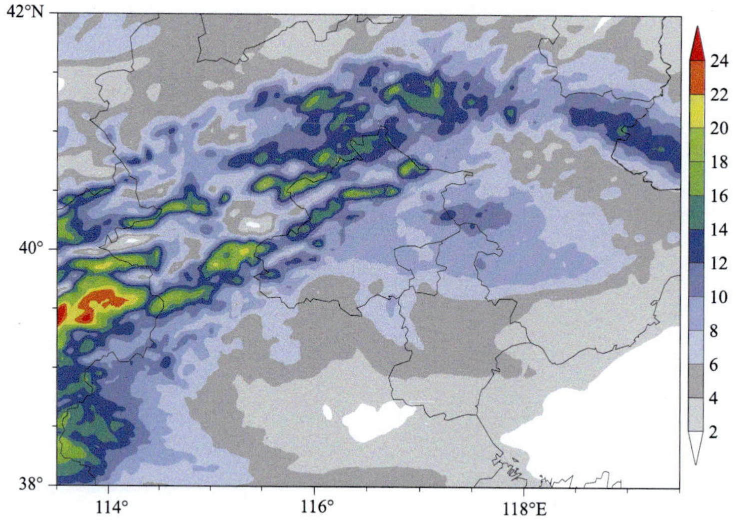

图 2.30　2018 年 4 月 4 日 00 时—5 日 00 时降雪量实况(单位:mm)

(a)环流形势

2018 年 4 月 4 日 00 时，500 hPa 层上(图 2.31a)，亚洲中高纬度为两槽一脊型，位于西伯利亚的槽后西北气流引导极地冷空气南下，加强了中纬度锋区强度，使得 40°N 附近风速加强；同时位于鄂霍次克海的低涡向西南延伸且在中国东北地区形成低槽，并伴有显著的冷平流。在 39°N，103°E 附近有一个短波槽东移加强，同时有青藏高原槽东移，两槽前部的气流经向连通，在 30°～39°N，105°～115°E 形成明显的西南风。

700 hPa 层上，环流经向特征显著；在 40°～50°N，100°～110°E 的蒙古低槽与南部 30°～40°N，95°～110°E 的高原槽连通，槽后冷平流与槽前暖平流显著；鄂霍次克海低涡深厚，在其后部 40°～50°N，120°～130°E 区域有显著冷平流影响(图略)；在 40°～55°N，110°～120°E 为两个大槽之间的高压脊，并伴有显著的脊后暖平流。850 hPa 层上(图 2.31b)，环流的经向特征更加显著，特别需注意的是，在 35°～48°N，114°～124°E 形成闭合的高压中心，高压中心东部

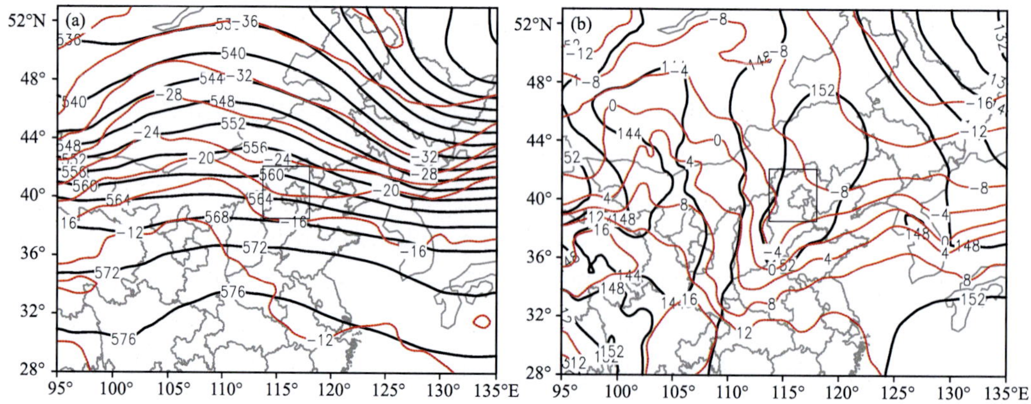

图 2.31　2018 年 4 月 4 日 00 时观测的位势高度场(黑色线，单位:dagpm)和温度场(红色线，单位:℃)

(a. 500 hPa，b. 850 hPa)

的东北气流引导鄂霍次克海低涡的冷空气南下，并在 35°～40°N 向西流动，形成所谓回流态势；在30°～50°N，100°～110°E 有闭合的低压中心，低压环流前部有显著的暖平流，使得河北省西北部锋生加强。

地面图上，以 110°E 为界，在 25°～50°N，100°～110°E 形成低压，河北处于低压倒槽移动方向前部；在 35°～50°N，110°～130°E 形成高压环流，其中在河北北部边缘有中尺度高压中心，使得河北西北部的偏东风回流更为显著。

(b)回流的探空观测特征

借助位于回流路径上的探空站的观测，可以进一步了解回流特征。选取 4 个代表站（图 2.32），分别是北京站（站号：54511，海拔高度 32.5 m），代表京冀平原地区；沈阳站（站号：54342，海拔高度 49.5 m），代表东北平原地区；大连站（站号：54662，海拔高度 92.5 m），代表东北平原与渤海的交界地区；张家口站（站号：54401，海拔高度 725.6 m）代表河北省西北部的太行山以西地区，其位于暴雪中心阳原站北部约 100 km。

2018 年 4 月 4 日 00 时，从沈阳站(54342)探空（图 2.32a）看到，回流主要活动在 850 hPa 至地面层，东北风的风速达到低空急流的强度，风速达 12～16 m/s，温度露点差在 20 ℃以上，十分干燥，地面温度接近 0 ℃。在渤海北侧海边的大连站(54662)也有相似特征（图 2.32b），没有出现因临近渤海而近地面层相对湿度增大的现象，表明在 00 时回流已经控制渤海北部沿海地区。

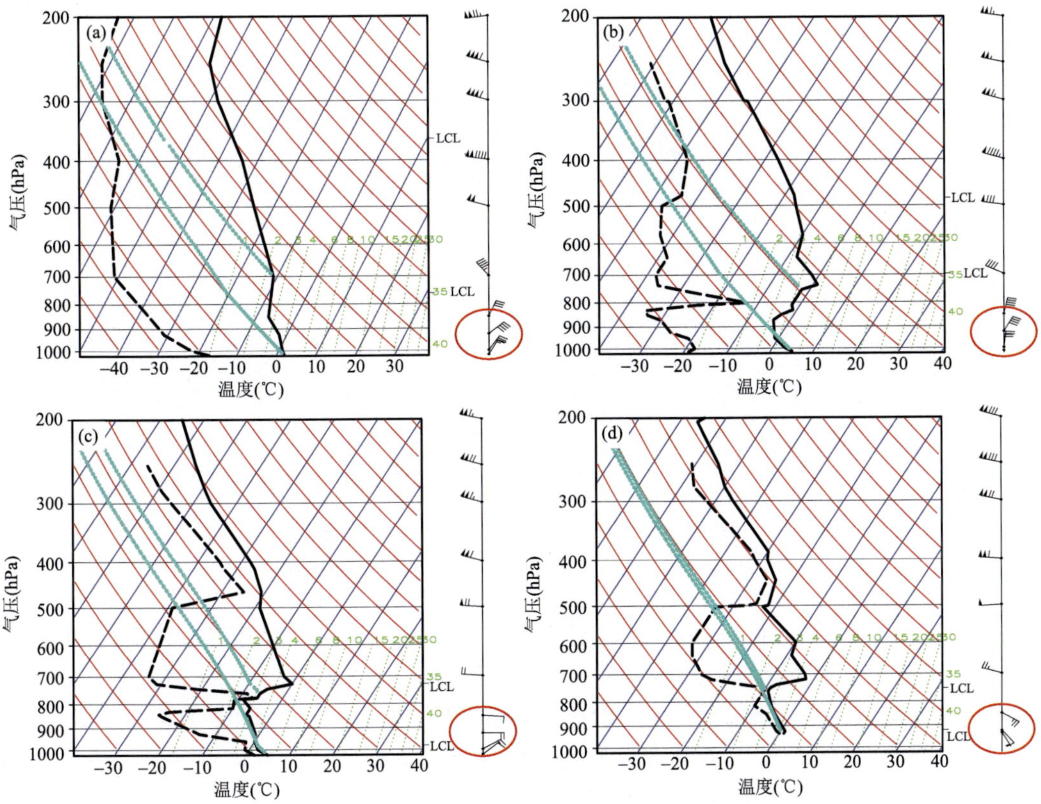

图 2.32　2018 年 4 月 4 日 00 时单站探空

(a. 沈阳，b. 大连，c. 北京，d. 张家口)

从北京站(54511)探空(图 2.32c)可看到,4 日 00 时 850 hPa 至地面为偏东风,风速达到 6～8 m/s,近地面层可能受到来自 1000 hPa 渤海上空的潮湿偏东风影响,温度露点差小于 5 ℃。北京地面观测实况有轻雾。然而在 850～925 hPa 比较干燥,温度露点差在 20 ℃附近,与沈阳、大连相似,因此,北京地区可能受到了回流的直接影响。

与此同时,张家口站(54401)探空(图 2.32d)分析表明,750～925 hPa 受 2～10 m/s 的东南风影响,但温度露点差小于 5 ℃,与北京 925 hPa 干燥偏东风形成明显差异。由此可见,虽然张家口附近地区处于华北冷高压西部边缘,受到反气旋环流西部的东南风影响(图 2.31b),但是由于地形高度偏高,且受到太行山和燕山山脉阻挡(主峰大于 1500 m),因此,并未受到 925 hPa干冷回流的直接影响。

通过以上分析初步看到,回流是这次快速雨转暴雪过程的一个重要角色。

(4)回流在平原地区和山区的活动特征

(a)京冀平原地区——1000 hPa 冷湿回流和 925 hPa 干冷回流

中国东北地区,西有接近南北走向的平均海拔高度约 1300 m 的大兴安岭山脉,东有接近东北走向的平均海拔高度约 1400 m 的长白山脉,中部为海拔 200 m 以下的东北平原,形成了有利于鄂霍次克海地面冷高压冷空气南下的通道。4 日 03 时(图 2.33a),由于地形强迫作用,冷空气沿东北地区以偏北风向南流动,到达渤海后,气流在 120°E 以东部分仍然向南流动,而 120°E 以西部分气流则转向为东北风侵入到华北平原地区,形成回流。06 时(图 2.33b),随着大尺度背景环流的形势变化,回流在 118°E 以西、39°N 以北转为东南风,这个风向的转变时间与平原地区的降水实况开始时间是对应的。

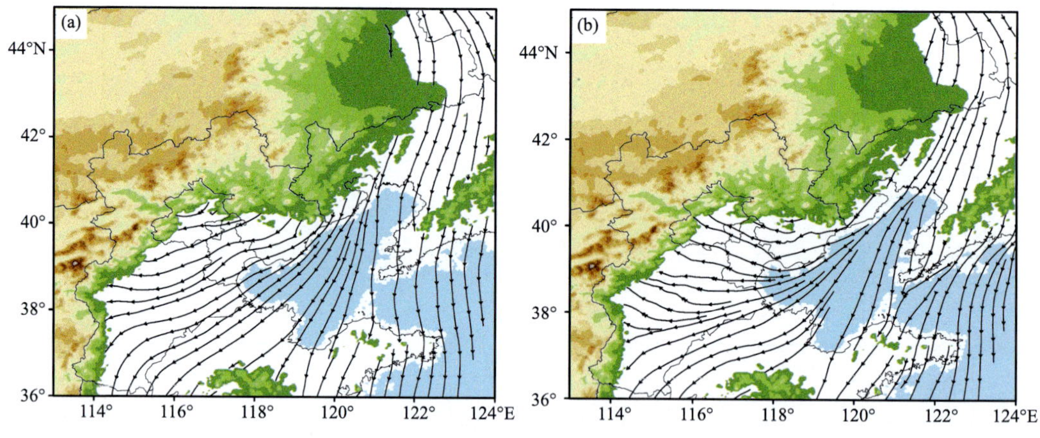

图 2.33　2018 年 4 月 4 日 1000 hPa 流场
(a. 03 时,b. 06 时;阴影为地形高度,浅蓝色为海洋)

在晚春季节太阳辐射强烈,由于海陆下垫面性质差异,午后陆地增温显著,而海面增温缓慢,从而在近地面层形成显著的海陆温差。在 06 时 1000 hPa(图 2.34a),渤海地区形成冷池,冷池的边界与渤海的海岸线基本一致,冷池中心温度为 2 ℃,而此时华北平原陆地最高温度达到 7～8 ℃,因此,在海岸线附近形成强烈的温度梯度。渤海还对应着相对湿度大值区,06 时随着干冷空气侵入,渤海北部相对湿度下降为 20%,渤海中南部相对湿度为 40%～60%,在渤海的下风方形成冷湿回流。但是,渤海产生的降温和增湿作用比较浅薄,到 925 hPa(图 2.34b),渤海上空全部转变为干冷的东北风控制,与海洋边界紧密相关的温度和相对湿度梯度带基本消失。此外，由于海洋表面摩擦力小，在渤海上空925 hPa层有低空急流，使得渤海下风方容易产生风速辐合。

以上分析可见，京冀平原地区在03—06时，既受到浅薄的1000 hPa冷湿回流的影响，也受到相对深厚的925 hPa干冷回流的影响。

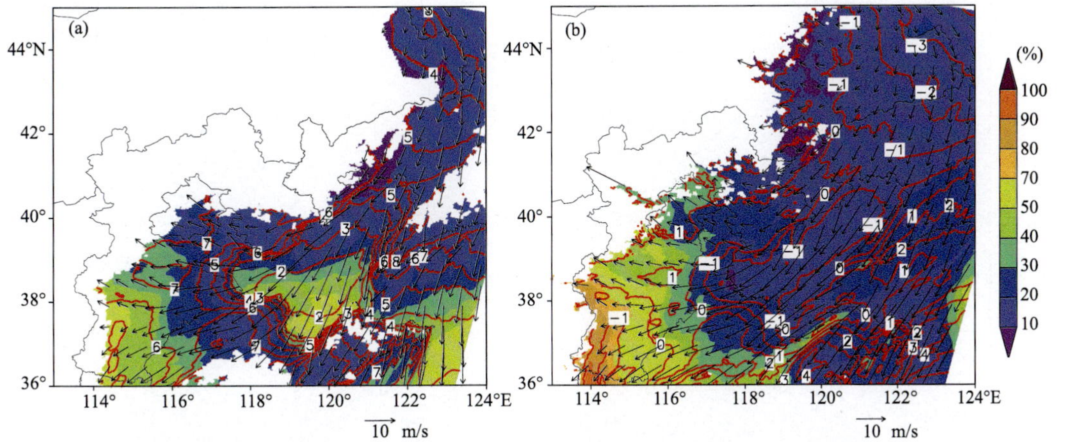

图2.34　2018年4月4日06时1000 hPa(a)、925 hPa(b)温度、相对湿度及风场（红色等值线代表温度，单位：℃，阴影代表相对湿度，箭头代表风）

(b)北京西北山区——925 hPa干冷回流

从模拟的925 hPa层的相对湿度和风看到，回流具有显著的干燥特征，回流主体与相对湿度30%及以下区域有比较好的对应，因此选用30%相对湿度区来追踪回流的活动。4日03—06时，回流从渤海向北京的平原地区推进，然后逐步侵入到北京西北部山区延庆站附近。03时(图2.35a)，北京的平原地区主要由40%～50%相对湿度的控制，30%的相对湿度区侵入到北京东南角116.75°E，39.7°N附近。04时(图2.35b)，30%的相对湿度区向东侵入到116.45°E，39.8°N附近，即1 h向西侵入约20 km，向北侵入约10 km，此时风向也转为东南风。05时(图2.35c)北京大部被东南风控制，30%的相对湿度区向西侵入到116.25°E，40.2°N附近，即1 h向东侵入20 km，向北侵入约40 km，表明东南风增强，此时另一显著的特征是回流侵入到西部山谷前沿附近。06时(图2.35d)平原地区大部已经被回流占据，30%的相对湿度区侵入到116.1°E，40.4°N附近，即1 h向西北侵入20～30 km，回流通过山谷进入到延庆站附近。以上分析表明，北京西北部山区虽然海拔高度较高，但由于回流沿山谷侵入，北京西北部山区的降雪也可能直接受到925 hPa干冷回流的影响。

(c)河北省西北山区——800 hPa湿冷回流

由于河北省西北部地区平均海拔在1000 m以上，主要受850 hPa层以上环流系统的影响，选取800 hPa作为代表层来考察该区域近地面层(即边界层)的特征。4日03时，在800 hPa层上(图2.36a)，出现了以117°E，40°N为中心、半径500 km的反气旋环流，该环流中心位于北京边界的东北角。这个反气旋环流是由华北高压(00时位于35°～50°N，115°～125°E)的南半部在南下冷空气增压作用下增强后，从华北高压分离出来的。在该反气旋环流作用下，来自东北的干冷空气向南流动，经过渤海上空，然后在36°～39°N向西流动，形成回流。该回流在115°E以东表现为干冷性质，在114°E，39.5°N阳原站附近则表现为冷湿性质。值得注意的

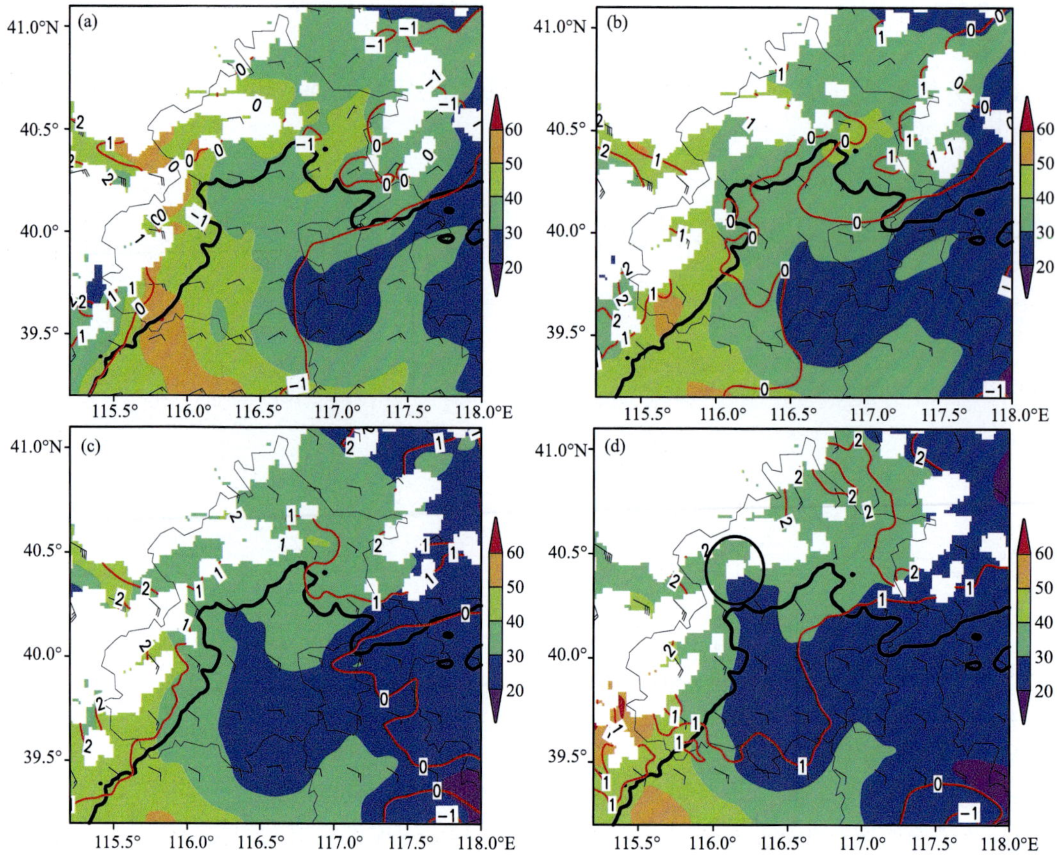

图 2.35　模拟的 2018 年 4 月 4 日 925 hPa 风(一个风向杆为 4 m/s)、相对湿度(阴影,单位:%)和温度(红色等值线,单位:℃)
(a. 03 时,b. 04 时,c. 05 时,d. 06 时)

是,影响阳原站的这个反气旋环流很浅薄,到 750 hPa 层(图 2.36b),反气旋环流已经消失,112°～116°E 区域变为南风,116°E 以东区域变为西南或西北风,整个区域的风场已经没有偏东风存在。由此可见,阳原站也受到回流的直接影响,但回流为 800 hPa 比较浅薄的冷湿回流,与京冀平原地区和北京西北山区明显不同。

以往研究关于回流的温湿特性存在争论,有的认为是湿冷性质,有的则认为是干冷性质。然而从以上分析看,在降雪区的不同地理位置、不同地形高度和不同的时间段,回流性质可能有不同的表现。这次暴雪过程出现有 1000 hPa 湿冷回流、925 hPa 干冷回流以及 800 hPa 湿冷回流,构成有趣的“三明治”特征结构。

(5)辐合、垂直运动和水汽输送

(a)北京平原及其延庆山区

03 时,1000 hPa(图 2.37a),北京平原地区主要受偏东风回流控制,在平原地区没有明显的辐合区;在 925 hPa(图 2.37b)主要受东南风回流控制,在平原和延庆山区都没有明显的辐合区。在回流冷空气的上方,700 hPa 为西南风,而且与比湿线、温度线接近垂直正交,表明暖湿平流沿干冷空气垫爬升,水汽输送能力较强。06 时,1000 hPa(图 2.37c)北京平原地区转变

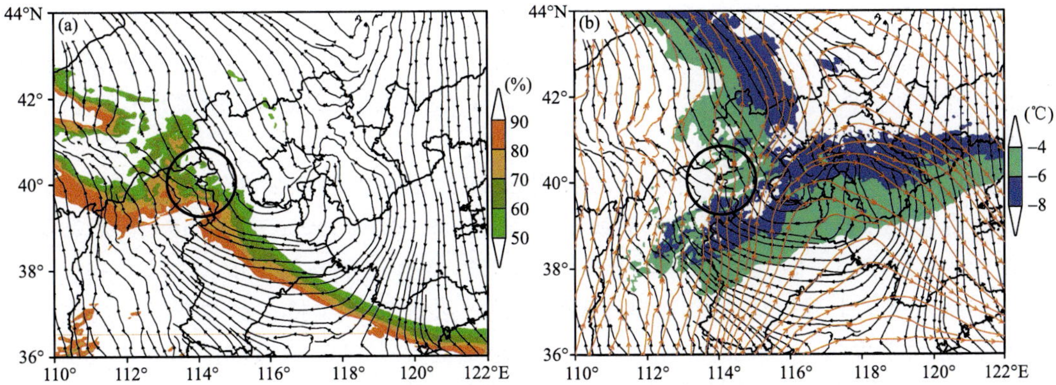

图 2.36　2018 年 4 月 4 日 03 时 800 hPa 相对湿度、温度场和 750 hPa 流场
(a. 800 hPa 相对湿度(阴影)和 800 hPa 流线(黑色),b. 800 hPa 温度(阴影)、800 hPa 流线(黑色)和 750 hPa 流线(金色))

为受东南风控制,并且在北京的东南部出现明显的辐合区;在 925 hPa(图 2.37d)东南风也进一步增强,东南风从山谷侵入到西部山区,并在延庆站附近形成明显的辐合区。在回流冷空气的上方,700 hPa 西南风的偏南分量进一步增大,3 g/kg 等比湿线北移至 40°N 附近,3 h 内向北推进 10～50 km,使得北京东南部平原地区增湿显著。

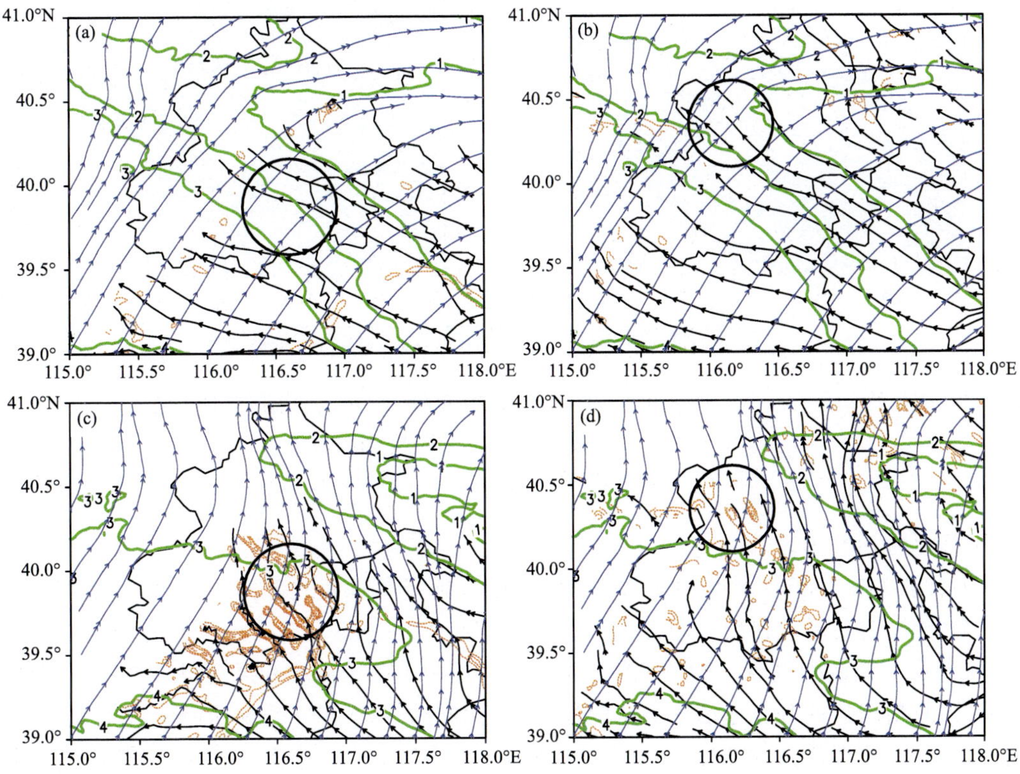

图 2.37　2018 年 4 月 4 日 1000 hPa(a,c)和 925 hPa(b,d)散度(橙色线)和流场(黑色)
(a,b. 03 时;c,d. 06 时;叠加 700 hPa 比湿(绿色等值线)和 700 hPa 流线(蓝色))

同时注意到，近地面层较强辐合区的出现与北京平原地区和延庆的降雪显著增强阶段是相对应的。由此可见，回流导致的近地面层辐合上升运动、暖湿空气沿干冷空气垫的爬升以及地面低压倒槽前部的垂直上升运动，三者叠加形成较为强烈的上升运动，有利于北京地区暴雪天气的形成。

通过时间-高度剖面的演变(图 2.38a)看到，北京站的偏东风主要在 850 hPa 以下，从 03 时一直持续到 09 时，近地面层辐合产生垂直运动，在 06—07 时，1000～850 hPa 形成 0.2 m/s 的垂直上升运动中心。暖湿空气沿着干冷空气爬升，结合高空槽的影响，在 700～400 hPa、05—11 时形成强的上升运动中心，有利于降雪的进一步发展和维持。在 700 hPa 层在 03 时十分干燥，相对湿度仅 20%，而到 06 时相对湿度增加为 80%～90%，这与 700 hPa 层暖湿空气的输送以及边界层辐合抬升形成云的时间是对应的。

在延庆站也能够观察到暖湿空气沿干冷空气垫爬升的"楔形"图像(图 2.38b)。偏东风主要活动在地形高度以上 925～800 hPa，并形成近地面层辐合，随着辐合的增强，在 08 时附近形成比较强的 0.6 m/s 上升运动中心。在近地面上升运动中心的正上方，在 700～300 hPa 为爬升运动和高空槽共同作用产生的又一个上升运动中心，这使得延庆站的云顶达到 300 hPa，云体比平原地区明显偏高，这可能是延庆站成为北京地区的暴雪中心的有利因素之一。

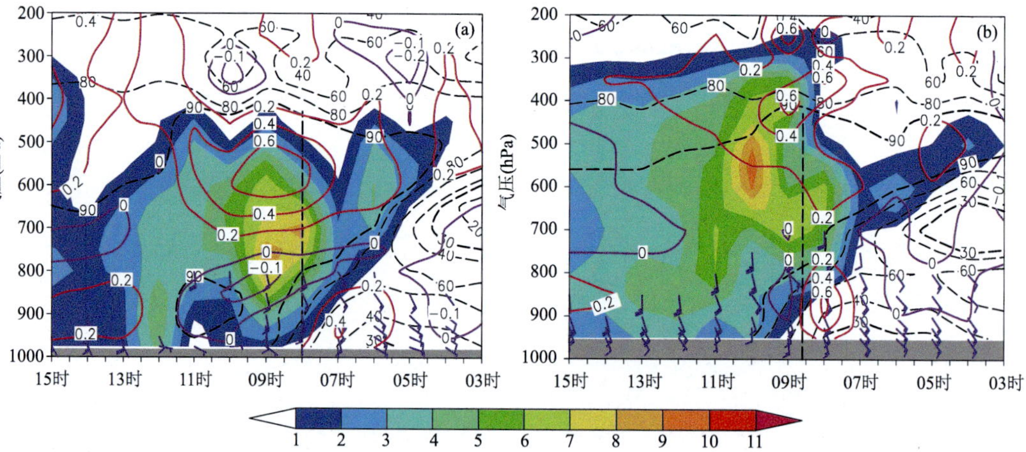

图 2.38 模拟的 2018 年 4 月 4 日代表站雪凝物质(阴影，单位：g/kg)、垂直速度(红色实线，单位：m/s)、相对湿度(黑色虚线，单位：%)时间-高度剖面

(a. 北京站，b. 延庆站；叠加偏东风(一个风向杆是 4 m/s))

(b)河北省西北山区

4 日 03 时(图 2.39a)，800 hPa 东南风回流侵入到河北省西北部，并在阳原站附近形成明显的辐合带，同时与垂直速度中心相配合，垂直速度 0.2～0.6 m/s。在回流的冷湿空气上方 700 hPa 存在西南暖湿气流。06 时(图 2.39b)800 hPa 东南风回流和风场辐合带均有所增强，对应地，阳原站附近的垂直速度中心更为显著；与此同时，700 hPa 暖湿西南气流更为强盛，特别是 3 g/kg 等比湿线由 03 时的 39.7°N 向北移动到 40.5°N，北移约 70 km，表明降雪区得到充沛的水汽输送。

从阳原站的时间-高度剖面的演变(图 2.40)看到，暖空气爬升的"楔形"特征不明显。在 900～800 hPa、03—12 时有东南风活动，东南风相对湿度达到 60%～80%，形成冷湿空气垫，并对应显著的 0.6 m/s 垂直速度中心。在近地面垂直速度中心的正上方，在 600～250 hPa 配合有中高层垂直速度中心，深厚的上升运动使得阳原站的云顶高度也达到 300 hPa 以上。

由此看到，河北省阳原站相对于北京站，虽然地理位置偏西约 240 km，海拔高度偏高约 0.9 km，但在天气尺度环流系统作用下，其水汽输送条件、热动力抬升机制比北京平原地区更好一些，从而有利于阳原站成为这次京冀暴雪过程的降水中心。

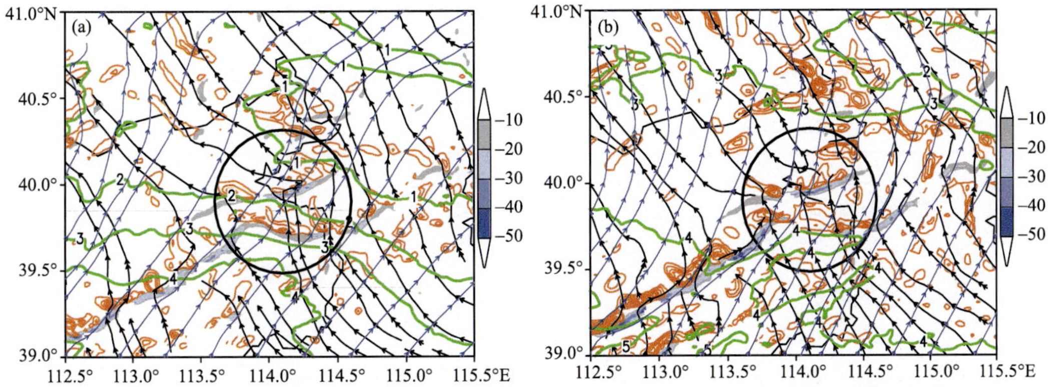

图 2.39　2018 年 4 月 4 日 800 hPa 散度（阴影，单位：$10^{-5}\ s^{-1}$）、垂直速度（细实线，单位：m/s）、风场（黑色流线）及 700 hPa 比湿（绿色粗实线，单位：g/kg）、700 hPa 风场（蓝色流线）（a. 03 时，b. 06 时）

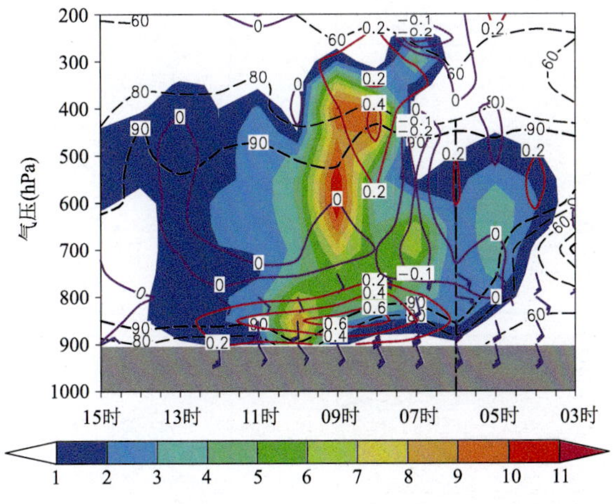

图 2.40　2018 年 4 月 4 日阳原站时间-高度剖面（其他同图 2.38）

（6）云中水凝物质的非绝热降温

云微物理特征以及 700 hPa 至地面的大气温度状况对降水的相态类型有直接影响作用。云中以雪粒子为主，而地面温度在 0～1.5 ℃时，才会以雨夹雪出现；相反，如果以雨滴为主，则当地面温度在 0～1.5 ℃时，地面会以降雨为主，而不是雨夹雪或雪（Yuter et al.，2006）。下面选取 700 hPa 和沿 40°N 的剖面来考察云中水凝物质对雨雪相态转化的影响。

4 日 03 时，在 700 hPa（图 2.41a）北京和河北省西北部为−4～−2 ℃温度控制，在河北的西部边缘，有少量的雪粒子。在剖面图（图 2.41b）上，在 700 hPa 层附近、114°～118°E 为一浅薄暖层，这是 700 hPa 的西南暖平流造成的，同时在平原地区（116°～119°E），925 hPa 为 0 ℃，

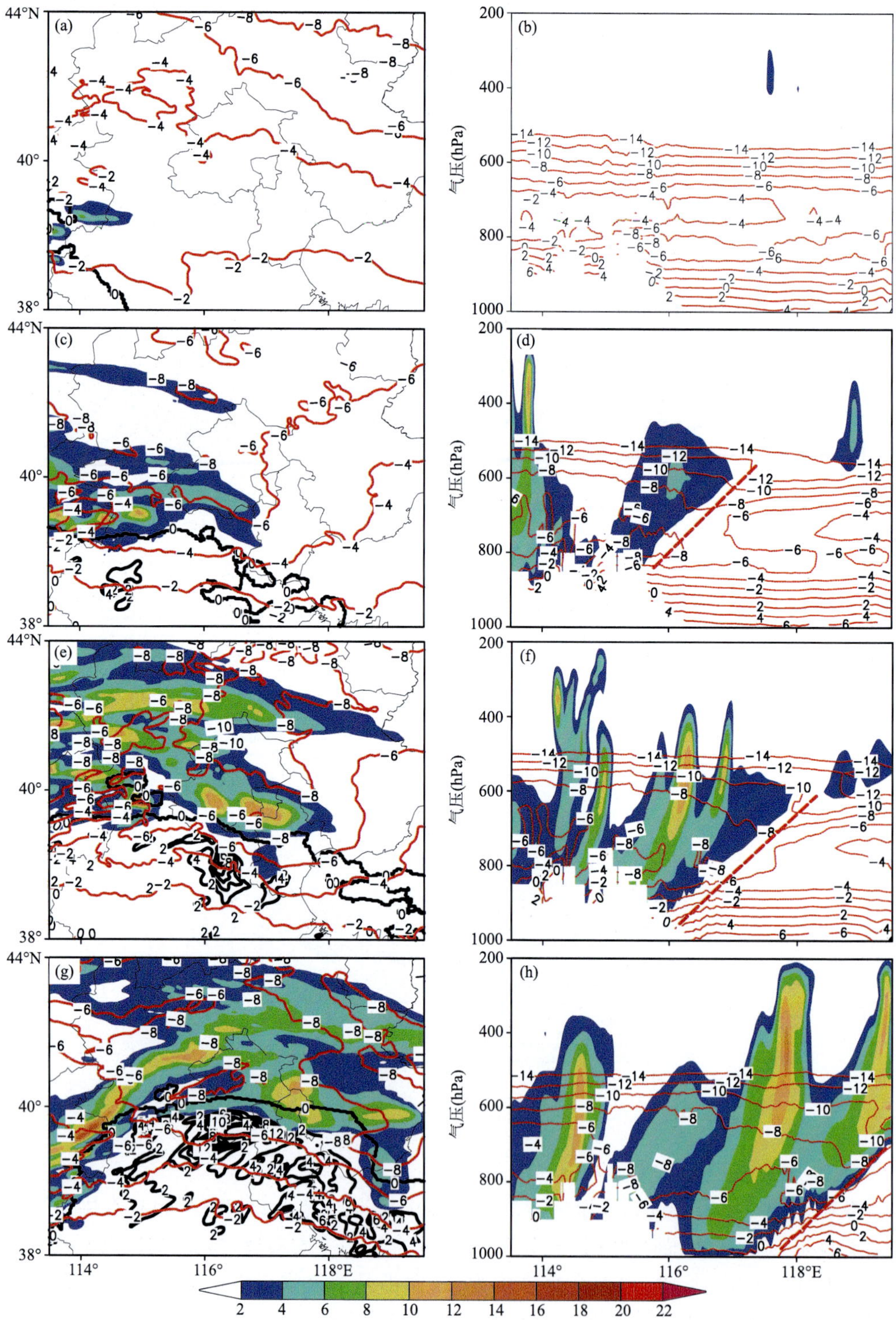

图 2.41　2018 年 4 月 4 日模拟的 700 hPa(a,c,e,g)和沿 40°N 剖面(b,d,f,h)的云中雪凝物质(阴影,单位:10^{-1} g/kg)、云中雨水物质(黑色粗等值线,单位:10^{-2} g/kg)、温度(红色等值线,单位:℃)(a,b. 03 时;c,d. 06 时;e,f. 08 时;g,h. 10 时)

地面约 4 ℃;在山区(116°～119°E),地面层约在 900 hPa 附近,地面温度也约为 4 ℃。06 时,在 700 hPa(图 2.41c)云区侵入到河北省阳原附近和北京西南部,在 39.1°N 以北以云中雪粒子为主,对应温度为－6～－4 ℃,以南则以云中雨水粒子为主,对应温度为－4～－2 ℃。在剖面图上(图 2.41d)看到,平原地区,云区尚未到达,受晚春强烈的太阳辐射影响,在 116°～119°E、地面－900 hPa 温度升高约 2 ℃,达到 6 ℃以上;而在山区(114°～116°E)900～600 hPa,受降雪粒子下降拖拽影响,由暖层变为冷层,最低温度为－8 ℃,地面温度下降到约为0 ℃,与山区的降雪发生时间相对应。同时注意到,与 114°N 附近云体直立不同,在115.5°N 附近云体的东边界向东倾斜,并且对应着温度显著下降梯度带,降温梯度带与雪粒子下落至干空气层产生的升华降温有关。

从随后的逐 2 h 间隔演变看到,08 时,700 hPa(图 2.41e)云区向东北移动到 118°E,在 39.8°N 以北以云中雪粒子为主,云区对应温度比 06 时下降约 2 ℃,为－8～－6 ℃,39.8°N 以南云区则以雨水粒子为主。在剖面图(图 2.41f)上,雪粒子倾斜界面东移至 116°E 附近,进入山区与平原过渡地带,在倾斜边界附近 1000～850 hPa 层温度为－6～4 ℃,较 06 时急剧下降 2 ℃以上,这与雪粒子下落过程中发生升华降温、融化降温以及蒸发降温有关。10 时,700 hPa(图 2.41g)云中雪粒子区域向东移动到 120°E,雨水粒子区域则向北略有移动,在东移云区的前部 118°～120°E,39°～41°N 有显著降温区,较 08 时下降 2～4 ℃。在剖面图(图 2.41h)上,雪粒子倾斜边界继续东移至 117°E 附近,在倾斜边界附近温度急剧下降,倾斜边界面西侧的平原地区(116°～117.5°E)地面温度已下降接近 0 ℃,这与 08—10 时发生的快速雨转雪实况有较好吻合。

在这次晚春京冀地区暴雪过程中,回流和 700 hPa 水汽输送分别提供了辐合抬升条件和水汽条件。回流、复杂地形和云中水凝物质主要是雪粒子,是雨转雪相态快速变化的关键因子。暴雪中心所在的太行山区北部地区(代表站取河北省阳原站)与平原地区(代表站取北京站)的快速雨转雪机制有所不同。

由于天气尺度环流系统的温度、湿度和风场结构特征、晚春季节强烈太阳辐射产生的显著海陆地面气温日变化差异、平原和山地的显著高度差异,导致影响京冀地区的回流呈现“三明治”特征结构(图 2.42a)。第一层是 1000 hPa 由渤海吹向京冀平原地区的浅薄的“湿冷回流”,其与晚春季节渤海和华北平原的强烈的海陆温湿差异有密切关系;第二层是以 925 hPa 为代表的“干冷回流”,其层次较厚,顶部达 850 hPa,主要影响北京的平原和北京西北部的延庆山区;第三层是 800 hPa 附近的“湿冷回流”,其由 800 hPa 层以 117°E,40°N 为中心、半径 500 km 反气旋环流的南下冷空气移动至 35°N,然后回流到太行山北部地区形成,也相对浅薄,主要影响太行山北部地区。

平原地区快速雨转暴雪,与干冷的 925 hPa 回流有直接关系(图 2.42b)。首先是回流的平流降温作用,其发生在降雪前 4～6 h,其抵消减弱晚春季节由于强烈太阳辐射产生的中午前后的快速增温,使得在降水发生前期地面气温维持在 6～9 ℃,较常年同日平均气温低约 10 ℃。其次是回流的非绝热降温作用,其发生在降水开始前后的 1～2 h,雪粒子降落穿过深厚干层时产生升华降温、融化降温以及蒸发降温,从而使地面气温进一步下降 4～6 ℃,并接近 0 ℃。1000 hPa回流主要起到增强平原地区的近地面平流降温作用,此外,还具有辐合抬升和水汽输送作用。

太行山区北部的快速雨转雪,与相对较高的海拔高度和 800 hPa 回流有紧密联系。由于

800 hPa 回流的厚度较为浅薄并且冷空气弱，所以平流降温、雪粒子升华降温、融化降温和蒸发降温对相态转变的作用相对较小(图 2.42c)。但由于海拔高度较高、回流对太阳辐射增温的削弱作用，使得地面气温在降雪前维持在 4～6 ℃。临近降雪开始时间前后，由于海拔高度高，云中雪粒子在降落过程中将中层 600 hPa 的－4 ℃冷空气拖拽下伸至约 850 hPa，使得地面 0 ℃层的融化层很薄，云中雪粒子来不及融化而降落到地面。从而出现快速雨转雪现象。在相同天气系统背景下，相对平原地区，高度越高的山区越容易发生快速雨转雪或直接降雪。此外，800 hPa 回流也起到边界层辐合抬升和一定的水汽输送作用。

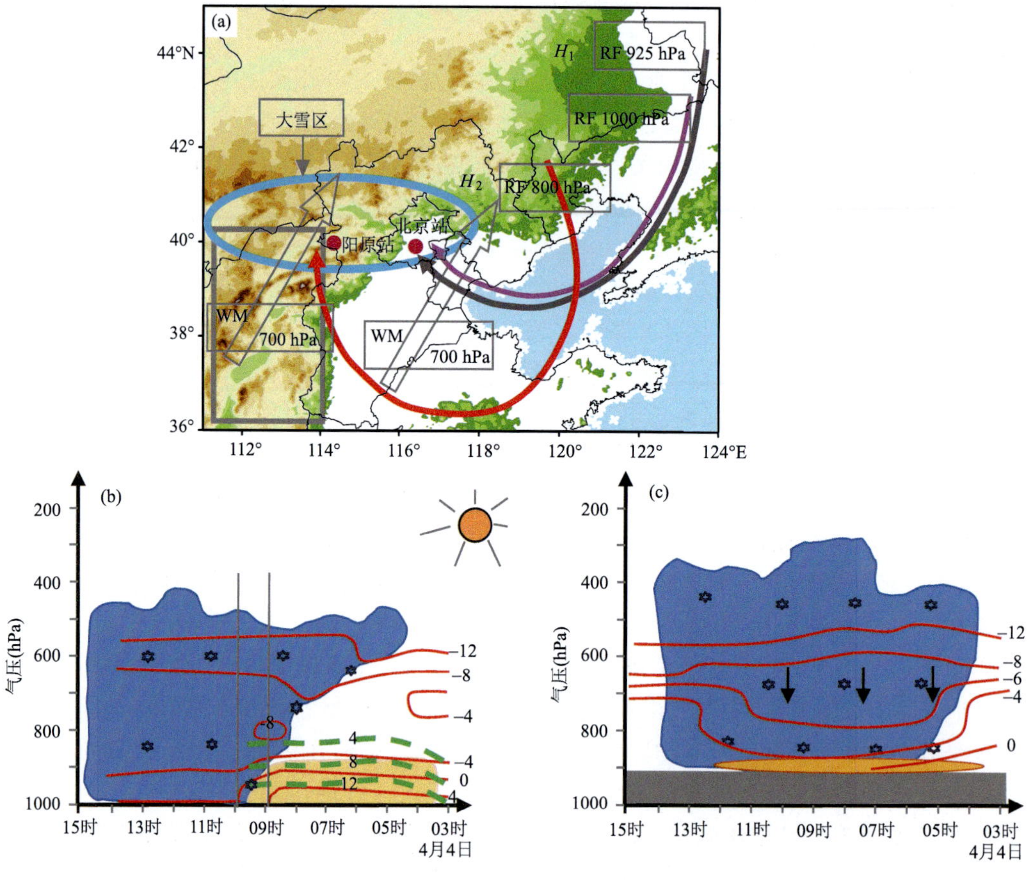

图 2.42 暴雪机制概念模型

(a. 回流的“三明治”结构和 700 hPa 水汽输送(阴影：地形；H_1、H_2 分别代表 850 hPa、800 hPa 高压中心位置；RF 代表回流；WM 代表暖湿气流)，b. 平原地区快速雨转雪机制，c. 河北省山区快速雨转雪机制(蓝色阴影代表雪粒子；黄色阴影代表回流；红实线代表温度；绿虚线代表常年平均温度))

(7)主要结论

这次暴雪过程具有显著的回流特征，并且回流呈现有趣的“三明治”特征结构。第一层是 1000 hPa 由渤海吹向京冀平原地区的“湿冷回流”，较为浅薄；第二层是以 925 hPa 为代表的“干冷回流”，其层次较厚，上部达 850 hPa，主要影响北京的平原和延庆山区；第三层是 800 hPa附近的“湿冷回流”，也相对浅薄，主要影响河北省西北部的太行山北部地区。

回流和 700 hPa 水汽输送分别为暴雪提供了有利的辐合抬升条件和水汽条件。回流、复杂地形和云中水凝物质主要是雪粒子，是快速雨转雪相态变化的关键因子。暴雪中心所在海拔较高的太行山区北部与海拔高度接近海平面的平原地区的快速雨转暴雪机制有所不同。

平原地区快速雨转暴雪，与 925 hPa 回流有直接关系。首先是回流的平流降温作用，其发生在降雪前 4～6 h，使得在降水发生前期地面气温维持在 6～9 ℃。其次是回流的非绝热降温作用，其发生在降水开始前后的 1～2 h，其产生的降温幅度达 4～6 ℃，从而使地面气温接近 0 ℃。

太行山区北部的快速雨转暴雪，与相对较高的海拔高度有紧密联系。800 hPa 回流的平流降温和非绝热降温比平原地区弱。但由于海拔高度较高，使得地面气温在降雪前维持在4～6 ℃。降雪开始前后，云中雪粒子将中层冷空气拖拽下伸，使得地面至 0 ℃层的融化层很薄，云中雪粒子来不及融化而降落，从而表现为快速雨转雪。

北京的延庆山区能够直接受到 925 hPa 回流的影响，其雨转雪机制同时具有平原和山地特征。城市化影响显著的平原地区比城市化影响小的平原地区雨转雪时间延长约 2 h，城市化效应主要影响近地面气温，对大气的垂直热动力结构没有显著影响。

2.2 低槽冷锋类

低槽冷锋类的华北暴雪环流形势：一是当西风带低槽位于 100°～110°E 时，华北地区处于槽前暖湿气流中，若水汽充足（如 850 hPa 比湿≥2 g/kg），往往出现大雪以上量级的天气过程；有时低槽东（东南）移过程中加强，可以切断出低涡，移速减慢，降雪持续时间较长，降雪量级加大。如果南支槽活跃，与西风带低槽同位相叠加，西南暖湿气流旺盛，往往带来暴雪甚至大暴雪。二是鄂霍次克海至我国东北地区一带有冷涡发展加强，冷涡后部的横槽位于中国东北、内蒙古北部至中蒙边界一带；地面冷高压强盛，其前部伴有冷锋。伴随着横槽南压转竖，强冷空气爆发将会造成华北大范围的降雪天气，若水汽充足（如 850 hPa 比湿≥2 g/kg），往往出现大雪以上量级的天气。

低槽冷锋类降雪的天气概念模型如图 2.43 所示。

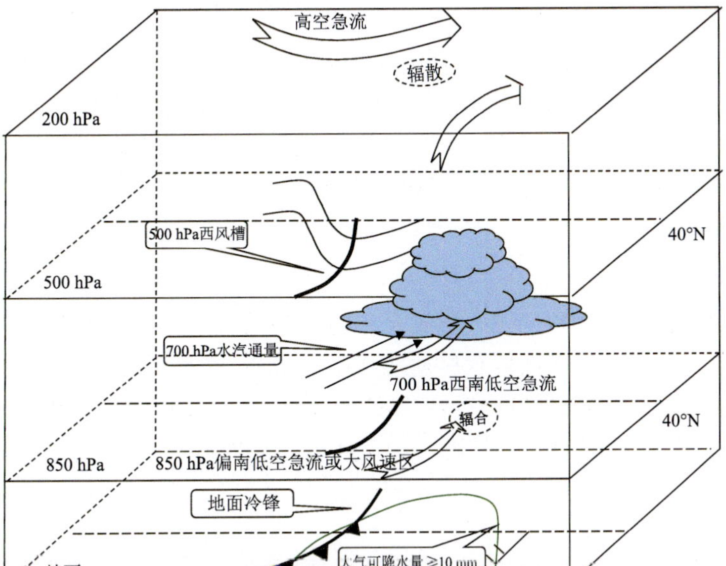

图 2.43　低槽冷锋类降雪天气概念模型

2.2.1 2021 年 11 月 6—7 日京津冀暴雪过程*

2.2.1.1 雨雪实况

受强冷空气影响，2021 年 11 月 6—7 日京津冀自北向南先后出现了雨雪、寒潮降温和大风天气过程。在 6 日白天到 7 日夜间，京津冀出现了极端性降水天气(图 2.44a)，河北平均降水量为 29.9 mm，超过 6 成的国家站累计降水量在 25 mm 以上，有 3 站超过 50 mm 以上，最大降水量出现在保定望都(51.6 mm)；最大降雪量出现在沧州黄骅(40.4 mm)。从降水的相态来看，张家口北部降水为纯雪，其他地区则自北向南出现雨雪转换。分别从过程的纯降雨量(图 2.44b)和纯降雪量(图 2.44c)分布来看，此次过程有两个强降水区，分别为河北中部(西北—东南向)，其雨量大于雪量；河北东部、天津南部(东北—西南向)，其雪量大于雨量。

北京 5 日夜间至 6 日傍晚，大部分地区出现了小到中雨；6 日 15—17 时西部北部山区出现雨夹雪或雪，18—20 时平原大部分地区转雪，6 日夜间至 7 日白天有明显降雪，为北京市 2021 年的初雪。5 日 21 时—7 日 17 时，全市平均降水量 23.1 mm，城区平均降水量 23.4 mm，最大在房山南河，为 46.6 mm。6 日 20 时—7 日 17 时全市平均降雪量 11.9 mm(暴雪)，城区平均降雪量 11.7 mm。最大降雪量出现在延庆窑湾，6 日 16 时—7 日 16 时降雪量 37.1 mm。

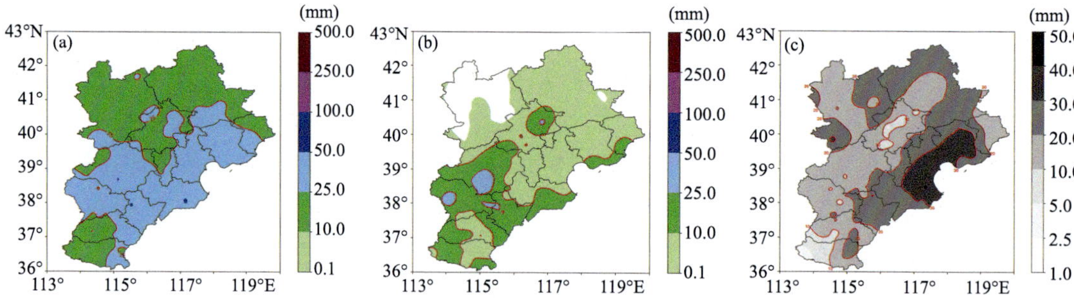

图 2.44 2021 年 11 月 6 日 08 时—8 日 08 时国家站总降水量(a)、纯降雨量(b)、纯降雪量(c)分布

从积雪深度来看(图 2.45)，此次过程中京津冀西北部、东部普遍超过 10 cm。唐山、天津沧州局地积雪深度超过 20 cm；西南部积雪深度 1～3 cm，其他地区积雪深度 4～10 cm。从极端性来看，河北的中部和东部地区有 46 个国家站日降雨(雪)量突破了历年 11 月上旬极值，32 个国家站最大积雪深度突破历年 11 月极值。此次过程还伴有寒潮、大风天气。

2.2.1.2 雨雪成因

(1)环流形势及影响系统

从影响系统来看，本次过程的主要影响系统为高空槽、低涡、地面冷锋(图 2.46)。5 日 20 时—6 日 08 时，500 hPa 西风带低槽东移发展移至内蒙古、甘肃一带，京津冀受槽前西南气流影响，6—7 日，500 hPa 高空槽携带强冷空气南下，在东移的过程中加强成低涡(6 日 20 时切断出低涡)；湿区范围大，850 hPa 比湿达 6～7 g/kg；地面冷锋自西北向东南扫过京津冀，造成此次雨雪天气过程。

---

* 摘自金晓青“11 月 6—7 日京津冀极端雨雪过程成因分析”，全国灾害性天气过程总结视频会议。

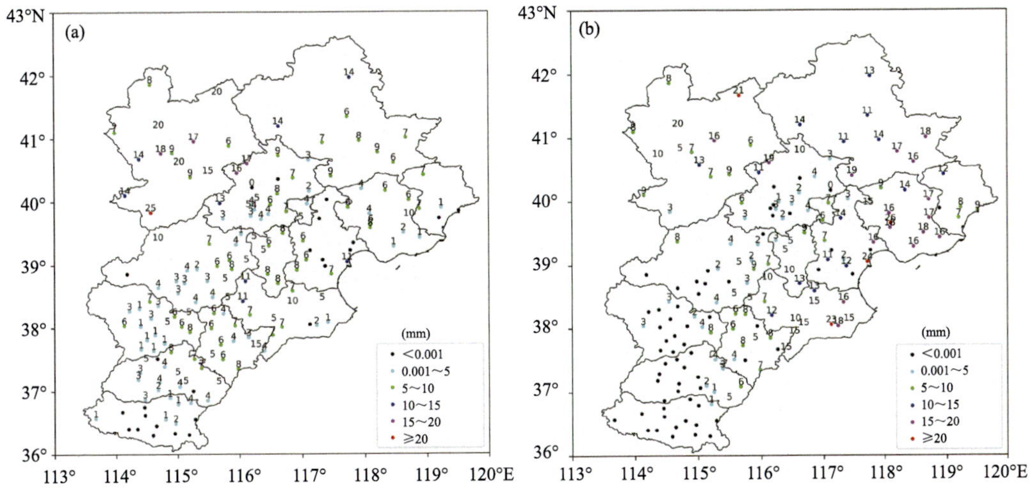

图 2.45　2021 年 11 月 7 日 08 时积雪深度(a)、8 日 08 时积雪深度(b)分布

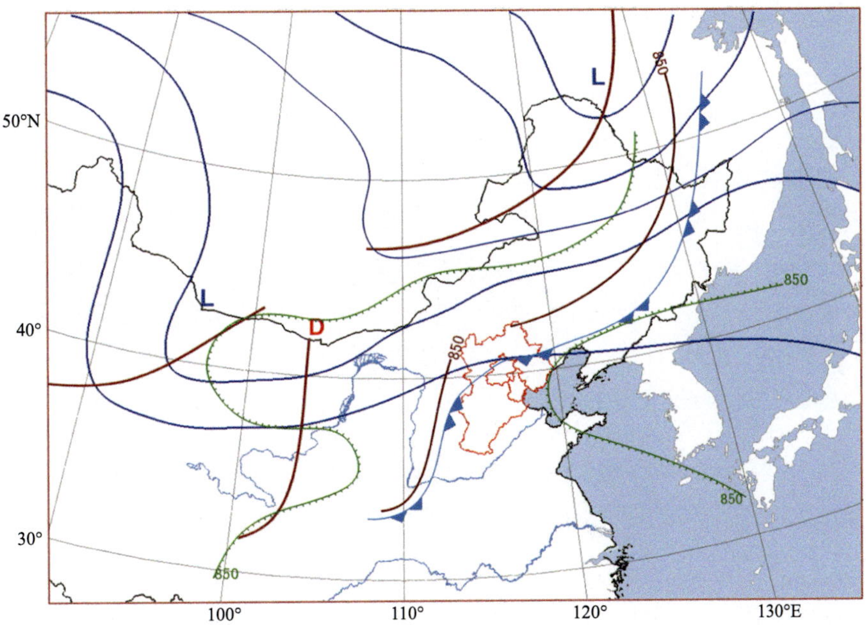

图 2.46　2021 年 11 月 6 日 08 时综合图
(蓝色实线代表 500 hPa 高度)

(2)水汽条件

充沛的水汽条件是产生较大降水的必备因素，由于深秋季节华北主要受变性的极地大陆气团控制，气温低、饱和水汽压小、水汽含量少，因此，分析本次雨雪过程的水汽分布及输送显得至关重要。从 6 日 20 时和 7 日 08 时的 850 hPa 风场、比湿和相对湿度(图 2.47)可以看出，京津冀地区的湿区整体深厚且能长时间维持，并且比湿具有一定的极端性：6 日 850 hPa 的比湿达到 6～7 g/kg，7 日转为纯雪时，比湿仍维持在 2～4 g/kg。充沛的水汽使得此次过程降水量较大。

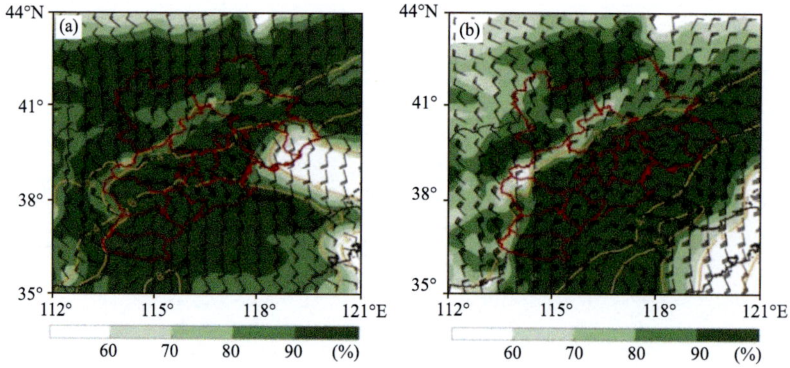

图 2.47 2021 年 11 月 6 日 20 时(a)和 7 日 08 时(b)
850 hPa 风场、比湿(单位:g/kg)、相对湿度(单位:%)

从 6 日 08 时、20 时以及 7 日 02 时的 850 hPa 水汽通量散度(图 2.48)来看,850 hPa 上的水汽主要来自黄海和渤海,水汽在低涡中强烈辐合;700 hPa(图略)上随着系统东移的加强,偏南风的水汽输送也随之加大。

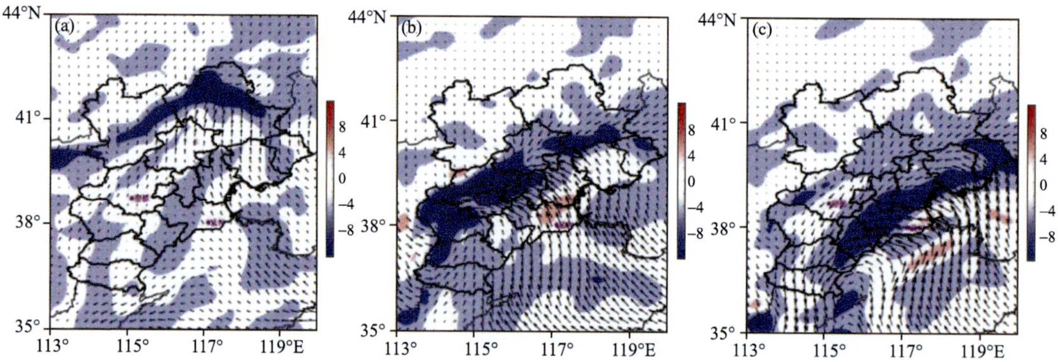

图 2.48 2021 年 11 月 6 日 08 时(a)、6 日 20 时(b)、7 日 02 时(c)
850 hPa 水汽通量散度(单位:g/(cm^2 · hPa · s))

(3)动力条件

从动力条件来看,850 hPa 的切变下山后在保定地区附近形成低涡,并且逐渐向东南移动,于 6 日后半夜移出河北省。降水主要位于低涡中心和暖切变线一侧,降水中心与 850 hPa 散度中心配合较好(图 2.49)。进一步对 850 hPa 低涡的形成进行分析,可以得出:此次过程中低涡形成于 6 日 20 时前后,并且垂直厚度较小,位于 800~900 hPa。

2.2.2 2020 年 2 月 13—14 日京津冀暴雪天气过程 *

2020 年 2 月 13 日夜间北京普降中雨,14 日 08 时(北京时,下同)北京大部分地区由雨转为雪,14 日 20 时降水结束。北京全市平均累计降水量(雨、雪)22.5 mm。其中全市平均降雪量为 7.5 mm,城区平均降雪量为 10.1 mm,最大降雪量为平谷门楼庄的 16.4 mm(图 2.50)。

* 翟亮,王林,郭金兰,等. 北京一次极端雨雪天气异常诊断分析 [J]. 沙漠与绿洲,2022,16(4):9-13.

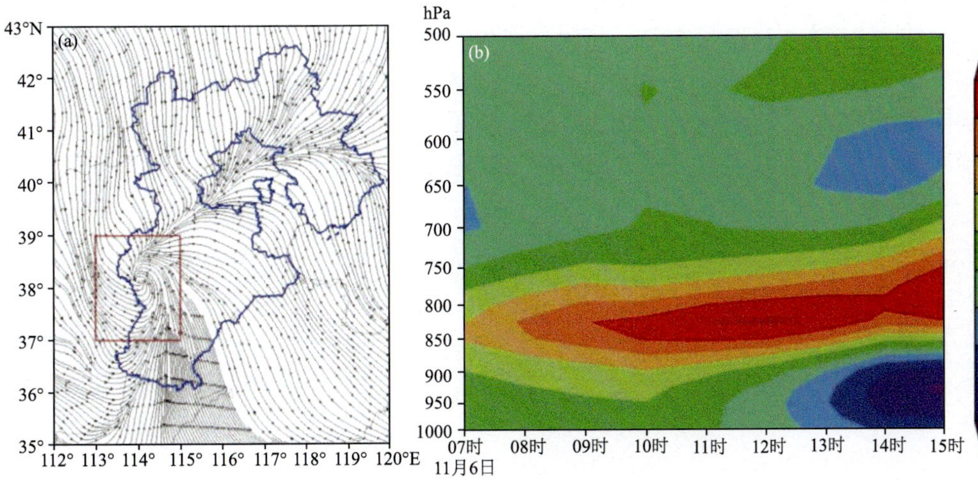

图 2.49 2021 年 11 月 6 日 19 时 850 hPa 流场(a)、沧州孟村站上空散度时序图(b,单位:10^{-5}/s)

此次天气过程中,北京 20 个国家级气象观测站中有 14 个站日降水量突破冬季日降水量历史极值。北京观象台单站降水量 29.5 mm,突破 1951 年有观测记录以来 2 月最大日降水量极值。

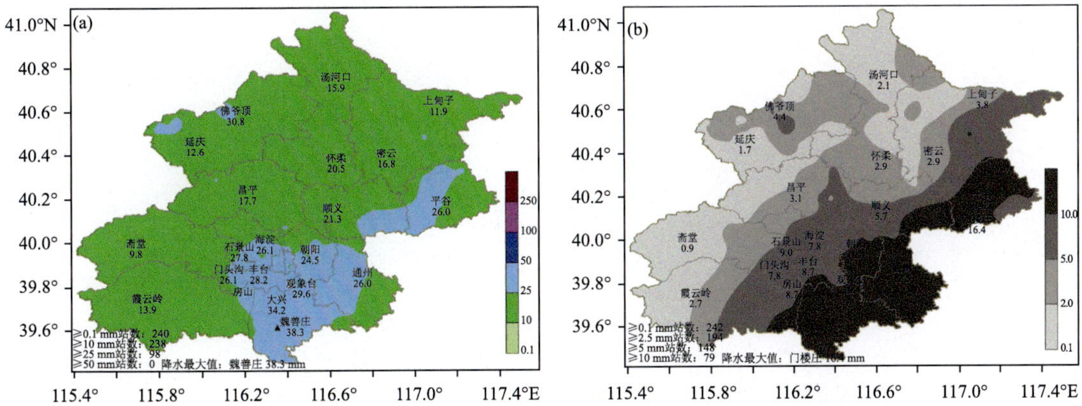

图 2.50 2020 年 2 月 13 日 18 时—14 日 20 时北京降水量(a,单位:mm)和
2020 年 2 月 14 日 08—20 时降雪量(b,单位:mm)分布

本次极端雨雪天气具有累计降水量大、持续时间长、相态转换、积雪分布不均等突出特点。本节将利用 EC 再分析资料、风廓线雷达产品、气候资料等,揭示本次雨雪天气过程的成因和极端性,以期能够进一步认识和了解此类罕见的极端雨雪天气过程,为该类天气更准确地预报预警总结经验。

2.2.2.1 成因分析

(1)大尺度环流背景

2020 年 2 月 13—14 日,华北大部地区出现明显雨雪天气。2 月 14 日 08 时,北京地区处在 200 hPa 高空西南急流分流区(图略),500 hPa 槽东移加强,切断低涡位于内蒙古西部(图 2.51a,b),700 hPa 大湿度区(相对湿度>90%的区域)呈逗点状分布,其范围覆盖京津冀地区(图略)。850 hPa 切变线加强为低涡,低涡暖切变、冷切变附近维持强锋区,京津冀地区比湿大于 3 g/kg(图 2.51c)。地面受冷锋、倒槽影响(图 2.51d),随着冷空气南下,倒槽顶部的偏东风开始东移南压,大降水区开始东移。河北中部的中尺度辐合中心涡旋特征明显,并在风场上呈现明显“人”字形切变(图 2.51c)。位于涡旋东北侧的横切变缓慢北抬,切变线北侧强盛的偏东气流对北京的降水产生重要影响。与此同时,受北京外围山脉阻挡,地面冷高压自北京东部回流至平原地区,与北京西部缓慢越山的冷空气形成华北锢囚锋(图略)。此种天气系统配置特征,基本符合华北低涡暴雪天气概念模型,具有清晰的动力结构和特征。

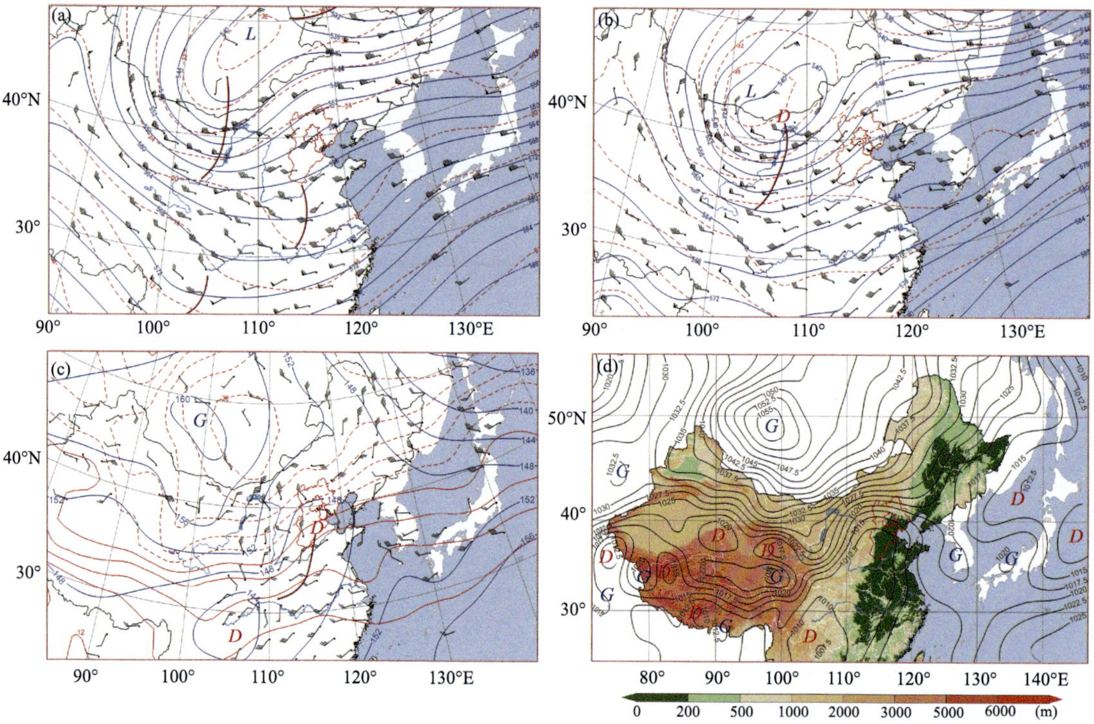

图 2.51　2020 年 2 月 13—14 日 500 hPa 天气形势(a,b)、850 hPa 天气形势(c)和地面形势(d)
(等高线:蓝色实线,单位:dagpm;等温线:红色虚线,单位:℃)
(a. 13 日 20 时,b. 14 日 08 时,c. 13 日 20 时,d. 14 日 08 时)

(2)中尺度涡旋分析

尽管蒙古低涡等天气系统为本次极端雨雪天气提供了较好的大尺度环流背景,但暴雪的形成往往需要中小尺度天气系统的参与。张迎新等(2011b)研究发现,中尺度低涡系统对华北暴雪有增强作用;中小尺度天气系统的参与能使降雪进一步加强(陶林科,2012;张俊兰 等,2018)。14 日 08 时,北京处于 500 hPa 高空正涡度平流区,850 hPa 垂直上升速度达 −3 Pa/s(图略)。如图 2.52 所示,在大尺度低涡前部偏南气流中,850 hPa 发展形成一个中尺度涡旋,其中心位于河北中部,涡旋东侧横切变强度强,且向北缓慢移动,为本次极端降水提供强大动力抬升作用和水汽辐合条件,是影响北京地区降水的关键因素。该中尺度涡旋系统的发展和稳定维持是降水过程中重要的动力和水汽来源,其作用与夏季的中尺度涡旋对暴雨的作用相似(袁美英,2014)。

为进一步认识中尺度涡旋的特征,计算其所控区域(图 2.52 红色方框)内平均涡度在垂直方向的分布特征,发现:涡旋区内的平均涡度随高度呈“S”形分布(图 2.53),600 hPa 以下为正

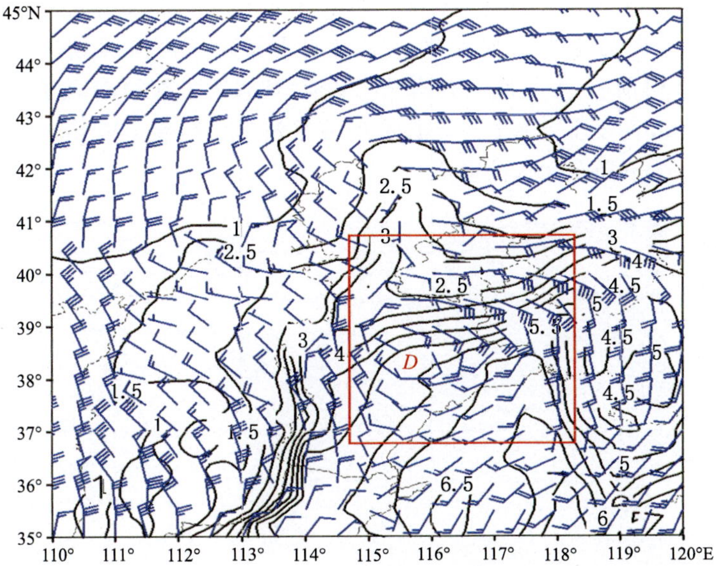

图 2.52　2020 年 2 月 14 日 08 时，850 hPa 比湿（黑色实线，单位：g/kg）、850 hPa 风场（风向杆，单位：m/s）、中尺度低涡中心及范围（字母 D 及红色方框）

涡度，之上则为负涡度，且正、负涡度极值分别稳定在 800 hPa、400 hPa。在降水过程中，高空负涡度极值点保持在约 -3×10^{-5}/s，而 800 hPa 正涡度极值点不断加强（图 2.53）。观测显示，14 日 02—07 时雨强不断增强，最大为 8.5 mm/h，出现时间为 14 日 06 时。可见，雨强与中尺度涡旋低层正涡度增加有密切关系。

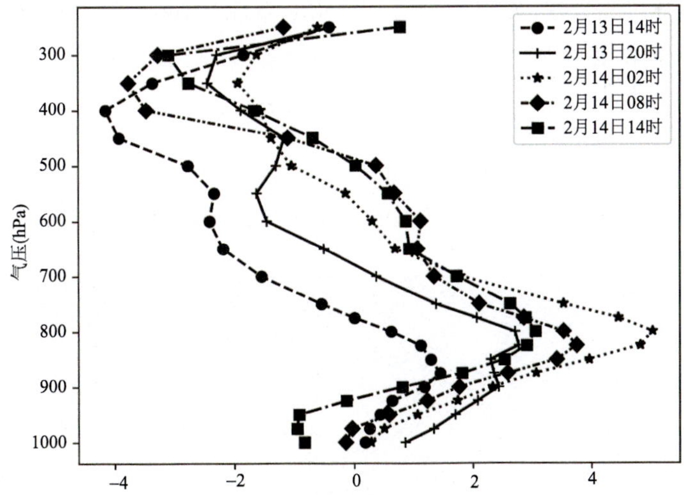

图 2.53　2020 年 2 月 13 日 14 时—14 日 14 时涡旋区平均涡度廓线

（3）不稳定层结

北京冬季降雪大多伴随底层偏东风回流特征，在北京形成一个“冷垫”，造成上暖下冷的稳定层结。而 14 日 04—07 时雨强处于明显增大阶段，卫星云图中有云阶特征，这说明降水可能有对流活动。

对流活动出现，需以不稳定层结为基础。通常温度平流能直接引起大气热力结构发生变化，冷、暖平流垂直方向的叠加会使大气层结趋向不稳定。由海淀站风廓线雷达产品（图2.54）可见，14日02时前后，大气底层有明显冷平流"楔入"，上层西南暖湿气流形成深厚的暖平流。但在约4000 m高度上又存在一定厚度的冷平流，因此，在500 hPa以下存在冷暖平流上下叠加，有利于层结不稳定大气的形成。

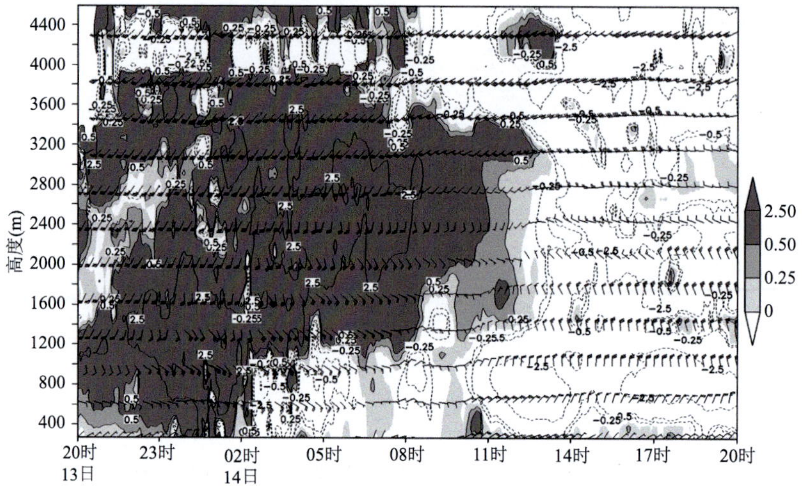

图2.54　2020年2月13日20时—14日20时海淀站风廓线（风向杆，单位：m/s）和温度平流（阴影，单位：10^{-4}℃/s）

为进一步验证本次过程中存在对流活动，选择13日20时北京南郊观象台假相当位温廓线和探空曲线进行分析和订正，发现785 hPa为逆温层顶（图略），如订正该点为饱和状态，并由此作为抬升凝结高度，那么大气将出现明显的不稳定层结。

这需要满足两个条件：

第一，785 hPa以下迅速增湿到饱和。

第二，785 hPa以上的大气温度变化稳定。

实况是大气的温湿演变中（图2.55），785 hPa以下随着降水的开始，相对湿度迅速增加，

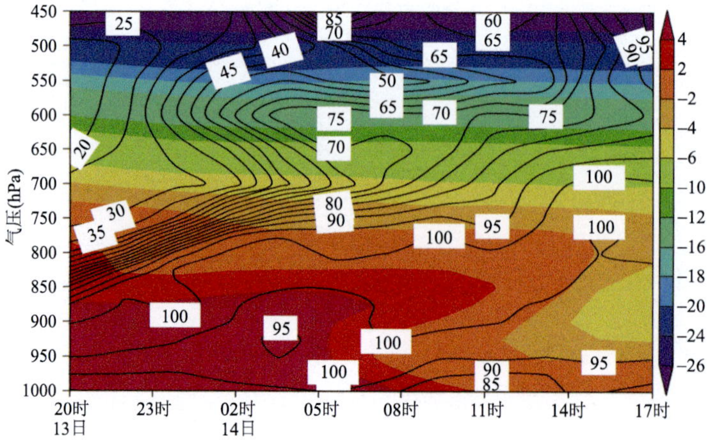

图2.55　2020年2月13日20时—14日17时温度（阴影，单位：℃）、相对湿度（等值线，单位：%）时空廓线

并于 14 日 00 时前后接近 100%。同时,高空温度变化基本稳定,满足上述两个基本条件。因此,可以确定降水过程有对流活动,这使降水强度加大,降水效率提高。

2.2.2.2 水汽辐合极端性分析

无论是降雨还是降雪,归根结底都是水汽在动力抬升作用下冷却凝结,并最终降落地面的天气过程。有研究表明水汽含量与降水量存在密切关系(张秉祥 等,2012),在极端降水过程发生前(12—13 日),京津冀地区仅有弱的水汽通量辐合异常,而在降水过程中(13—14 日),京津冀一带有明显的水汽通量辐合异常(图 2.56,异常水汽通量指本次过程与 1981—2010 年气候平均值之差),这种极端的水汽通量辐合异常为降水提供了充沛的水汽。

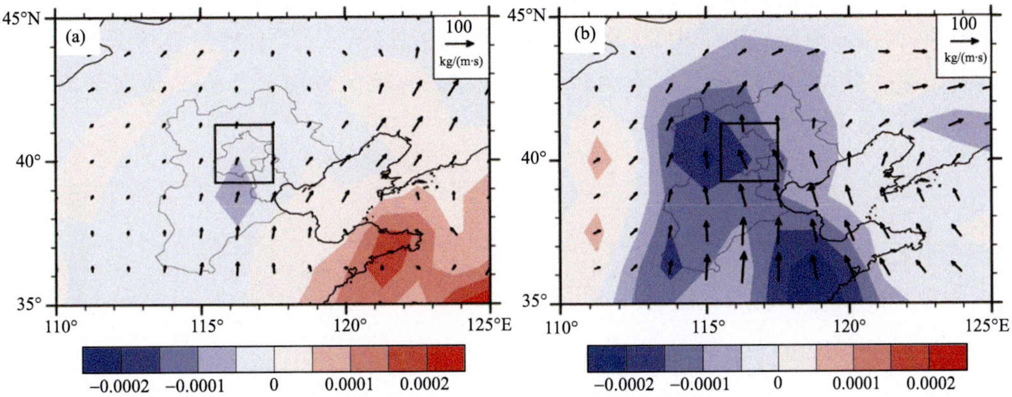

图 2.56 2020 年 2 月 12—14 日整层水汽通量异常(a,矢量,单位:kg/(m·s))及水汽通量散度异常(b,阴影,单位:g/(s·hPa·cm²))

为进一步分析这种水汽辐合的极端程度,选取北京地区(图 2.56 方框区域:39.25°~41.25°N,115.5°~117.5°E)进行区域平均,并与该区域历史同期的水汽通量异常极值进行对比(图 2.57),结果显示:13—14 日的水汽通量辐合异常程度处于历史同期峰值,这种极端的水汽通量辐合异常,成为本次降水量极端性的重要原因。

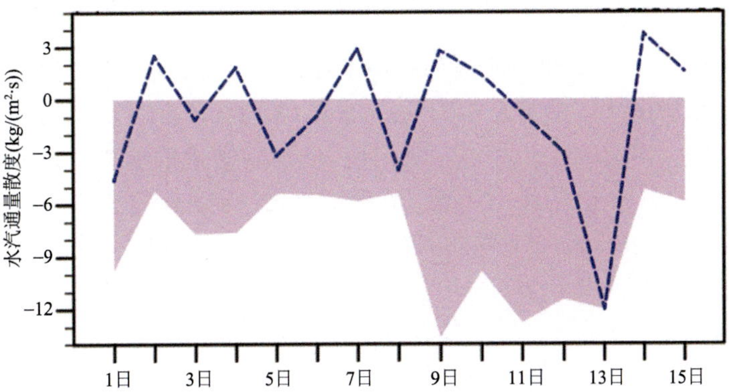

图 2.57 2020 年 2 月 1—15 日区域平均的整层水汽通量散度异常值(等值线)与历史同期极大值(阴影)

2.2.2.3 结论

利用实况高空观测资料、EC 再分析数据、风廓线雷达等多种探测资料对北京 2 月一次极端雨雪天气进行深入分析和异常特征讨论，主要结论如下：

(1)大尺度低涡、高低空急流、锋面等天气系统，为降水提供了良好的天气背景条件。

(2)河北中部形成和发展的中尺度涡旋，是本次极端雨雪天气形成的重要原因。

(3)中高空的冷、暖温度平流叠加以及温湿状态演变，致使降水过程初期出现对流活动，从而提高了降水效率，导致过程累计降水量进一步加大。

(4)通过气候异常诊断，发现本次极端降水过程中，北京地区存在明显的水汽通量辐合异常，且异常程度处于历史同期峰值，这是本次天气过程极端性的重要原因。

2.2.3 2009 年 11 月 12 日大雪天气

受西风带低槽、地面倒槽、弱冷锋影响，2009 年 11 月 12 日京津冀地区出现了降雪天气，除西南部外，大部分地区出现了中雪，局地出现大雪(图 2.58a)。12 日凌晨开始到 16 时，北京出现了明显的降雪天气。过程降雪量全市平均 5.1 mm，城区平均 5.7 mm，最大降雪量出现在紫竹院公园，为 12.4 mm(图 2.58b)。

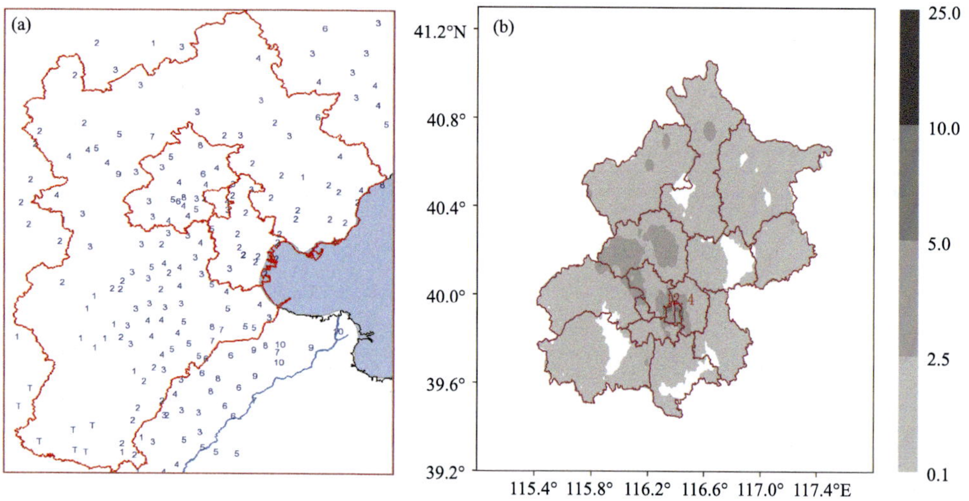

图 2.58 2009 年 11 月 12 日京津冀降雪量(a)、北京 11 月 12 日 06—16 时降雪量(b，单位：mm)

2009 年 11 月 10—11 日华北地区南部经历了回流天气，出现了极端强降雪天气。12 日受西风带低槽影响京津冀地区出现了大雪天气。12 日 08 时 500 hPa 低槽位于内蒙古中部经河套到陕西、山西交界处(图 2.59)，700 hPa 略偏前，呈现后倾槽的形势。地面因前期回流冷锋后的高压控制，12 日槽后冷空气势力不强，呈现出倒槽/弱冷锋的形势。此低槽移出后持续 3 d 的强降雪天气结束。由于持续时间短，降雪量不及 10—11 日的华北回流降雪量大。

卫星云图为典型的高空槽云系，后边界清楚(图 2.59c)，其中镶嵌云顶亮温(TBB)小于 −40 ℃中尺度云团(图略)。T-ln$p$ 图(图 2.59d)可见整层湿度较大，且 700～600 hPa 层存在锋面逆温。

2.3 气旋类

气旋类暴雪与低槽类暴雪的不同之处是暖湿气流强盛。北方冬半年温带气旋强烈的发展会带来大范围严重的暴风雪天气。如 2003 年 3 月 20 日、2007 年 3 月 3—5 日气旋发展造成了

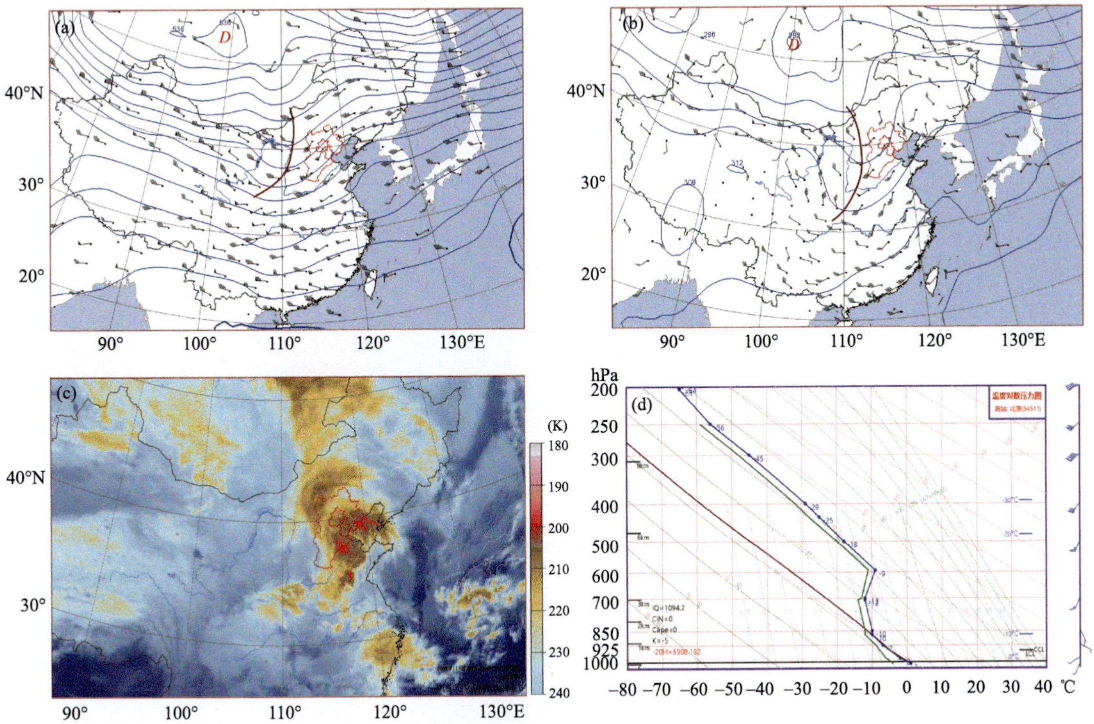

图 2.59　2009 年 11 月 12 日 08 时天气形势

(a. 500 hPa，b. 700 hPa，c. 云图，d. T-ln$p$ 图)

京津冀地区的暴雨雪及寒潮天气过程，中北部地区降特大暴雪、南部地区降大到暴雨，过程降温达 10～28 ℃，渤海部分海域出现风暴潮、大风、雪灾和冻害，给中北部地区工农业生产和交通运输造成了重大损失，北部地市中小学开学推迟一天。又如 2012 年 11 月 3—4 日受气旋影响，京津冀大部出现了暴雨雪天气过程，多地日降水量突破历史同期极值，河北张家口蔚县遭遇 58 年一遇的罕见暴雪，最大积雪深度为 44 cm。由于过程持续时间长、降水量大、降水相态复杂，期间还伴有对流的性质，使得雨雪、降温、大风、雷电等多种灾害性天气同时出现，多地日降水量破历史同期极值，恶劣天气导致京津冀晋多条高速公路管制或因雪关闭。在这场暴雨雪中，河北省紧急转移 21 人，农作物受灾面积 0.322 万 hm^2，农作物绝收面积 0.0186 万 hm^2。其中，河北张家口雪灾最严重，该市 14 个县(区)共计 5.6 万人受灾。据河北省民政部门统计，暴雪造成该省直接经济损失 1.03 亿元，受灾人口达 7.31 万人。京津冀地区此类天气一般出现在晚秋或初春季节，纯降雪过程较少，常常为雨雪混合发生，先雨后雪，或者北雪南雨，伴随雨雪相态转换。雨雪共存的过程中，南部地区由于气温高，多为降雨。

气旋类暴雪分为江淮气旋北上、华北气旋、蒙古气旋东移等。其天气模型如图 2.60 所示。

2.3.1　2007 年 3 月 3—5 日大到暴雪天气

2007 年 3 月 3—5 日，江淮气旋北上造成京津冀地区大到暴雨(雪)、大风、强降温天气，主要降水集中在 3 日 08 时—4 日 08 时，降水量如图 2.61 所示。相态复杂，京津冀大部分地区经历了雨—雨夹雪—雪的相态转换，而河北西部的部分地区却在十几个小时内经历了雨—雨夹雪—雪—雨的过程(表 2.1)。

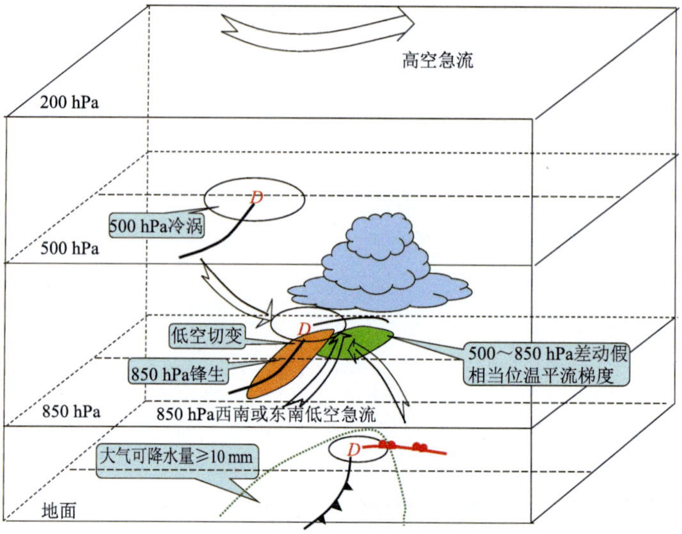

图 2.60　气旋类大到暴雪天气概念模型

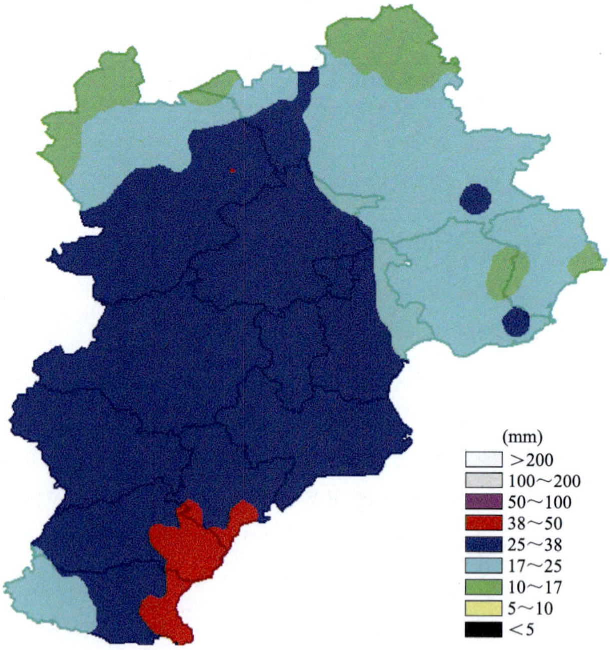

图 2.61　2007 年 3 月 3 日 08 时—4 日 08 时降水量

表 2.1　北京、石家庄、邢台 3 日 14 时—4 日 11 时天气现象及地面气温

站名	3 日			4 日			
	14 时	17 时	20 时	02 时	05 时	08 时	11 时
北京	雨(5)	雨(5)	雨(5)	雪(0)	雪(0)	雪(0)	雪(1)
石家庄	雨(3)	雨夹雪(0)	雪(0)	雪(1)	雨(2)	雨(1)	雨(2)
邢台	雨(4)	雨夹雪(0)	雪(1)	雨夹雪(1)	雨夹雪(2)		雨(2)

注：表中括号内为地面气温，单位：℃。

500 hPa 高空图上，2 日 20 时，华北为高压脊，河套以西为高空槽，槽后冷平流、槽前暖平流明显。随着高空槽东移加深，3 日 20 时在 108°E 形成一深厚大槽，此时 700 hPa 槽加深在山西、陕西交界有一低涡生成，槽前自西南地区到黄淮建立了一支低空急流，京津冀处于急流轴左前方。850 hPa 在蒙古国西部为一闭合高压，我国内蒙古中东部及京津冀中北部受高压前部的东北气流控制，在冀鲁豫交界处有一低涡切变生成，低涡前部有一支东南急流将水汽自东海向山东、河北输送(图 2.62)。200 hPa 华北位于南北两支高空急流之间，3—4 日京津冀上空处于强辐散区。低层辐合、高层辐散的有利配置，给大范围持续性降雪和大雪、暴雪的出现提供了有利的环境场条件。

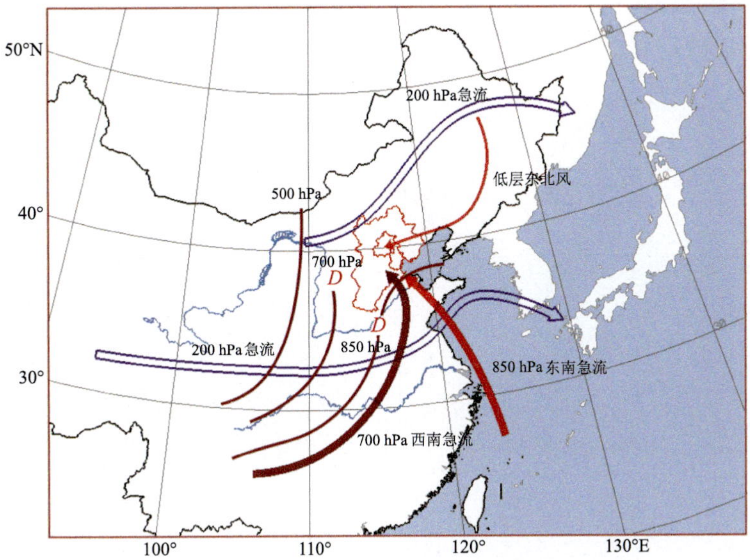

图 2.62　2007 年 3 月 3 日 20 时天气形势综合示意图

地面图中(图 2.63)，3 日 08 时华北地区有倒槽东移，20 时江淮气旋形成，中心气压 1005 hPa，江淮气旋顶部与华北倒槽合并加强。江淮气旋北上主要影响华北地区中东部，主要降雨、降雪时段出现在 3 日 20 时—4 日 08 时，其 6 h 降雪量为 5～11 mm，最大降雪量为 19 mm，6 h 降雪量为 7～16 mm。3 日 20 时—4 日 08 时，500 hPa 高空槽、850 hPa 低涡、地面

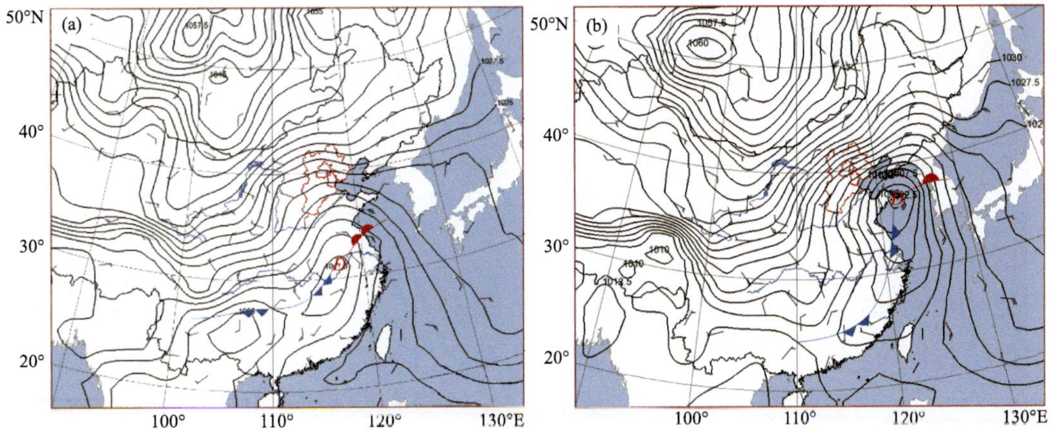

图 2.63　2007 年 3 月 3 日 20 时(a)和 4 日 08 时(b)地面形势

江淮气旋东北上，有利的高低空系统配置，使得强盛的冷暖空气在华北交绥，造成京津冀中北部产生大到暴雪、东南部产生大到暴雨。

2.3.1.1 成因分析*

(1)水汽条件

充足的水汽是产生暴雪的必要条件，这次江淮气旋暴雪水汽输送通道分别位于哪一层？水汽辐合有何差异？大气中水汽含量达到多少才能产生暴雪？

从图 2.64 可以看出，3 日 08 时—20 时 700 hPa 随着西南气流的加强北上，京津冀地区水汽通量正值（图 2.64c，d 阴影区）范围及中心值增大，水汽来自西南地区。850 hPa 除西南水汽通道外还有一支来自东海的东南气流（图 2.64a，b）。气旋形成后的 20 时降雪量增大（图 2.64 红实线）。

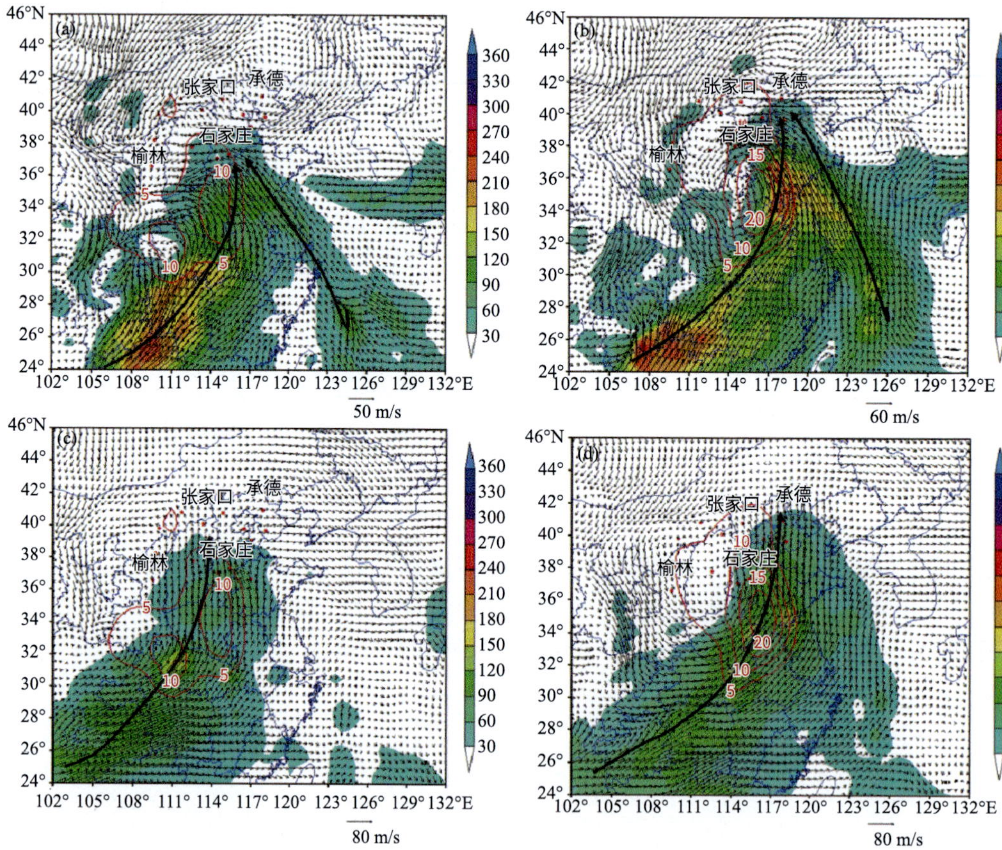

图 2.64 2007 年 3 月 3 日 08 时和 20 时 850 hPa(a，b)和 700 hPa(c，d)水汽通量（阴影，间隔 3.0×10^{-2} g/(s·hPa·cm))、降水量（红色实线，间隔 5 mm）和风矢量

(2)降水效率

那么大气中的水汽又有多少转成了降水？降水效率如何？下面通过计算，分析北上江淮气旋的降水效率。

* 范俊红，易笑园．大范围持续暴雪过程中多种影响系统的对比分析[J]．气象学报，2014，77(6)：965-979.

降水效率定义为到达地面的降水率与云中凝结率之比(周文贤 等,1988),本书中到达地面的降水率用地面 6 h 降水实况,云中凝结率利用凝结函数法计算。

云中凝结率以 I 表示,有以下表达式(朱乾根 等,2000):

$$I=-\frac{1}{g}\int_0^{p_0}\frac{\mathrm{d}q_s}{\mathrm{d}t}\mathrm{d}p=-\frac{1}{g}\int_0^{p_0}F\omega\mathrm{d}p \tag{2.1}$$

式中,q_s 为气块的饱和比湿,F 为凝结函数,ω 为垂直速度。其中,F 的表达式为:

$$F=\frac{q_s T}{p}\left(\frac{LR-c_p R_W T}{c_p R_W T^2+q_s L^2}\right) \tag{2.2}$$

式中,$L=597$ cal/g,为蒸发(或凝结)潜热;$R=287.05\ \mathrm{m^2/(s^2\cdot℃)}$,为干空气气体常数;$R_W=460\ \mathrm{m^2/(s^2\cdot℃)}$,为水汽的气体常数;$c_p=0.240$ cal/(g·℃),为干空气定压比热;p、T 分别为气压、气温。

利用近似方案计算凝结率,取 $p_0=850$ hPa,上界取为 550 hPa,则:

$$I=-\frac{1}{g}\int_{550}^{850}F\omega\mathrm{d}p$$

对上述积分采用辛普生公式计算。

取 $\Delta p=150$ hPa,并设 $(F\omega)_{550}\approx(F\omega)_{500}$,则:

$$\begin{aligned}I&=-\frac{1}{g}\int_{550}^{850}F\omega\mathrm{d}p=-\frac{150}{3g}[(F\omega)_{850}+4(F\omega)_{700}+(F\omega)_{550}]\\&\approx-\frac{150}{3g}[(F\omega)_{850}+4(F\omega)_{700}+(F\omega)_{500}]\end{aligned} \tag{2.3}$$

6 h 降水强度:

$$I_{6h}\approx-\frac{150}{3g}\times\frac{6\times3600}{6}[(F\omega)_{850}+4(F\omega)_{700}+(F\omega)_{500}] \tag{2.4}$$

利用公式(2.4)计算 2007 年 3 月 2 日 14 时—5 日 02 时榆林、张家口、石家庄和承德暴雪的层状云 6 h 降水强度(凝结率)。结果见图 2.65。

由图 2.65 可以看出,榆林和张家口最大凝结率为 6 mm/(cm² · 6 h),石家庄和承德最大凝结率为 10～13 mm/(cm² · 6 h),江淮气旋影响下石家庄、承德的降水效率明显高于其西部、北部的榆林和张家口;除张家口外,其他 3 站凝结率与 6 h 实际降水量升降趋势相同,实际降水量最大值大于凝结率最大值,并滞后 12 h,降水前半段实际降水量小于凝结率,降水后半段实际降水量大于凝结率。

(3)动力条件

不同影响系统产生的暴雪,其动力条件是不同的,从中纬度斜压大气降水产生的基本理论(准地转理论)出发,通过对准地转 ω 方程中两个强迫项的计算,定性判断江淮气旋影响下,涡度平流随高度的变化项和温度平流拉普拉斯项对垂直运动的贡献,从而分析导致华北暴雪动力条件不同的原因。

在绝热条件下,准地转 ω 方程有如下形式(朱乾根 等,2000):

$$\left(\sigma\nabla^2+f^2\frac{\partial^2}{\partial p^2}\right)\omega=f\frac{\partial}{\partial p}[V_g\cdot\nabla(\zeta_g+f)]-\nabla^2\left[V_g\cdot\nabla\frac{\partial\varphi}{\partial p}\right] \tag{2.5}$$

式(2.5)左端表示 ω 的空间分布,右端第一项为绝对涡度平流随高度的变化项,在短波系统中,主要考虑相对涡度平流随高度的变化,即 $f\times\partial(V_g\cdot\nabla\zeta_g)/\partial p$,正相对涡度平流随高度增

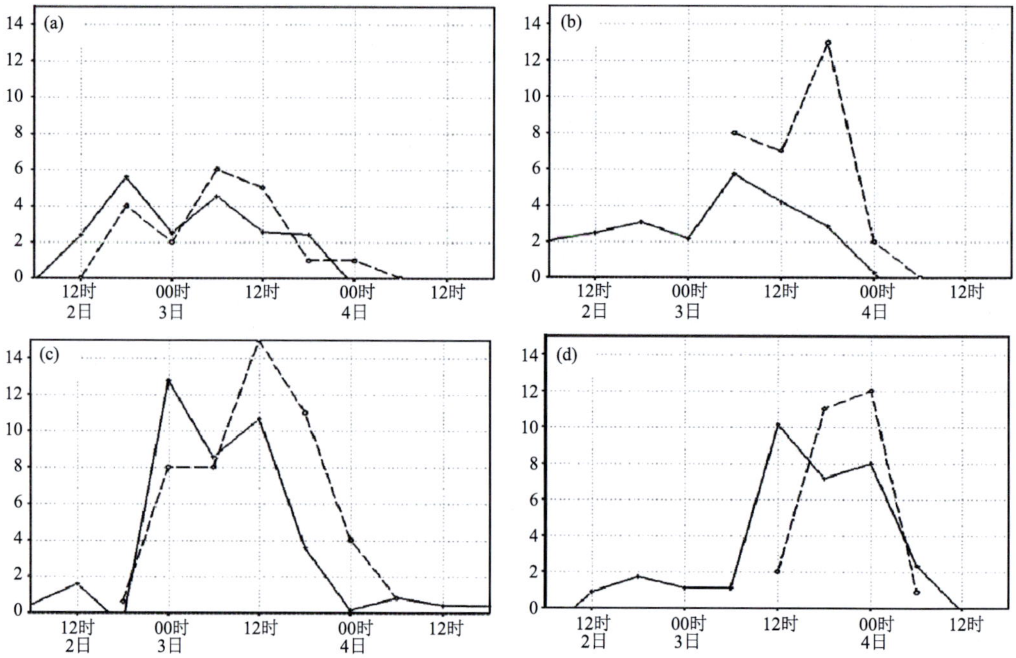

图 2.65　2007 年 3 月 2 日 12 时—4 日 12 时由凝结函数法计算的榆林(a)、张家口(b)、石家庄(c)和承德(d)6 h 降水强度(凝结率)(实线,单位:mm/(cm^2 · 6 h))和实况 6 h 降水量(虚线,单位:mm/6 h)

加,对应上升运动;右端第二项为温度平流的拉普拉斯项,可以写成:$-R/p\times\nabla^2(-V_g\cdot\nabla T)$,暖平流中心区是上升运动。

本书计算了温度平流的拉普拉斯项$\nabla^2(-V_g\cdot\nabla T)$(图 2.66),并用 500 hPa 与 850 hPa 的相对涡度平流之差,计算了相对涡度平流的垂直微差项$-\partial(-V_g\cdot\nabla\zeta_g)/\partial p$(图 2.67),对产生垂直运动的两个强迫项在不同天气系统下对华北暴雪的贡献进行了分析。

(a)江淮气旋暴雪动力条件

3 日 14 时(图 2.66a),石家庄上空 800～700 hPa 层次上为随江淮气旋北上的暖锋锋区,配合 0.2×10^{-3} K/s 的暖平流中心,温度平流的拉普拉斯中心值为-5.0×10^{-14} K/(s · m^2),出现在 900 hPa;相对涡度平流垂直微差接近 0(图 2.67a),因此,石家庄上空 450 hPa 附近-1.8 Pa/s的强上升中心主要是由暖平流的拉普拉斯项造成的。3 日 20 时(图 2.67b),随着西风槽的东移,石家庄上空的相对涡度平流垂直微差值增大到 6×10^{-10}/s^2,所以温度平流的拉普拉斯和涡度平流的垂直温差项的共同作用造成了较强的上升运动,3 日 20 时 6 h 降雪强度为 15 mm(图 2.65b 中虚线)。

4 日 02 时(图 2.66e)位于河北东北部的北路冷锋锋区加强,同时随江淮气旋北上的暖锋锋区上的暖平流中心向北移动,承德上空的暖平流加强,暖平流中心值为 0.4×10^{-3} K/s,位于 650 hPa 附近,暖平流拉普拉斯为-3.5×10^{-14} K/(s · m^2);由于北路冷锋加强,承德上空 850 hPa 的负相对涡度平流中心值达到-15×10^{-10}/s^2,导致相对涡度平流垂直微差为 8×10^{-10}/s^2,对于承德上空对流层中层-1.5 Pa/s 的上升运动中心,暖平流拉普拉斯项和相对涡度平流垂直微差项均起到了重要作用,4 日 02 时和 08 时 6 h 降雪强度分别为 11 mm 和 12 mm(图 2.65d 中虚线)。

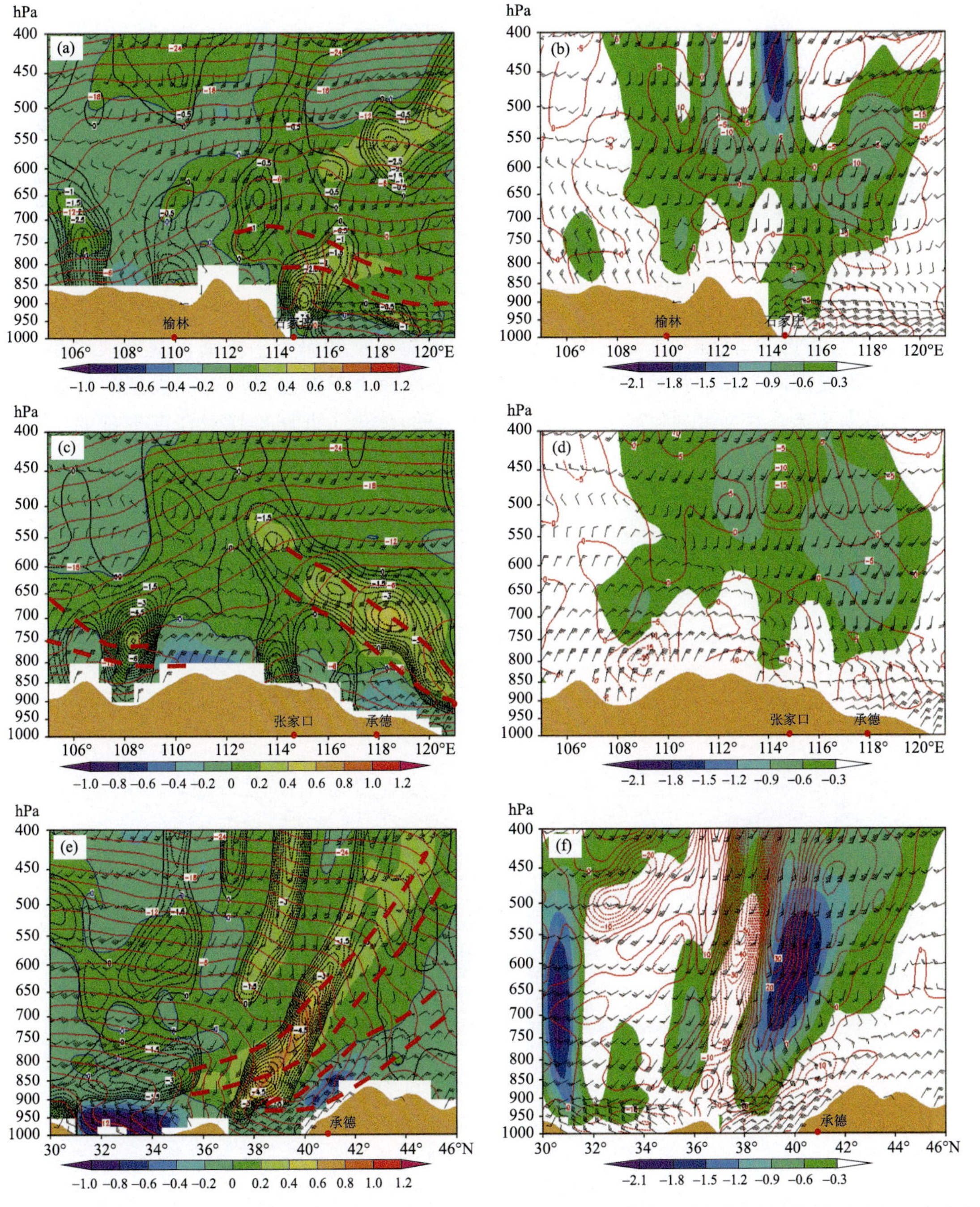

图 2.66　2007 年 3 月 3 日 14 时—4 日 02 时温度平流、温度平流的拉普拉斯项、垂直速度和涡度平流的垂直分布（a 和 b 为 3 日 14 时沿 38°N、c 和 d 为 3 日 20 时沿 41°N、e 和 f 为 4 日 02 时沿 118°E 的垂直剖面。a、c 和 e 图中红色实线为等温线，间隔 2 ℃；黑色虚线为温度平流的拉普拉斯≤0，间隔 0.5×10^{-14} K/(s · m^2)；阴影区为温度平流，间隔 0.2×10^{-3} K/s；红色虚线分别为冷、暖锋区的上界、下界。b、d 和 f 图中阴影区为垂直速度≤0，间隔 0.3 Pa/s；红色等值线为涡度平流，间隔 $5\times10^{-10}/s^2$）

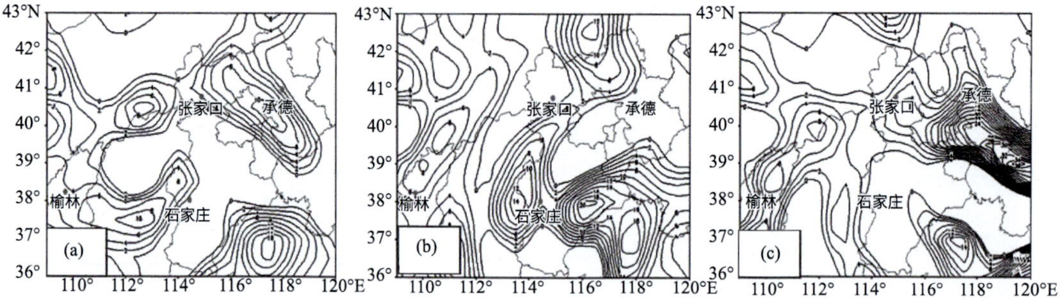

图 2.67 2007 年 3 月 3 日 14 时(a)、20 时(b)和 4 日 02 时(c)500 hPa 与 850 hPa 的相对涡度平流垂直微差（仅显示≥0 的等值线，间隔 $2\times10^{-10}/s^2$）

从以上分析可知，江淮气旋暴雪中温度平流拉普拉斯项和涡度平流垂直微差项均起到重要作用；江淮气旋两个动力强迫项绝对值较大；北路冷锋由于在边界层造成强烈的负涡度平流，导致涡度平流垂直微差项值较大，加强了上升运动，体现了北路冷锋对江淮气旋的“冷垫”抬升作用。

(b)江淮气旋锢囚的空间结构

根据锋区中气温垂直梯度小和位温垂直梯度大特征，给出江淮气旋的锋区(图 2.68)。

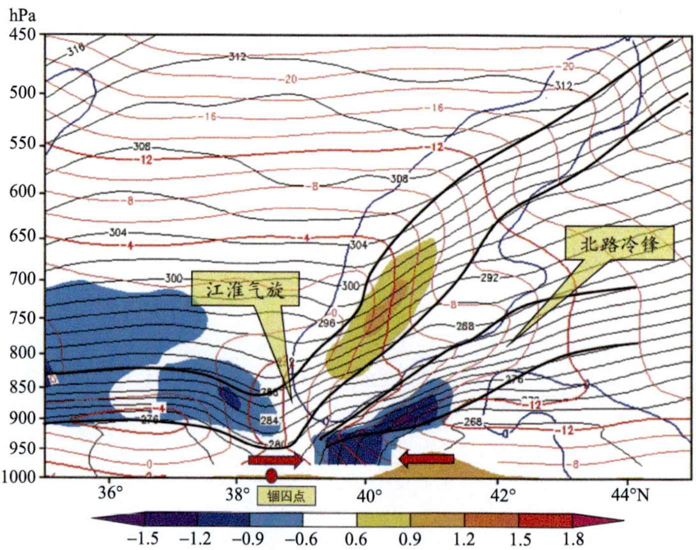

图 2.68 2007 年 3 月 4 日 20 时江淮气旋和北路冷锋沿 124°E 的剖面

（蓝色粗线：温度平流 0 线；红线：温度，间隔 2 ℃；黑线：位温，间隔 2 K；阴影：-0.6×10^{-3} K/s≤温度平流≤0.6×10^{-3} K/s，间隔 0.3×10^{-3} K/s；黑色粗线：冷暖锋区上界、下界；红色箭头：江淮气旋和北路冷锋的移动方向）

4 日 20 时江淮气旋北上到黄海北部时发生锢囚，其特征如图 2.68 所示，由于沿经线剖面，无法根据气旋冷暖锋的冷空气强度判断锢囚锋性质，根据锢囚锋边界层温度分布特征即边界层暖脊位于冷锋一侧(冷平流)，为冷式锢囚锋；江淮气旋与北路冷锋相向而行(图 2.68 红色箭头所示)，北路冷锋楔入江淮气旋暖锋下面，起到“冷垫”抬升作用，加强暖湿气流上升运动，降雪强度增强，达到 10 mm/6 h 以上。江淮气旋锢囚点附近边界层暖脊为 2 ℃，冷锋一侧冷中心为-4 ℃,冷平流中心为-0.9×0^{-3} K/s,暖锋锋区暖平流中心为0.9×10^{-3} K/s;北路冷锋边界层冷中心为-12 ℃,冷平流中心为-1.2×0^{-3} K/s。

2.3.1.2 结论

通过对产生暴雪的江淮气旋分析,得出以下结论:

(1)此次华北暴雪影响系统复杂,加强的北路冷锋楔入随江淮气旋北上的暖湿气流之下,起到"冷垫"抬升作用。

(2)此次华北暴雪影响范围大,持续时间长,影响时间为 30 h。江淮气旋直接或间接影响时,降雪强度为 7~16 mm/6 h;北路冷锋与江淮气旋相互作用时,降雪强度为 11~12 mm/6 h。

(3)江淮气旋暴雪水汽通道有两条,水汽主要来自西南地区和东海;水汽主要集中在600~800 hPa 江淮气旋北侧偏南气流里。

(4)通过定量计算和定性分析涡度平流垂直变化项和温度平流拉普拉斯项,可知暴雪上升运动中心为-1.5~1.8 Pa/s,涡度平流垂直微差项和温度平流的拉普拉斯项均起到了重要作用。

(5)根据系统中温度平流分布可以看出,此次过程中江淮气旋锢囚锋为冷式锢囚锋,并且有北路冷锋楔入气旋暖锋下面,加强上升运动。

2.3.2 2012 年 11 月 3—4 日华北大范围雨雪天气过程*

2.3.2.1 雨雪特点概述

2012 年 11 月 3—4 日,深厚的低涡、华北气旋给京津冀带来雨雪天气,多地日降水量突破同期极值。河北东北部、北京、天津北部等地出现暴雨,9 个区域站雨量在 100 mm 以上,秦皇岛印庄过程雨量最大达 143.6 mm,河北西北部和北京西部山区出现暴雪,局地特大暴雪(图 2.69a)。北京的延庆最大积雪深度达 48 cm。从廊坊香河、秦皇岛印庄、秦皇岛 3 个自动气象站逐小时雨量演变发现(图 2.69b),位于河北中部的香河降雨开始最早,之后雨强迅速增大,3 日 19 时最强达 17 mm/h,之后雨强普遍维持在 5 mm/h 以下,但持续了近 20 h。位于河北东北部的秦皇岛和印庄站降水始于 4 日凌晨,开始时雨强波动大、强度强,具有明显的中尺度对流特点,秦皇岛印庄的雨强,前 6 h 普遍在 10 mm/h 以上,05 时最大达 24 mm/h,之后逐渐减弱。由于过程持续时间长、降水量大、降水相态复杂,期间还伴有对流出现,暴雨、特大暴雪同时出现更是历史罕见。

2.3.2.2 雨雪成因

(1)环流形势及影响系统

本次过程发生在 500 hPa 东高西低的大尺度经向环流背景下(图 2.70),这和华北夏季暴雨典型形势一致,西风带低槽在东移过程不断加深,3 日 20 时到达 40°N 以南时切断成深厚的低涡,在槽前正涡度平流和暖平流的共同作用下,地面锋面气旋在东移过程中得以发展,同时 850 hPa 偏南气流不断加大,到河北东北部时形成低空急流,东南风超过 20 m/s,源源不断地输送水汽;低空急流出口区左前侧的气流辐合区与 200 hPa 高空急流出口区左侧的辐散区叠置,使大尺度的垂直运动得以持续发展,低涡中心附近及地面气旋的深厚辐合,同样是强的动力抬升机制。可见,本次强雨雪天气过程是在深厚的低涡和地面气旋的直接作用下,冷暖空气长时间对峙产生的。

* 杨晓亮,王咏青,杨敏,等,2014. 一次暴雨与特大暴雪并存的华北强降水过程分析[J]. 气象,40(12):1446-1454.

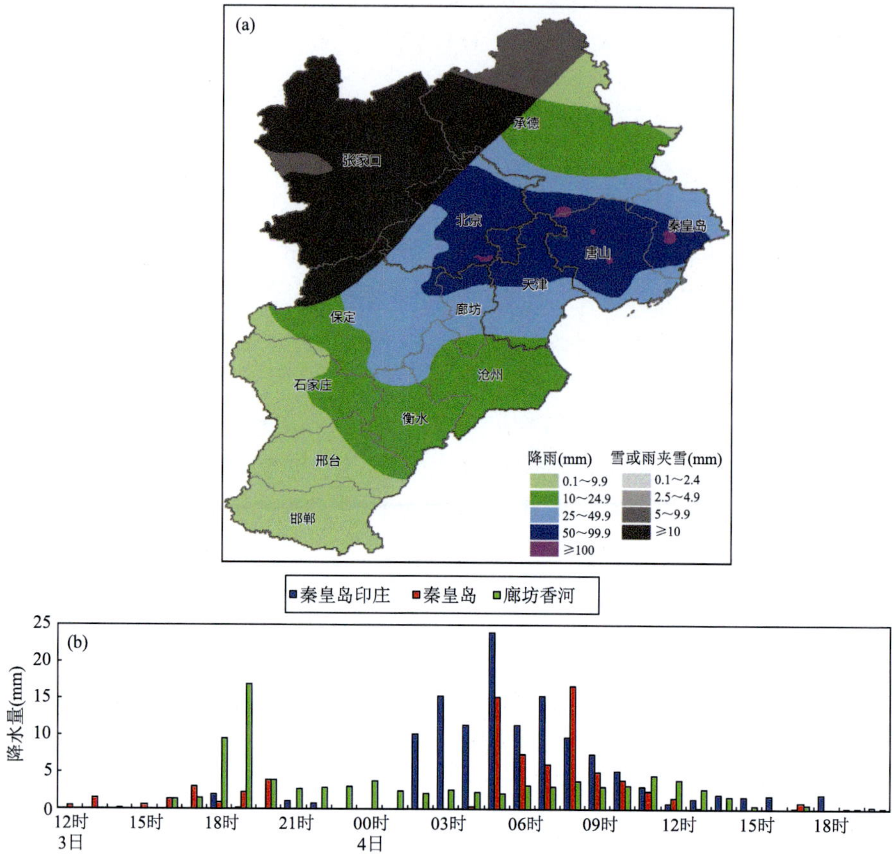

图 2.69　2012 年 11 月 3 日 08 时—5 日 08 时京津冀过程降水量(a)和 3 日 12 时—4 日 20 时 3 站的逐小时降水量演变(b)

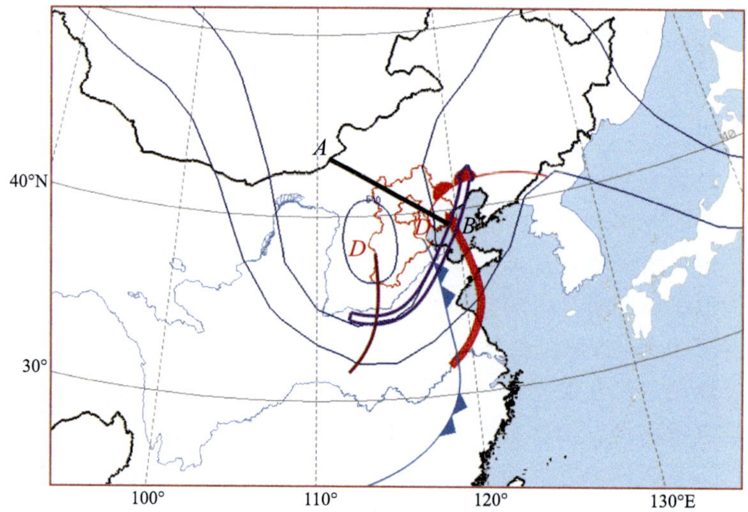

图 2.70　2012 年 11 月 3 日 20 时 500 hPa 位势高度(实线,单位:dagpm)、850 hPa 低空急流(实心箭头)、200 hPa 高空急流(空心箭头)及锋面气旋

(2)水汽条件

充沛的水汽条件是产生较大降水的必要条件，由于深秋季节华北主要受变性的极地大陆气团控制，气温低，饱和水汽压小，水汽含量少，因此，分析本次雨雪过程的水汽分布及输送显得至关重要。

从3日08时开始，随着低层低涡的靠近，华北上空偏南气流不断增强，尤其是20时以后，伴随700 hPa以下东南风低空急流的向北伸展，一条从黄海经渤海到达华北的水汽通道建立，850～925 hPa京津冀东北部地区上空东南风的风速普遍在20 m/s以上，将海上的暖湿空气向强雨雪区输送。从4日02时剖面图(图2.71)分析，京津冀上空500 hPa以下都是水汽通量的正值，中心位于暴雨区(119°E)上空850～925 hPa高度，数值超过10^{-2} g/(s·hPa·cm)，水汽通量散度辐合中心主要位于700 hPa以下，暴雨区上空集中在850 hPa以下，暴雪区上空在800 hPa附近，辐合中心自东向西沿着地形等高线升高，最强辐合在地形迎风坡附近的边界层，达-3.5×10^{-8} g/(s·hPa·cm^2)。选取唐山(代表暴雨区)和崇礼(代表暴雪区)做出GPS反演的整层大气可降水量(PWV)随时间的演变曲线(图2.72)，两地PWV的变化趋势一致，降雪区PWV大部分时间超过10 mm，最大在3日20时至4日凌晨，接近20 mm，暴雨区则从3日09时以后开始上升，最大值同样出现在3日下午到4日凌晨，接近35 mm，时间上和水汽通量及辐合最强的时段吻合。数值方面暴雪区明显小于暴雨区，但均远高于11月平均值(陈小雷 等，2007)。可见，低涡前部东南风低空急流使雨雪区的水汽条件十分充沛，低空急流左侧、低涡中心附近的强烈辐合造成水汽在此集中。

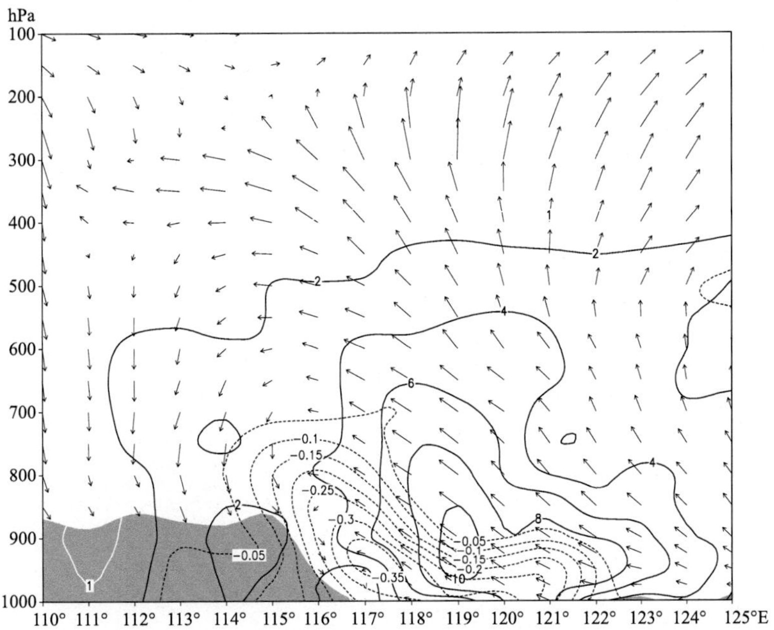

图2.71　2012年11月4日02时水汽通量(实线，单位：10^{-3} g/(s·hPa·cm))、风(风矢量，单位：m/s)及水汽通量散度(虚线，单位：10^{-7} g/(s·hPa·cm^2))沿40°N的垂直剖面

(3)动力条件

2012年11月3日20时，低涡从低到高呈明显的后倾(图2.73a中粗实线)，低涡附近的散度场400 hPa以下全为辐合，位于800 hPa附近的辐合中心可达-150×10^{-6}/s，辐合中心基本

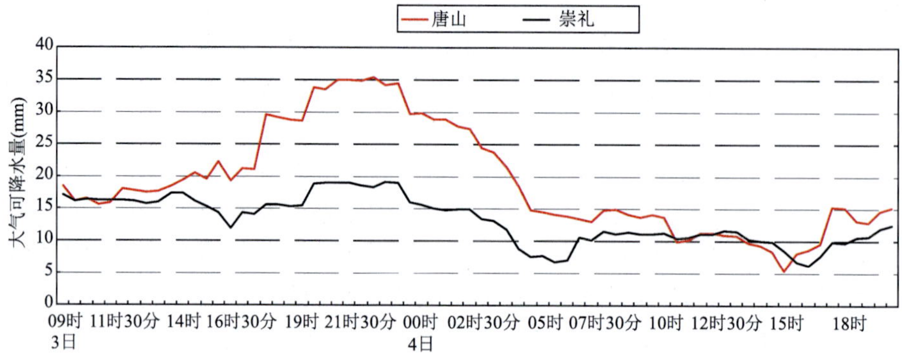

图 2.72　唐山、崇礼整层大气可降水量随时间的演变

位于地形等高线东侧的迎风坡，自下而上向西倾斜，与低涡的后倾结构一致。低层辐合区上空 300 hPa 附近为 90×10^{-6}/s 的辐散中心，与该时刻250 hPa高空急流出口区对应，京津冀刚好处于急流出口区的左侧，高空辐散明显；对应天气尺度的低层辐合、高层辐散为一致的上升区，−2.5 Pa/s 的上升中心位于低层辐合和高层辐散中心之间的 600 hPa。在低涡东侧东南风的低空急流区(119°E 附近)，也存在一个 800 hPa 以下辐合、700 hPa 辐散的上升区，−1.5 Pa/s 上升中心位于 850 hPa 附近，强度和伸展的高度均低于低涡中心附近，对应京津冀东北部的降水此时刚刚开始，最强降水位于低涡中心附近。做出了暴雨区 40°N，119°E 上空散度和垂直速度的时序图(图 2.73b)，图中持续了超过 24 h 的上升运动可分为两个阶段，第一阶段在 3 日 20 时前后，从辐合、辐散的分布和上升速度的大小可以判断，第一阶段为图 2.73a 中低涡东侧东南风的低空急流区所产生。第二阶段位于 4 日 08 时前后，低层辐合从边界层向上伸直到 700 hPa，辐散中心出现在 250 hPa 附近，相应的上升区发展到了 300 hPa 高度，但中心仍然在 700～800 hPa，由于低涡东移过程有所南压，选取的点在低涡中心的北侧，所以此时的高层辐

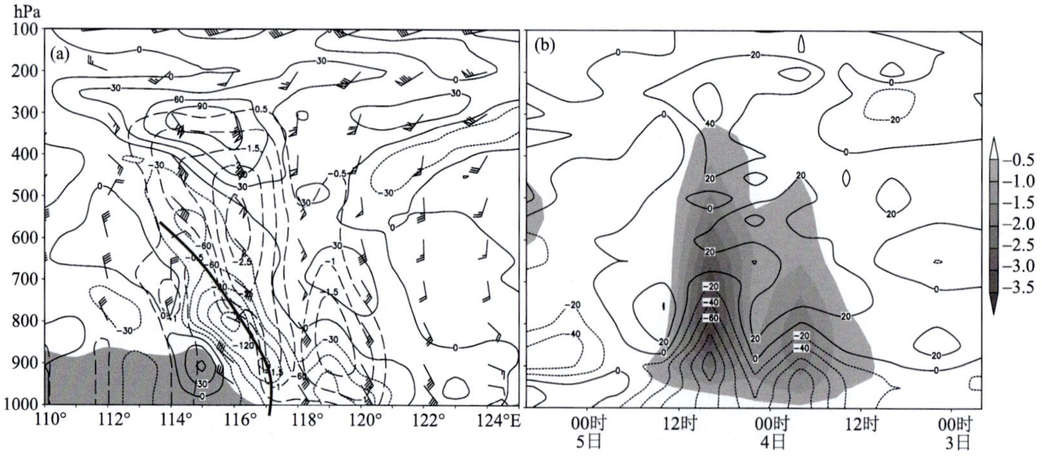

图 2.73　2012 年 11 月 3 日 20 时沿 40°N 散度(实线为正、虚线为负，单位：10^{-6}/s)和 P 坐标系上升速度(长虚线，单位：Pa/s)和风场(风矢，单位：m/s，粗线为低涡的垂直位置)的剖面(a)、2012 年 11 月 3—5 日 40°N、119°E 散度(实线为正、虚线为负，单位：10^{-6}/s)和 P 坐标系上升速度(阴影，单位：Pa/s)的时间演变(b)

散、低层辐合的数值均小于 3 日 20 时(图 2.73a 中)低涡中心附近,但上升中心 −3.5 Pa/s 强于前者,说明垂直运动除了与天气尺度的散度强迫有关外,还有其他因素在起作用。

(4)不稳定机制

由于锋区具有随高度向西倾斜的特点(图 2.74 中粗实线),冷空气首先从近地面南下,像楔子一样插到暖湿空气下方,暖湿空气在冷空气之上倾斜上升,锋区附近形成了"下冷上暖"的温度层结。从假相当位温的垂直分布可看出,除地面锋面附近有小范围的中性层结外,锋区前后大气层结较稳定,这种稳定层结与强上升中心的出现似乎不符。由于本次雨雪天气是暖湿空气沿低层强冷空气作倾斜上升时形成的,因此,引入湿位涡的概念,从对称稳定度方面加以诊断。

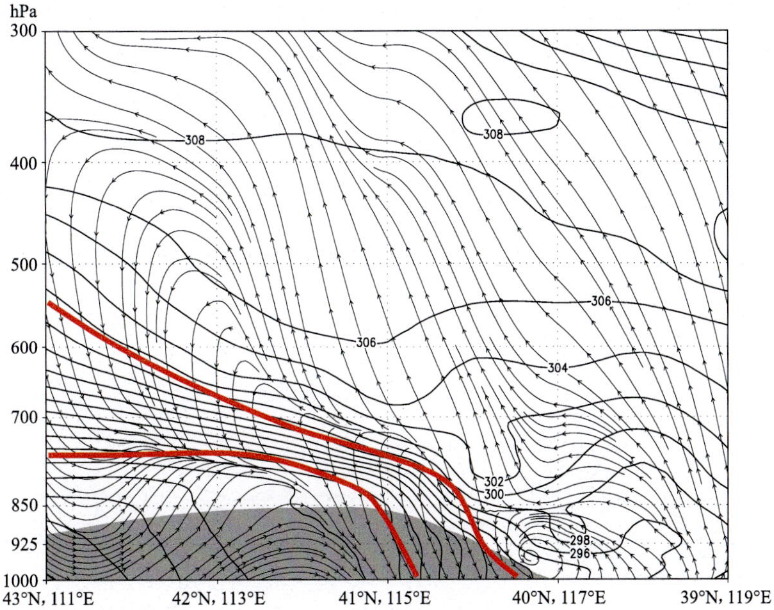

图 2.74　2012 年 11 月 4 日 02 时垂直于锋区(沿图 2.70 中 AB 线)的假相当位温(实线,单位:K,粗红线为锋区位置)和垂直环流(流线,u,单位:m/s;v,单位:m/s;$-\omega$,单位:Pa/s,图中放大 100 倍)的剖面

吴国雄等(1995)从完整的原始方程出发推导出精确形式的湿位涡方程,并证明绝热无摩擦饱和湿空气湿位涡的守恒性。近年来,湿位涡理论广泛地应用于暴雨的发生发展以及锋面、气旋、低涡等斜压系统的研究中(杨贵名 等,2006;张伟 等,2006;蔡丽娜 等,2009;王建中 等,1996;刘还珠 等,1996)。

湿位涡的表达式为 $\zeta_{mpv}=\alpha\vec{\zeta}_a\cdot\nabla\theta_e$,将其在 P 坐标下展开,$\zeta_{mpv}=\zeta_{mpv1}+\zeta_{mpv2}$,其中

$$\zeta_{mpv1}=-g(\zeta_p+f)\frac{\partial\theta_e}{\partial p}$$

$$\zeta_{mpv2}=-g\left(\vec{k}\times\frac{\partial\vec{v}_h}{\partial p}\right)\cdot\nabla_h\theta_e=g\,\frac{\partial v}{\partial p}\frac{\partial\theta_e}{\partial x}-g\,\frac{\partial u}{\partial p}\frac{\partial\theta_e}{\partial y}$$

式中,ζ_{mpv1} 称为湿正压项,表示惯性稳定度和对流稳定度,北半球大气一般是惯性稳定的($\zeta_p+f>0$),ζ_{mpv1} 直接反映的是对流稳定度,对流性不稳定时($\frac{\partial\theta_e}{\partial p}>0$),$\zeta_{mpv1}<0$,反之,$\zeta_{mpv1}>0$;$\zeta_{mpv2}$ 与风的垂直切变和湿斜压性有关,当大气对流性稳定时,$\zeta_{mpv2}<0$,说明大气是条件性对称不稳定的。

选取 40°N，115°E 代表暴雪区，40°N，118°E 代表暴雨区，分别制作了 ζ_{mpv1} 和 ζ_{mpv2} 的时序演变图。暴雪区上空大气始终处于对流性稳定状态(图 2.75a)，尤其是 3 日 14—18 时锋面过境后，700～800 hPa 出现 ζ_{mpv1} 的正值中心，这和假相当位温垂直梯度大值区对应，对比 ζ_{mpv2} 的正值中心和 ζ_{mpv1} 出现的时间大体一致(图 2.75b)，只是高度比 ζ_{mpv1} 中心略低，由于锋区压在暴雪区上空 800 hPa 高度附近，假相当位温的水平梯度也很大，加上上层东北风、下层西北风，东北风的风速甚至超过 20 m/s，造成较大的东西风的垂直切变，因此，出现 ζ_{mpv2} 的中心，需要注意的是 3 日中午以后 850 hPa 以下出现 ζ_{mpv2} 较小的负值，说明暴雪区存在弱的条件性对称不稳定。暴雨区上空 3 日凌晨至 4 日凌晨之间，800 hPa 以下大气处于对流性不稳定状态(图 2.75c)，3 日午后对流不稳定最强，这和探空曲线表达一致(3 日 14 时乐亭 CAPE 达 317.8 J/kg，图略)，不稳定能量释放将增大暴雨区上空的垂直速度，随着不稳定能量的消耗，ζ_{mpv1} 逐渐增大，到 4 日凌晨转为正值，恰好从此时开始，ζ_{mpv2} 在对流层中层 500 hPa 以下全部转为负值(图 2.75d)，负值中心位于 700 hPa 附近，维持了 12 h，此时段大气处于条件性对称不稳定状态，刚好是暴雨区降水最强的时段，可见条件性对称不稳定同样是暴雨区的主要不稳定机制。暴雨区满足 $\zeta_{mpv2}/\frac{\partial\theta_e}{\partial p}>0$，根据倾斜涡度发展理论(吴国雄 等，1997)，垂直涡度将得到较大的增长，有利于降水增强。

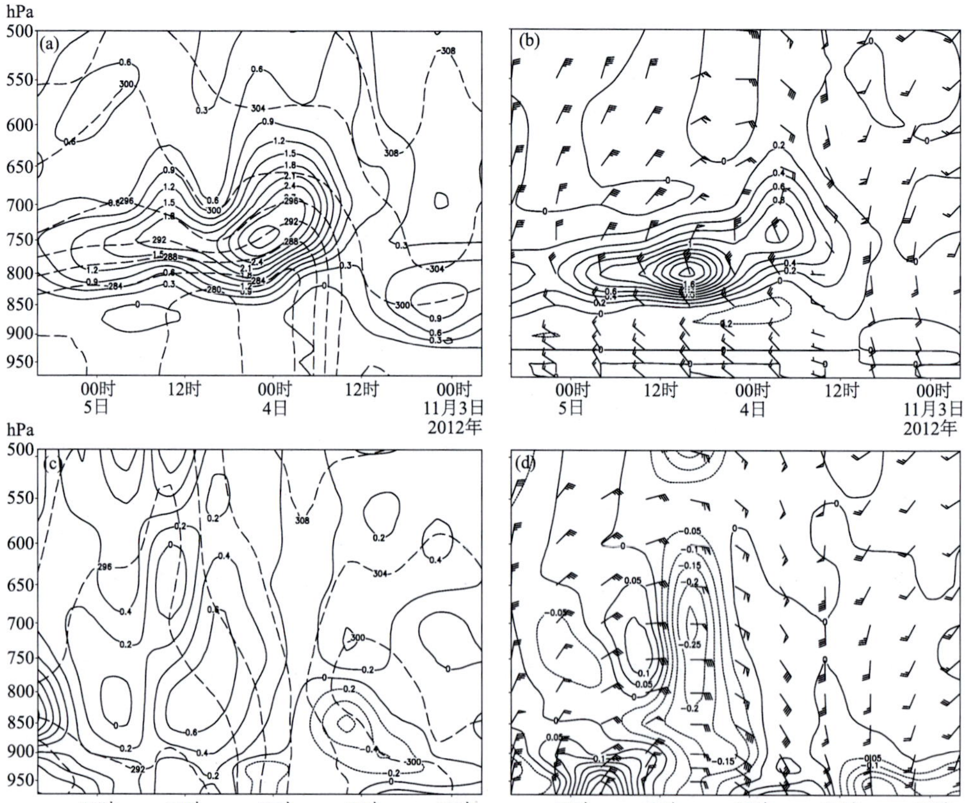

图 2.75 暴雪区(40°N，115°E)ζ_{mpv1}(实线，单位：PVU)和假相当位温(虚线，单位：K)的时序图(a)、暴雪区 ζ_{mpv2}(实线，单位：PVU)和风场(风矢，单位：m/s)的时序图(b)、同 a，但为暴雨区(40°N，118°E)(c)、同 b，但为暴雨区(40°N，118°E)(d)

(5)锋生对降雪的作用

如上节讨论,暴雪区大气是对流性稳定的,虽然 850 hPa 以下存在弱的条件性对称不稳定,但由于此处海拔普遍接近 1000 m,显然弱而浅薄的条件性对称不稳定不能很好地解释暴雪成因。做出暴雪区(40°N,115°E)上空 Q 矢量锋生函数的时空剖面图(图 2.76),从 3 日夜间开始,暴雪区上空 900 hPa 以上存在明显的锋生,直到 4 日夜间较强的锋生作用维持了近24 h,最强锋生出现在 4 日 08 时 850 hPa 高度附近,此时地面降雪达到最强。可见,暴雪的产生是弱的条件性对称不稳定大气被锋生强迫的结果,这和张迎新等(2011b)等得出的结论一致。

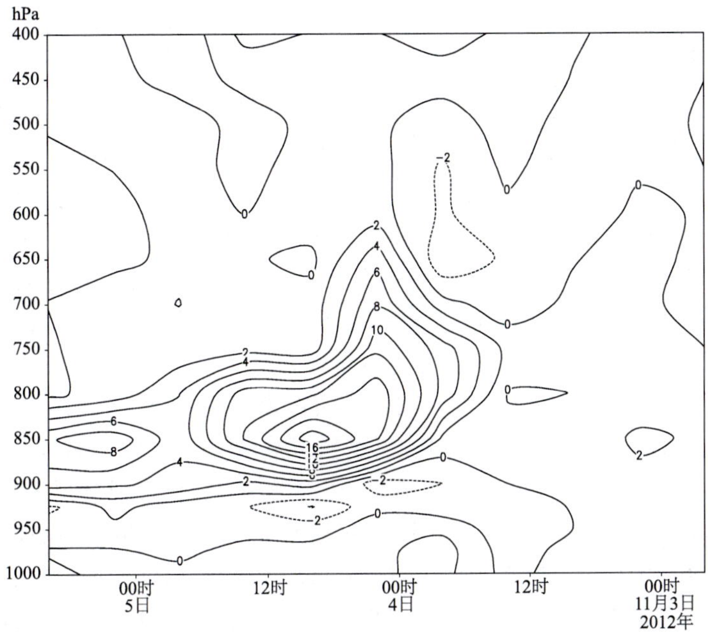

图 2.76 暴雪区(40°N,115°E)Q 矢量锋生函数(单位:10^{-16} $K^2/(m^2 \cdot s)$)时间-高度剖面

2.3.2.3 降水相态分析

由于东移的地面气旋在华北地区达到最强,移速减慢,处于气旋不同部位的京津冀各地出现了不同的天气。气旋东侧的河北东北部、天津等地受暖平流控制,温度始终较高,降水相态基本为雨,河北西北部的张家口受冷空气影响最早,地面降温明显,3 日 14 时转为雨夹雪(表 2.1),之后转雪,降雪时间最长、雪量最大。北京地区先后出现雨—雪—雨夹雪—雨等相态的转换,降雪仅持续约 6 h;而比北京更偏南的饶阳,几乎与北京同时由雨转雪,直到 4 日 14 时前后才再次转为降雨,比北京降雪持续时间长。因此,有必要对上述雨雪转换的条件进行分析。

表 2.1 2012 年 11 月 3—4 日张家口、北京和饶阳降水相态和地面温度 单位:℃

	张家口	北京	饶阳
3 日 11 时	雨(3.7)	—	—
3 日 14 时	雨夹雪(0.2)	雨(9.8)	雨(8.6)
3 日 17 时	雪(−1.3)	雨(9.5)	雨(6.8)
3 日 20 时	雪(−2.6)	雨(5.2)	雨(5.4)
3 日 23 时	雪(−4.1)	雨(2.9)	雨(3)

续表

	张家口	北京	饶阳
4 日 02 时	雪(－4.2)	雪(1.1)	雪(0.4)
4 日 05 时	雪(－4)	雪(1.6)	雪(0.4)
4 日 08 时	雪(－4.1)	雨夹雪(2.4)	雪(0.4)
4 日 11 时	雪(－4.4)	雨(2.9)	雪(0.8)
4 日 14 时	雪(－4.4)	雨(3.5)	雨(2.6)
4 日 17 时	雪(－3.4)	雨(4.4)	雨(4)

注：括号内数值为地面气温，单位：℃

影响降水相态的因素涉及云物理、环境大气温度等(廖晓农 等，2013)，要保证雪花降落到地面必须满足两个条件，一是云中有适宜冰雪形成和增长，二是雪花降落的过程没有被融化成雨滴。从张家口上空各层温度来看(图略)，700 hPa 以上各层温度虽有降低，但幅度不大，较大的降温集中在 850 hPa 及以下，从 08 时降雨到 17 时后转为雪，850 hPa 到地面温度下降超 10 ℃，雨夹雪(14 时)是在温度下降的过程中出现的。如果认为云中温度低于－10 ℃的部分为冰雪区，－10～－4 ℃为冰雪和过冷却水的混合区，－4～0 ℃为过冷却水区，由图 2.77a 可见，降水开始时云中冰雪区很薄，云中主要为混合区和过冷却水，同时云底还有暖云区(温度超过 0 ℃)，此时降水相态一定为雨；14 时冰雪区的厚度增长到接近云体的 1/2，云底的温度降低到接近 0 ℃，暖云变薄，同时云底高度较低，雪花从云底降至地面的距离较短，因此，出现雨夹雪；20 时，云体 3/4 以上基本上为冰雪区，虽然云底有所抬高，但此时整层温度都在 0 ℃以下，相态以纯雪为主，此后冰雪区几乎占据整个云体，降雪相态不变。值得注意的是，4 日 08 时开始，探空图上在 800～850 hPa 出现明显的逆温层(图 2.78a)，这与“回流”降雪相一致，但由于此处位于自下而上后倾低涡的西北象限，因此，逆温层上下风向分别为偏东风和西北风，这一点和“回流”形势逆温层上下风向分别为西南风和偏东风几乎相反。

从北京上空温度变化来看(图 2.77b)，4 日 08 时 0 ℃层下降到 925 hPa 附近，冰雪层增厚，降水相态在 4 日 02—08 时从雨转雪(雨夹雪)，4 日 20 时 0 ℃层仍维持在 925 hPa 附近，－10 ℃和－4 ℃层高度较 08 时继续降低，但降雪从 08 时以后又逐渐转为降雨。显然，高层冷空气的入侵并不是降水相态为雪的充分条件，08 时以后相态从雪转为雨的原因可能有两点：一是随着系统东移，云层变薄(14 时之后降水量只有 0.1 mm)，云顶下降，结果是冰雪区变薄，雪花增长的条件变差；二是云底抬高，925 hPa 以下温度上升，从北京 L 波段探空温度层结曲线演变看出(图 2.78b)，与 08 时相比，20 时 850 hPa 以上温度明显降低，925 hPa 以下升温明显，近地面温度接近 5 ℃，雪花下落过程被融化的可能性增大。

由于饶阳距周围探空站较远，故用 NCEP 资料计算出了饶阳附近上空探空曲线。雨转雪的过程中(图 2.78c～e)，抬升凝结高度变化不大，始终在 950 hPa 以下，500 hPa 以下整个温度曲线都有所降低，0 ℃层从 875 hPa 降至 975 hPa，甚至降至地面，但更明显的变化出现在云顶，相比 3 日 20 时，4 日 02 时－10 ℃以上的饱和层明显增厚，饱和层接近－25 ℃上空，保证了冰雪的形成和增长，同时环境温度的下降避免雪花下降过程的融化，非常利于降雪的出现。4 日 08 时，－10 ℃以上的饱和层变薄，说明降雪的条件在变差，14 时后准饱和层已经非常浅薄且位于－10 ℃以下(图 2.78f)，同时抬升凝结高度抬高到 925 hPa，降雪再次转为降雨。整

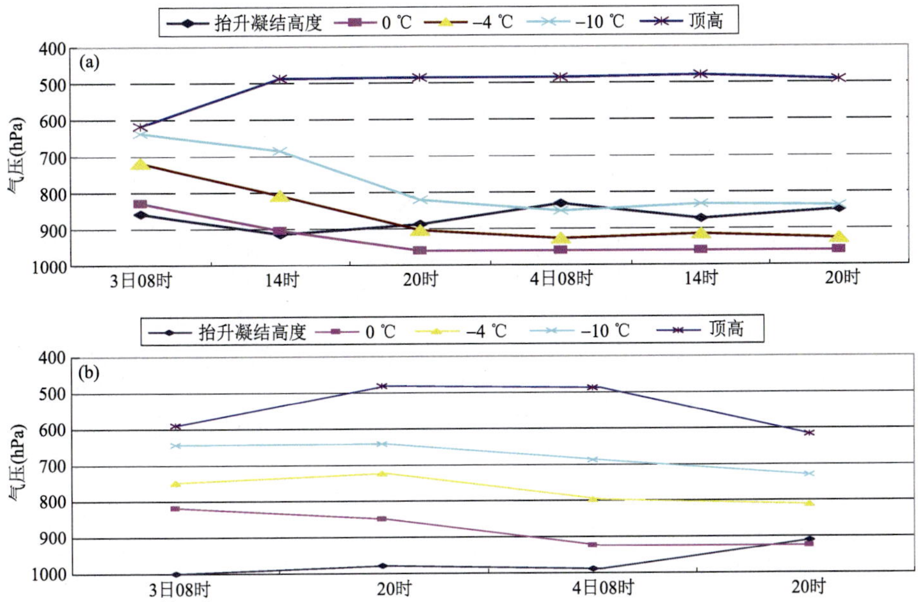

图 2.77　2012 年 11 月 3—4 日张家口(a)、北京(b)上空温度层结的演变

个过程，探空曲线均未出现逆温层。

以上分析可以看出，对流层中下层温度的下降有利于雨雪相态的转变，但并不充分，只有同时满足云中有适宜冰雪形成和增长的环境，也就是保证云中冰雪层有一定的厚度，才能使得雪花降落至地面。

2.3.2.4　结论和讨论

对 2012 年秋冬过渡季节华北地区影响最大的一次雨雪过程进行分析，重点讨论天气成因及雨雪相态的转换，初步得出以下结论：

(1)罕见的暴雨雪天气是在 500 hPa 经向环流背景下，由深厚的低涡系统直接产生。高空急流的辐散区和对流层中下层的低涡、地面气旋等构成深厚的辐合区，保证天气尺度的上升运动强而持久。低涡的加强使得低层偏南风加大，850 hPa 低涡前部超过 20 m/s 的东南风急流将东部洋面上空充沛的水汽输送到暴雨雪区上空，低空急流左侧、低涡中心附近的强烈辐合造成水汽在此集中，暴雨、暴雪区上空的大气可降水量均远高于 11 月平均值。

(2)低涡附近散度场分布是高层辐散、低层辐合，有较强的上升中心配合，但最强的上升中心并未完全匹配最强的高层辐散、低层辐合，这可能是不稳定机制在起作用。暴雨区在 3 日午后存在明显的对流不稳定，不稳定能量释放将增大暴雨区上空的垂直速度。随着不稳定能量的消耗，4 日凌晨大气转为对流性稳定，此后条件性对称不稳定在降水最强的时段起主要作用，此时暴雨区满足 $\zeta_{mpv2}/\dfrac{\partial\theta_e}{\partial p}>0$，垂直涡度将得到较大的增长，有利于强降水。暴雪是弱的条件性对称不稳定大气被锋生强迫的结果。

(3)选取的 3 个代表站探空曲线分析表明，雨转雪(或雨夹雪)天气除了要关注对流层中下层的温度层结是否降低到能够保证雪花不被融化外，更要关注冰雪层的厚度，只有−10 ℃层高度以上有足够厚的饱和层，才能保证雪花形成和增长。随着冰雪层的变薄或消失，即使

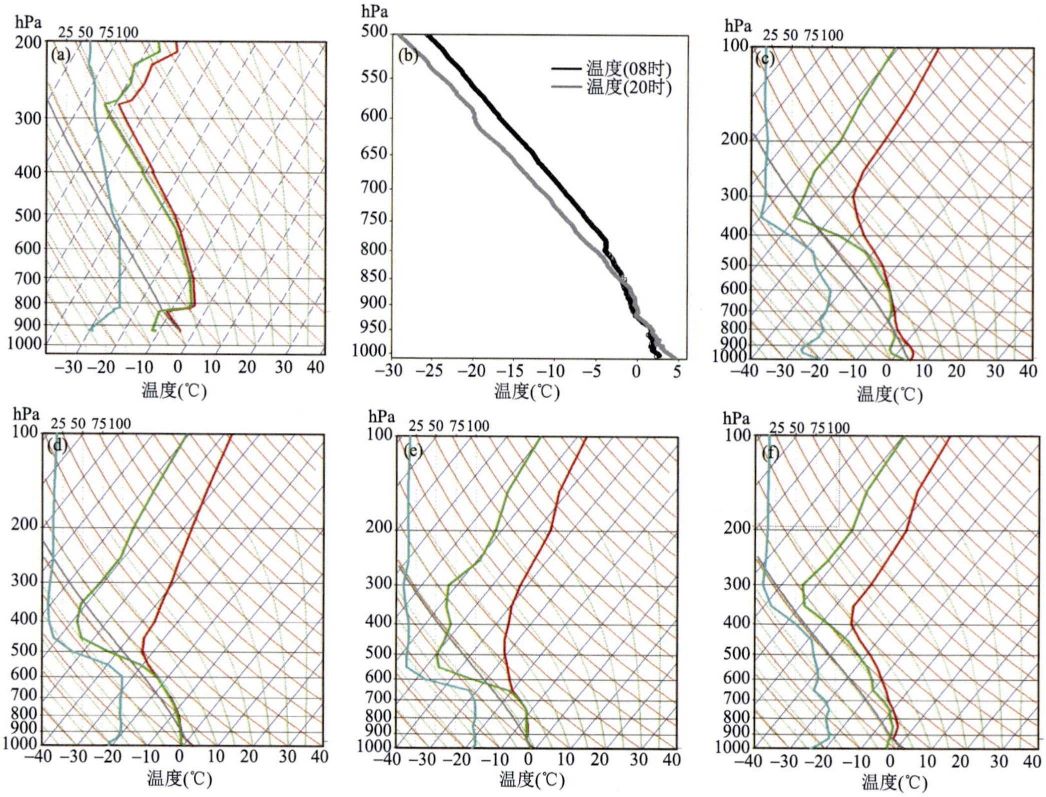

图 2.78　2012 年 11 月 3—4 日张家口探空曲线(a)、北京上空 L 波段探空温度曲线演变(b)、饶阳附近探空曲线(c～f)

(a. 4 日 08 时，b. 4 日 08 时，c. 3 日 20 时，d. 4 日 02 时，e. 4 日 08 时，f. 4 日 14 时；红线：温度层结；绿线：露点层结；蓝色：相对湿度)

850 hPa以下温度没有升高，降雪还有可能转为降雨，这也许是预报实践中用特性层温度预报降水相态失败的原因之一。低涡西北象限雨转雪后出现明显的逆温层，但逆温层上下风向与“回流”形势接近相反，这与本次低涡后倾的结构有关，低涡的南部虽然出现了降水相态转换，但没有逆温层。

参考文献

蔡丽娜，隋迎玖，刘大庆，等，2009. 一次爆发性气旋引发的罕见暴风雪过程分析[J]. 北京大学学报(自然科学版)，45(4)：693-700.

陈小雷，景华，仝美然，等，2007. 地基 GPS 遥测大气可降水量在天气分析诊断中的应用[J]. 气象，33(6)：19-22.

河北省气象局，1987. 河北省天气预报手册[M]. 北京：气象出版社.

侯瑞钦，张迎新，范俊红，等，2011. 2009 年深秋河北省特大暴雪天气成因分析[J]. 气象，37(11)：1352-1359.

廖晓农，张琳娜，何娜，等，2013. 2012 年 3 月 17 日北京降水相态转变的机制讨论[J]. 气象，39(1)：28-38.

刘还珠，张绍晴，1996. 湿位涡与锋面强降水天气的三维结构[J]. 应用气象学报，7(3)：275-283.

施东功，周一鹤，1956. 1956 年 2 月 25 日 00 时天气系统分析[J]. 天气月刊(12)：9-22.

孙继松，梁丰，陈敏，等，2003. 北京地区一次小雪天气过程造成路面交通严重受阻的成因分析[J]. 大气科学，

27(6):1057-1066.
陶林科,2012.宁夏中北部一次暴雪天气过程分析[J].沙漠与绿洲气象,6(4):7-12.
王建中,马淑芬,丁一汇,1996.位涡在暴雨成因分析中的应用[J].应用气象学报,7(1):19-27.
王迎春,钱婷婷,郑永光,2004.北京连续降雪过程分析[J].应用气象学报,15(1):58-65.
吴国雄,蔡雅萍,1997.风垂直切变和下滑倾斜涡度发展[J].大气科学,21(3):273-282.
吴国雄,蔡雅萍,唐晓菁,1995.湿位涡和倾斜涡度发展[J].气象学报,53(4):387-404.
徐达生,1957.1956年2月22—25日的华北锢囚锋结构与降水[J].天气月刊:7-12.
杨贵名,毛冬艳,姚秀萍,2006."强降水和黄海气旋"中的干侵入分析[J].高原气象,25(1):16-28.
袁美英,2014.2011年"7·31"东北冷涡外围中尺度涡旋暴雨分析[J].自然灾害学报,23(2):181-189.
张秉祥,韩军彩,陈静,等,2012.华北地区空中水汽含量与降水量的关系[J].干旱气象,30(2):207-214.
张俊兰,杨霞,李建刚,等,2018.2015年12月新疆极端暴雪天气过程分析[J].沙漠与绿洲气象,12(5):1-9.
张守保,张迎新,侯瑞钦,2008.华北平原回流天气综合形势特征分析[J].气象科技,36(1):25-30.
张守保,2013.华北回流天气多尺度结构特征[D].南京:南京信息工程大学.
张伟,陶祖钰,胡永云,等,2006.气旋发展中平流层空气干侵入现象分析[J].北京大学学报(自然科学版),42(1):61-67.
张迎新,张守保,2006.华北平原回流天气的结构特征[J].南京气象学院学报,29(1):107-113.
张迎新,侯瑞钦,张守保,2007.回流暴雪过程的诊断分析和数值试验[J].气象,33(9):25-32.
张迎新,姚学祥,侯瑞钦,等,2011a.2009年秋季冀中南暴雪过程的地形作用分析[J].气象,37(7):857-862.
张迎新,张守保,裴玉杰,等,2011b.2009年11月华北暴雪过程的诊断分析[J].高原气象(5):68-76.
赵思雄,孙建华,陈红,等,2002.北京"12·7"降雪过程的分析研究[J].气候与环境研究,7(1):7-21.
周文贤,谢平平,1988.梅雨锋层状云系降水效率的一种计算方法[J].南京气象学院学报,11(1):100-105.
周雪松,谈哲敏,2008.华北回流暴雪发展机理个例研究[J].气象,34(1): 18-26.
朱乾根,林锦瑞,寿绍文,等,2000.天气学原理和方法[M].北京:气象出版社.
CHARLIE A C,JOHN M L,1992. Return flow in the Gulf of Mexico. Part Ⅰ:a classificatory approach with a global historical perspective[J]. J Appl Meteor,31(8):868-881.
HENRY W K,1979. An arbitrart method of separating tropical air from "return flow"polar air[J]. Nat Wea Digest,4:22-26.
JOHNSON J R,1976. The origin structure and modification of return flow over the Gulf of Mexico[D]. USA: Texas State University.
KARNAVAS G R,1978. On polar air modification over the Gulf of Mexico during periods of return flow and development of low clouds[D]. USA: Texas State University.
RICHARD C I,JOHN W,1998. Nielsen-Gammon,Low-Level Jet Development during a Numerically Simulated Return Flow Event[J]. Monthly Weather Review,126(11):2972-2990.
YUTER S E,KINGSMILL D E,NANCE L B,et al,2006. Observations of precipitation size and fall speed characteristics within coexisting rain and wet snow[J]. J Appl Meteor Climatol,45:1450-1464.

第 3 章 新探测资料的应用

多普勒天气雷达作为一种新型的探测工具，在灾害性天气监测与临近预报方面有非常重要的参考价值。GPS 反演资料、风廓线资料及铁塔边界层观测资料在京津冀强降雪过程中也有一定的应用价值。

3.1　京津冀降雪过程的雷达特征分析

降雪是层状云降水，与其他季节的稳定性降水回波相比，降雪具有分布均匀、连续、范围大、强度低的特点。冬季降雪回波强度较弱，一般为 15～25 dBZ，降雪回波的高度比较低，一般<4 km，强回波中心的高度一般<2 km。如 2004 年 12 月 21—23 日和 2005 年 2 月 14—15 日降雪过程(图略)：回波均为片状，回波强度不大，具有较大水平范围的、连绵成片的、均匀幕状特征。最大回波强度为 25～30 dBZ，2004 年 12 月 21—23 日维持时间较长，约 10 h，而 2005 年 2 月 14—15 日维持 3 h 左右，对应 500 hPa、700 hPa 高空图(图略)，此时西南暖湿气流较为强盛，850 hPa 以下层次的偏东风达最强，与降水较大时段对应；其他时段基本维持在 10～25 dBZ。回波顶较低，基本维持在 3～5 km，部分回波顶只有 2 km，顶部较为平整。由于冬季气温较低，雪花降落到地面时仍呈固态，虽然是层云降水，却没有 0 ℃层亮带产生。

多普勒雷达速度图上通常可反映出风场的结构，零速度线低层顺时针旋转有暖平流，逆时针旋转有冷平流，此结构有利于降雪云的发展。降雪回波大多与“大风区”(或急流)相伴，多数降雪回波在降雪过程中经常出现“牛眼”结构。

本节以 2009 年 11 月暴雪个例过程为例进行分析。2009 年 11 月 10—11 日的特大暴雪的降雪中心是石家庄市区，距雷达站 39 km。通过对雷达回波演变、速度场、常用雷达产品及基数据反演的四维风场资料进行分析，以期找出回流强降雪的可预报指标及本次过程的中 γ 尺度结构。

3.1.1　组合反射率因子

本次降雪过程回波为片状，回波强度不大，具有水平范围较大、连绵成片、较为均匀的特征，均匀回波中有较强的回波单体相继发展，是以层状云为主的积云层状云混合降水回波(图 3.1)。反射率因子强度基本维持在 25～35 dBZ，最强可达 53 dBZ。从回波形态看，降雪是由对流性转为稳定性。10 日 08 时—11 日 05 时属对流性降雪，回波呈积层混合云回波，强回波>25 dBZ 是降雪最强的时段。07 时 24 分—07 时 42 分这 24 min，石家庄市区北部出现椭圆形对流单体回波，其回波强度达到 45～55 dBZ，从反射率因子剖面产品上可见，强回波中心位于 3 km 以下，有回波悬垂，强中心没有接地。在 08 时前后石家庄空中开始飘“鹅毛”大雪。10—13 时这 3 h 的逐小时降水量均在 4.0 mm 左右，降水效率很高。10 时 30 分—11 时 56 分回波强度 30～38 dBZ，强回波维持 1.5 h。10 日 15—16 时的降水量达本次过程的 1 h 雨量最大值，为 6.3 mm。14 时 36 分—17 时 36 分回波强度维持在 25～33 dBZ。

11 日 05 时—11 日 22 时为质地均匀的层状云降水回波，反射率因子强度维持在 15～20 dBZ，无 0 ℃层亮带。20—21 时 1 h 降水量 5.1 mm，其间反射率因子达到 30 dBZ。从反射率因子剖面上看，强回波质心明显下降已经接地，整个云体结构均匀。

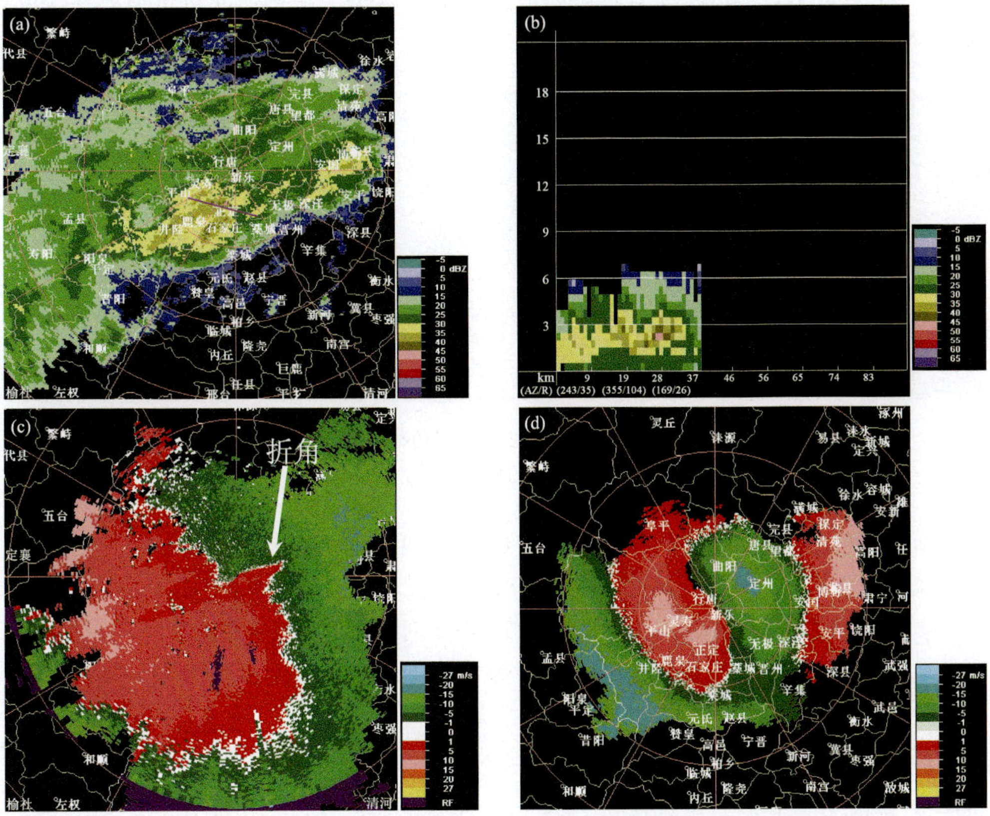

图 3.1 2009 年 11 月 10 日 10 时 42 分组合反射率因子(a)、沿 a 图红线的垂直剖面(b)、11 日 01 时 30 分 0.5°仰角径向速度(黑色箭头所指为零等速度线折角)(c)、10 日 18 时在 2.4°仰角径向速度(呈"S"形等速度线)(d)

3.1.2 径向速度分布特征

图 3.2a 为 2009 年 11 月 10 日 09 时 54 分 1.5°仰角径向速度(plan position indicator，PPI)。可以看出，在 50 km 的距离圈内，零速度线呈"弓形"，弯向负速度区，说明存在风向的辐散；同时，50 km 距离圈上，10～15 m/s 的正速度区范围大于相应级别负速度区的范围，存在风向性辐散。50～100 km，负速度最大值超过 15 m/s，而正速度最大值在 10～15 m/s，说明此高度存在风速性辐合(王丽荣 等，2007)。对照测高公式(胡明宝 等，2000)可知，1 km 以下的近地面层辐散，1～3 km 辐合，这与地面观测和探空资料的分析相吻合。

从图 3.2a 还可看出，同实况资料一致，3 km 以下为东到东北风，以上为西到西南风，出现近 180°突然转向，存在风向的垂直切变。同时，在 1.5 km 高度附近，有 15 m/s 左右的风速大值中心，即存在东北风低空急流，而且急流正好穿过石家庄上空。10 日下午，0.5 km 高度以下零速度线略呈反"S"形，其上为"S"形(图 3.2b)，说明近地面层冷平流，中上层暖平流。上述现象 10 日白天一直持续，致使西部山区降雪率维持在 3 mm/h 以上（图略）。18 时前后，低层冷平流消失，中上层暖平流依然维持，降雪强度略有减弱。这和张守保等(2008)的结论是一致的：华北回流降雪时，低层冷平流与中上层暖平流的配置使降雪加强。

11 日风速减小，降雪强度相应减小。12 日早晨（图 3.2c），0.5 km 高度以下存在西风，0.5～0.8 km 存在北风，0.8～1.2 km 存在东北风，1.2 km 以上存在南到西南风，风向随高度顺时针旋转，暖平流明显，造成 12 日早晨前后降雪强度略大。随着西北风风速的增大和高度的抬高，降雪结束。

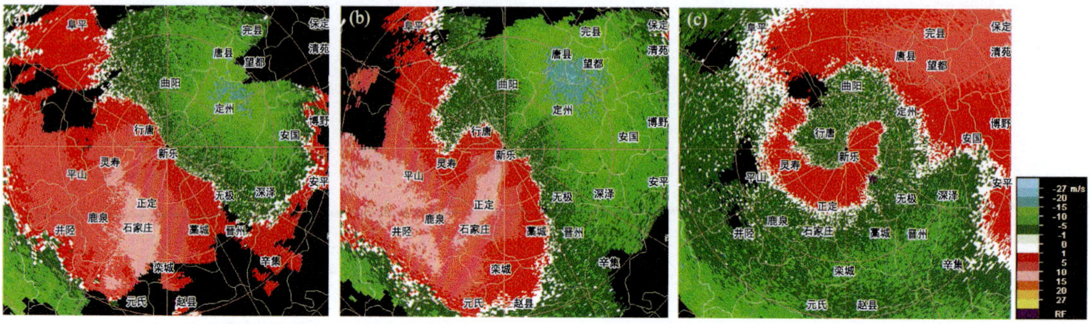

图 3.2　降雪期间 1.5°仰角径向速度

（a. 10 日 09 时 54 分，b. 10 日 16 时 06 分，c. 12 日 07 时）

降雪期间，平均径向速度产品的零等速度线上出现两次明显折角（图 3.1c），结合加密自动气象站风场分析可知，折角处存在一条辐合线。两次等速度线折角（辐合）出现时段分别为 10 日 11 时 42 分—17 时 18 分，10 日 22 时—11 日 08 时，辐合线经过雷达站的时间在 10 日 23 时至次日 02 时，而 02 时人工观测到的降水量为 8.7 mm，说明辐合线经过测站期间的降水加强，为逐小时降水量峰值。

3.1.3　回波顶

回波顶（echo top，ET）基本维持在 3～5 km，且变化不大，但在 10 日 10—11 时、14—16 时的强降雪阶段，回波顶可达 6～7 km（图 3.1b）。河北中南部地区 CINRAD/SA 暴雨的回波顶高度指标为≥8 km。可见，本次特大暴雪的强降雪时段的回波顶与本地暴雨的回波顶很接近。本次降雪过程的垂直积分液态水含量（vertical integrated liquid water content，VIL）一直很小，基本维持在 0～3 kg/m^2。

此次降雪过程特点是：10 日 12 时之前，反射率因子超过 45 dBZ，对应回波顶高达 6～8 km，具有对流回波的性质，降雪强度大。下午到前半夜，反射率因子在 30～40 dBZ，回波顶高 5～6 km，降雪强度仍然较大，但较上午略有减弱。10 日后半夜到 12 日，回波强度小于 30 dBZ，最大回波顶高仍然为 5～6 km，但是范围极小，大部分回波顶高在 3～5 km，降雪强度继续减小。

3.1.4　反演风廓线产品

反演风廓线产品（velocity azimuth display，VAD）显著特征为：10 日 08 时冷平流出现后，风场变得有组织性，东风层位于 1.8 km 以下（图 3.3a）；10 日 12 时 24 分在 2.7 km 与 2.4 km 之间存在近乎 108°的垂直风切变（图 3.3b）；11 日 04 时 36 分偏东风层扩展到 3 km 高度，降雪再次加强（图 3.3c）；11 日 20 时低层西北风加入，降水渐渐停止（图 3.3d）。结合石家庄站逐小时降雪分析可知，东风层基本维持在 0～2.5 km 高度，大风核从高空向下扩展，即风速 20 m/s 从 7 km 降低到 5 km，高层急流出现的时间比降雪的时间提前至少 1 h，高层急流维持时间与强降雪维持时间存在正比关系。东风层开始加强或减小，预示降雪开始增强或减弱。低层的西北风加入，降雪渐止。在华北回流性降水过程中会出现这样的变化特征（张守保 等，2008）。

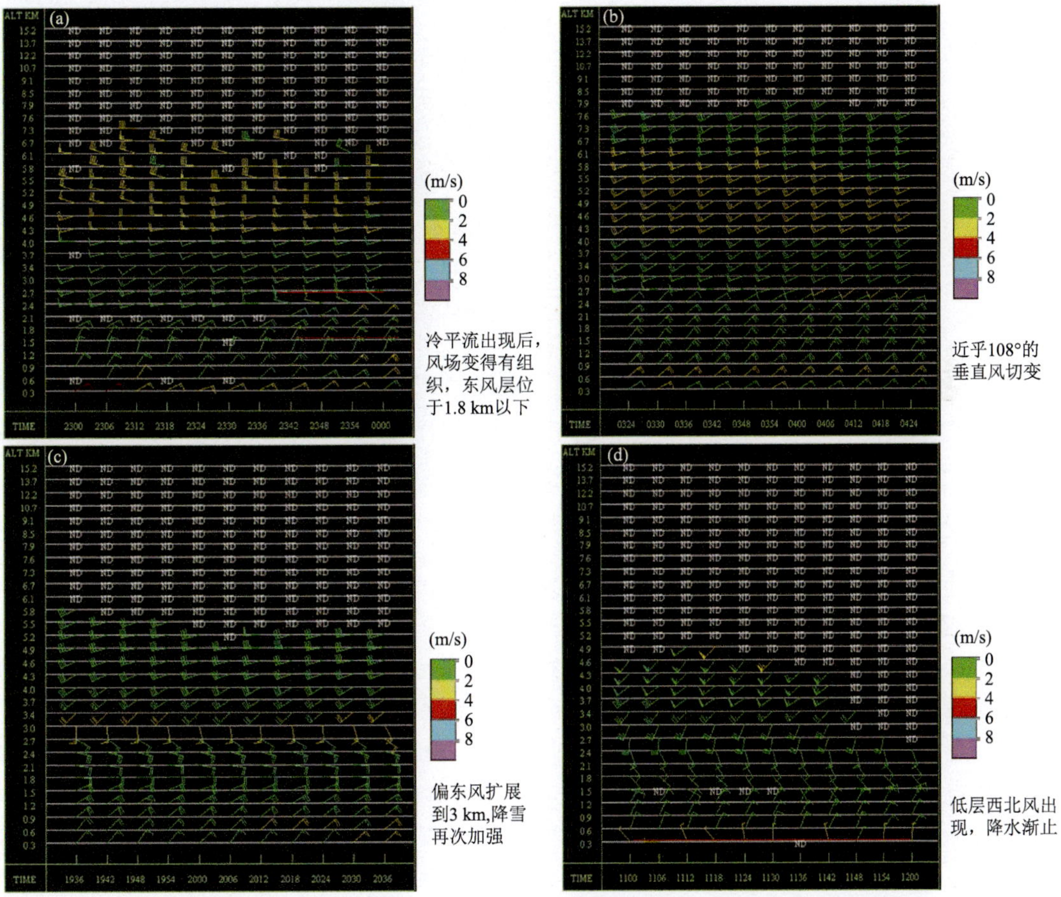

图 3.3 2019 年 11 月 10—11 日石家庄垂直风廓线不同阶段的主要特征

（a. 10 日 08 时，b. 10 日 12 时，c. 11 日 04 时，d. 11 日 20 时）

3.1.5 四维风场反演特征*

本节利用 Sun 等（1997）原始研究以及许小永等（2004）、牟荣等（2007）移植和发展的 4DVAR 同化反演风场研究成果对此次暴雪过程进行了分析。以雷达站位置为反演中心，对覆盖周围 100 km 的水平范围进行反演，垂直分辨率为 0.5 km，反演高度为 0.5～5 km。水平反演风场图中纵、横坐标分别为距离雷达中心的南北、东西距离，离开雷达向北、向东为正，向南、向西为负。雷达站位于－2.5 km（东西）、4 km（南北）处。

* 张迎新，张守保，裴玉杰，等，2011. 2009 年 11 月华北暴雪过程的观测分析[J]. 高原气象，30(5)：68-76.
裴宇杰，王福侠，张迎新，等，2012. 2009 年晚秋河北特大暴雪多普勒雷达特征分析[J]. 高原气象，31(4)：1110-1118.

由自动气象站风场资料(图 3.4a)可看出,东北南下的冷空气遇南北向太行山后分两支,向北绕流形成反气旋环流,向南绕流有气旋性弯曲。石家庄雷达风场反演(图 3.4b),与自动气象站观测资料对比可见,基本与实况一致,因此,可使用雷达反演风场分析此过程中的水平风场的垂直分布。

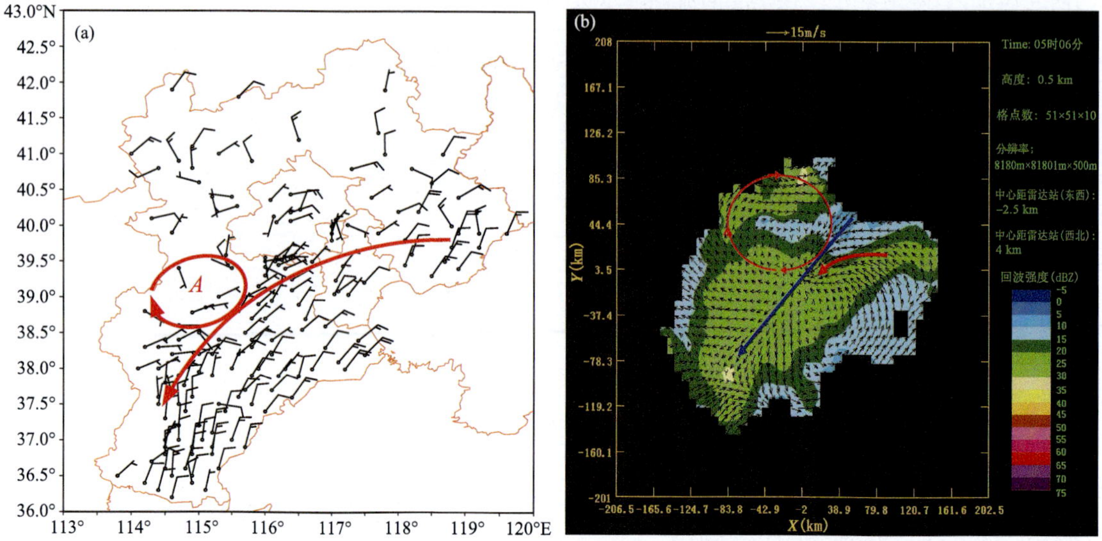

图 3.4 2009 年 11 月 10 日 05 时自动气象站风场(a)与石家庄雷达四维反演风场(b)对比

为了分析石家庄山区和平原降雪强度差异的原因,沿经过石家庄市区自西向东作垂直剖面,如图 3.5 所示。

10 日 07—09 时,0.5～1.5 km 高度为东风,2 km 以上高度为西风,中间高度为无风层,在垂直方向表现为一个反气旋。东、西风的高度随时间推移逐渐抬升,而且反气旋前沿的北到东北风范围逐渐向西推,09 时已经影响到石家庄市区。此段时间,整层风速较小。10—11 时,整层风速加强,无风层的范围已经非常小,尤其是反气旋前部的北到东北风加强幅度更大,此时石家庄市区 2 km 高度以下为非常强的东北风,降雪强度较强。12—14 时,风速有所减小,东风强度也随之减弱,对比逐小时降雪量可见,此时,降雪强度也略有降低。15 时开始,风场再度加强,石家庄上空东北风的高度达到 3 km;反气旋西部的西南气流里,不断有新的回波发展东移汇入到反气旋前部的回波内,这也是 16 时降雪强度出现极值的主要原因。同时,东北风继续向西侵入,致使西部山区的降雪再次加强,14—22 时,西部山区的井陉逐小时降雪量维持在3 mm 以上,15 时和 16 时降雪强度均达到 4.6 mm/h,降雪率趋势同市区一致。21 时开始,风场又有所减弱,降雪强度也随之减弱。10 日夜间至 11 日上午,石家庄始终处于东北风气流里,降雪一直持续,但强度逐渐减弱。

从回波的发展演变还可以看出,强回波位于反气旋所在的范围,自反气旋东西边缘向外,回波强度逐渐减弱;而且,东北风较弱时,回波自西部山区发展后逐渐东移,当移至反气旋前沿时,回波发展到最强,此位置就是石家庄市区所在的位置。

综上所述:本次暴雪过程的雷达回波是以层状云为主的积云层状云混合降水回波为主;反射率因子一般在 15～30 dBZ,最强可达 40 dBZ 以上;径向速度场上有暖平流("S"形零等速度线),存在风向的垂直切变和风速的辐合,高层有西南急流,低层有东北急流;回波顶高度为5～6 km,最高达 8 km。

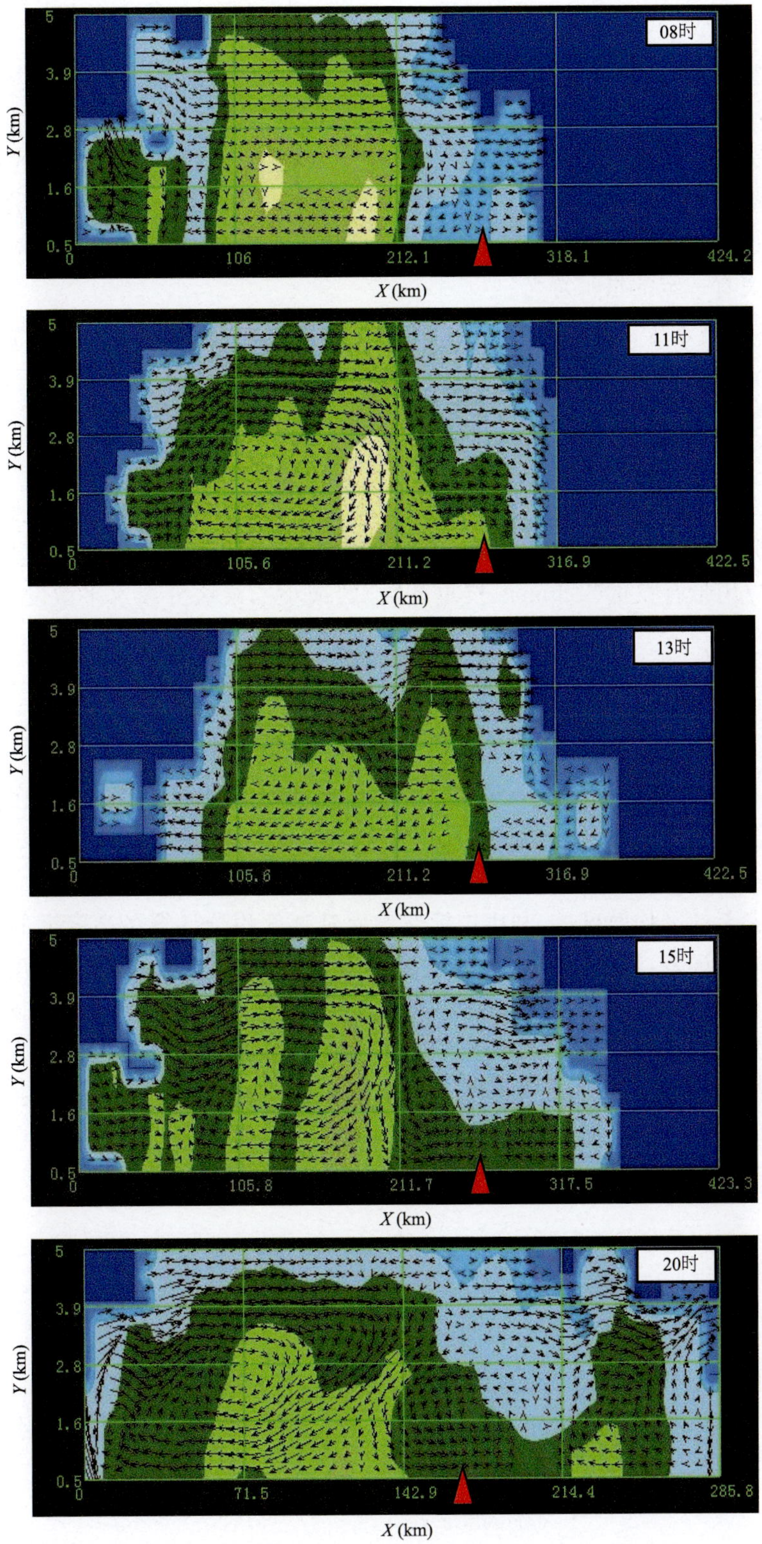

图 3.5　2009 年 11 月 10 日经过石家庄站的纬向剖面
（箭头所指为市区所在位置；阴影区：回波；箭头：风矢，色标及风矢大小同图 3.4b）

3.1.6 多普勒雷达径向散度在华北回流过程中的应用

从多普勒雷达径向速度资料提取散度信息已经提出了不少有实际应用价值的方法。Wood 等(1986,1992)将速度和方位显示(velocity and azimuth display,VAD)方法加以改进和推广,提出了 EVAD 方法。Thomas 等(1991)在此基础上,提出用带有权重的最小二乘法分离水平散度。胡志群等(2005)提出利用修正的 Gram-Schmidt 算法计算水平散度。王丽荣等(2006)利用改进的 EVAD 技术研究了散度在大面积降水中的应用,指出散度对预测大面积降水的发展与生消有一定的指示意义。

3.1.6.1 单多普勒雷达计算散度和垂直速度的基本原理(Wood et al. ,1986,1992)

(1)EVAD 方法计算大气平均散度

VAD 技术中,由径向速度按方位角展开后的零阶项,可以得到:

$$a_0=\mathrm{div}(\vec{V}_h)r\cos\alpha-2V_f\sin\alpha \tag{3.1}$$

式中,$\mathrm{div}(\vec{V}_h)$为散度项,V_f 为垂直速度项。EVAD 方法就是假设在某一厚度层中,水平散度在较小的高度间隔内不变。应用在此间隔内不同的仰角或不同距离的径向速度资料,得到多个 a_0 值,然后应用带有权重(Thomas 权重系数)的最小二乘法分离水平散度,把散度信息提取出来。

Thomas 的权重系数为:

$$\gamma_k=\frac{1}{\mathrm{var}(Y_k)n_k}=\frac{r_k^2\cos^2\alpha_k}{4\mathrm{var}(a_1)_k n_k} \tag{3.2}$$

式中,γ_k 为这一层内第 k 个距离的权重,n_k 为这一水平层内第 k 个距离圈所在仰角上的距离圈总数。

(2)变分法计算大气平均垂直速度

得到各高度上的平均散度后,利用连续性方程对高度积分计算各高度上的垂直速度。由于各层散度的估计误差,随高度的增加积分后,将导致垂直速度的误差也随高度不断增加。为了减小这个误差,采用以下方法处理:首先将大气按 Δz 等高地分成 L 层,并假定雷达站点海拔高度处和回波顶的大气垂直速度 $W_{\mathrm{bot}}=0$,$W_{\mathrm{top}}=0$,然后利用变分法对 EVAD 计算得到各层的散度值进行调整,最后利用误差调整后的散度值,带入连续方程,计算各层大气的平均垂直速度。

目标函数定义为:

$$\begin{cases}E(\rho_i D'_i,\lambda)=\sum_{i=1}^{L}\frac{1}{2\mathrm{var}(\rho_i D_i)^2}(\rho_i D'_i-\rho_i D_i)^2+2\lambda F\\ F=\sum_{i=1}^{L}\rho_i D'_i+(W_{\mathrm{bot}}-W_{\mathrm{top}})\end{cases} \tag{3.3}$$

式中,λ 为拉格朗日系数,ρ_i 和 D_i 分别为第 i 层的大气密度和平均水平散度。

式(3.3)分别对 $\rho_i D'_i$ 和 λ 求一阶偏导数,令其等于 0,求解得到调整后第 j 层的散度值为:

$$\rho_j D'_j=\rho_j D_j-\left[\frac{\mathrm{var}(\rho_i D_i)}{\sum_{i=1}^{L}\mathrm{var}(\rho_i D_i)\Delta z_i}\right](\rho_{\mathrm{top}}W_{\mathrm{top}}-\rho_{\mathrm{bot}}W_{\mathrm{bot}}+\sum_{i=1}^{L}\rho_i D_i\Delta z_i) \tag{3.4}$$

根据调整后的散度值和连续方程 $\frac{\partial w}{\partial z}+\frac{\partial u}{\partial x}+\frac{\partial v}{\partial y}=0$,计算出第 j 层的大气垂直速度

W'_j 为：

$$\rho_j W'_j = \rho_{\text{bot}} W_{\text{bot}} - \sum_{i=1}^{j} \rho_i D'_i \Delta z_i \tag{3.5}$$

式中，$\rho_j = \rho_0 e^{-H/10}$，为第 j 层上的大气密度，ρ_0 为地面上的大气密度，H 为第 j 层的高度。

根据不同时刻的不同仰角同一距离或者同一仰角不同距离上的 $V_r(\beta)$ 分布资料，就可以得到大气平均散度和平均垂直速度随高度和时间的分布情况，进而使得分析大面积降水过程的动力学机制成为可能。

3.1.6.2 平均散度和垂直速度在回流过程中的应用

根据 EVAD 技术，利用新乐多普勒天气雷达每 6 min 一次的基数据资料，计算了两次降雪过程(2004 年 12 月 21—23 日和 2005 年 2 月 14—15 日)大气的平均散度(D)和平均垂直速度(W_p)，定义向下为正。考虑到地物杂波以及回波缺口的影响，降雪过程计算 D 和 W_p 的水平范围取 10～40 km；暴雨过程计算 D 和 W_p 的水平范围取 10～60 km。

王丽荣等(2006)分析了 2004 年 12 月降雪过程的平均散度和平均垂直速度时间-高度剖面图。发现降雪强度的大小和散度、垂直速度的大小密切相关。使用精细化的探测资料尝试分析回流降水过程中散度、垂直速度的垂直分布(散度“－”为辐合，“＋”为辐散；垂直速度“－”为下沉，“＋”为上升)。

图 3.6 是两次回流暴雪过程降水总量。由图可见，降水主要出现在华北平原地区，而且石家庄处于降水中心附近。因此，使用石家庄多普勒雷达资料进行散度和垂直速度的计算，分析回流降水过程中的散度等的垂直分布。为更进一步分析强降水时段中散度等的垂直结构，统计了两次过程中石家庄站的逐 6 h(由于当年冬季无逐小时雨量的观测资料)降水量(图 3.7)。

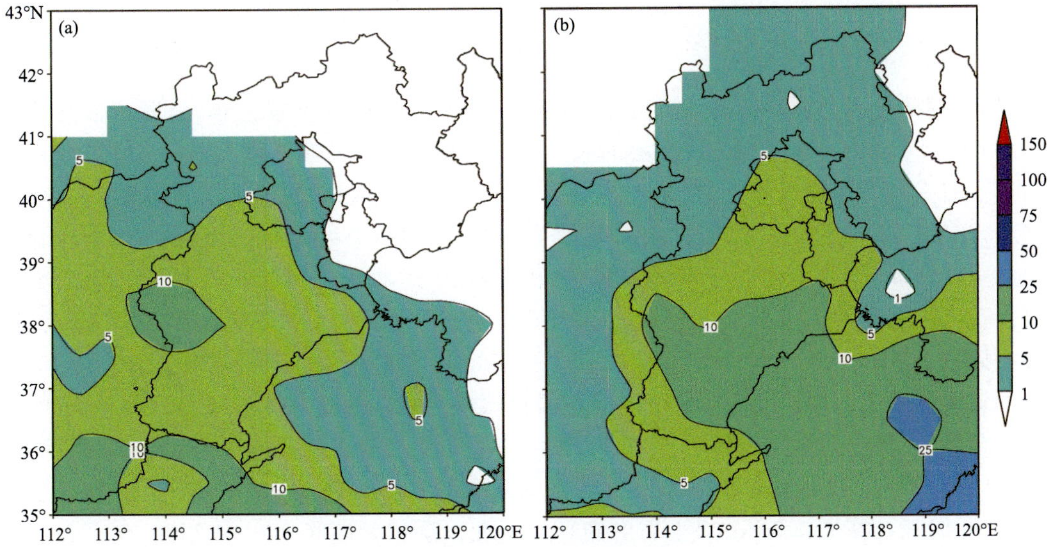

图 3.6 暴雪过程的降水总量(单位：mm)
(a. 2004 年 12 月 21—23 日，b. 2005 年 2 月 14—15 日)

分别计算了两次回流过程中降水较强时段内的平均散度和平均垂直速度。分析平均散度、平均垂直速度的时间-高度演变(图略)，结论与王丽荣等(2006)一致，即降水强度的大小和平均散度、垂直速度的大小密切相关。因此，着重分析其垂直分布情况。由于其回波顶高不

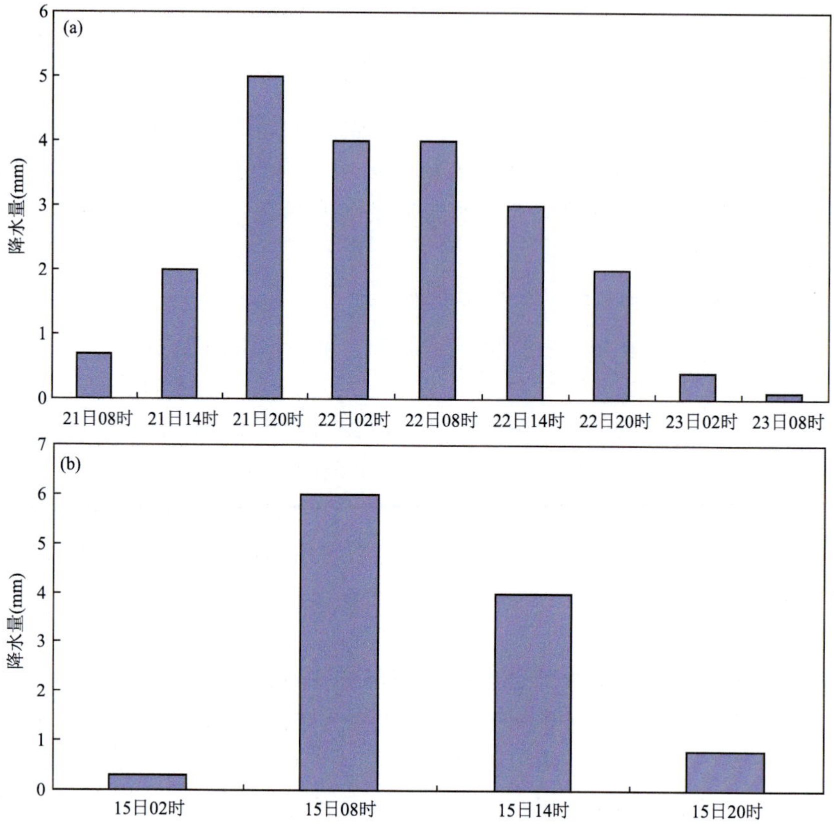

图 3.7 回流过程中石家庄的逐 6 h 降水量演变

(a. 2004 年 12 月 21 日 08 时—23 日 08 时，b. 2005 年 2 月 15 日 02—20 时)

同，不同过程给出了不同高度的垂直分布。图 3.8 为平均散度的垂直分布，由图可清楚看出，在约 3 km 以下存在一对辐合、辐散层的垂直分布，辐合值大于辐散值(称第一对辐合、辐散层)；其上有一浅薄的近无辐散层；无辐散层之上又存在一对辐合、辐散层的垂直分布(称第二对辐合、辐散层)，与第一对不同，此层内辐散值大于辐合值；总之，暴雪过程中有两对辐合、辐散层的垂直分布。这与吴志会等(1994)通过飞机机载 FSSP 探头观测资料所做的微物理参量的垂直分布比较一致(图 3.9)。此资料是在 1991 年 5 月 24—25 日一次回流降水的人工增雨过程中飞机探测得到的，飞机飞行高度基本在 4350～4450 m。通过资料分析得出以下结论。

回流天气的云结构具有中 α 尺度的高空暖锋层状云稳定性降水特征，云层发展得很厚，一般分成几层，主要由层积云和高层云组成。图 3.9 中可见当时云系主要由近地层云、层积云和高层云组成。距地 100 m 高度有约 200 m 厚的浅薄低云，云滴浓度达 100 个/cm^3(这一层不在讨论中，因只计算了 0.5 km 以上高度的平均散度)；层积云底高 800 m，顶高 2600 m，层积云底部云滴浓度较高，最大可达 140 个/cm^3(1015 m)，中上部浓度较低，一般只有 10～60 个/cm^3，层积云底部云粒子半径比中上部要小，底部云粒子数目多，尺度小；在层积云与高层云之间 2600～3000 m 处有一浅薄的干层；高层云中，云滴平均浓度为 30 个/cm^3，但其含水量较大(图 3.9b)。由于飞行高度的限制，未得到更高层的微物理参数值。对比 4 km 以下微物理参数值的垂直分布和使用雷达资料计算的平均散度的垂直分布，层积云与第一对辐合、辐散层对

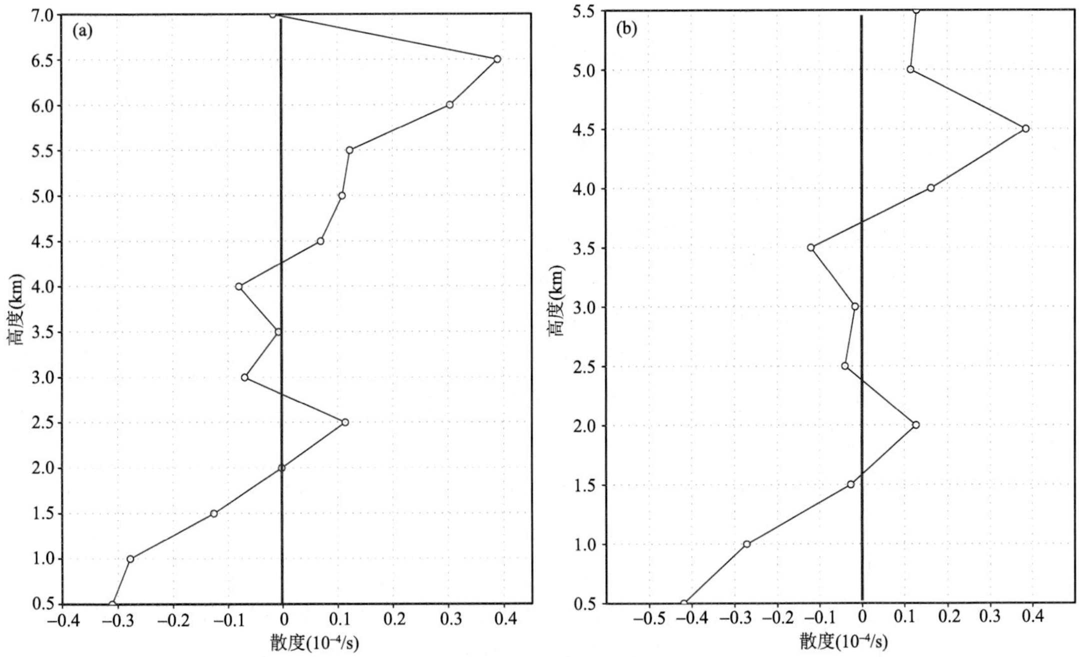

图 3.8 降水较强时段内平均散度的垂直分布
(a. 2004 年 12 月，b. 2005 年 2 月)

应;层积云与高层云之间的干层与浅薄的无辐散层对应;高层云与第二对辐合、辐散层对应。这说明应用多普勒雷达计算的平均径向散度的垂直变化与观测资料探测的结果基本一致。因此,由于雷达资料时空分辨率较高,可使用多普勒雷达计算的平均径向散度来分析回流天气过程精细化结构的演变特征,这有很广阔的应用前景。

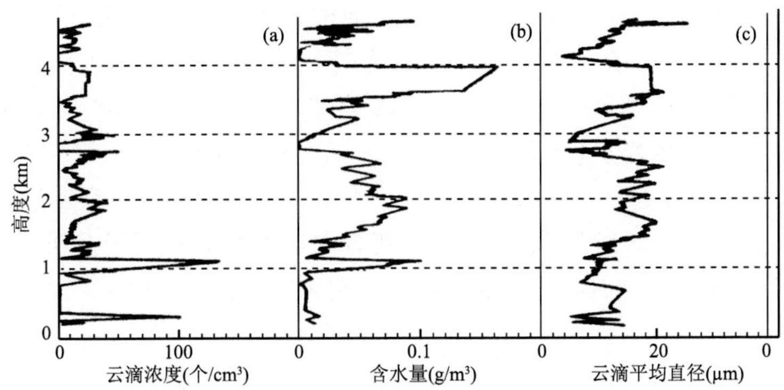

图 3.9 飞机机载 FSSP 探头测定的回流天气过程中微物理参数垂直分布
(吴志会 等,1994)

2018 年 4 月 4 日北京回流降雪过程中,从北京站(54511)探空资料可看到(图 2.32c),850 hPa至地面为偏东风,风速达到 6～8 m/s,近地面层可能受到来自 1000 hPa 渤海上空的潮湿偏东风影响,温度露点差小于 5 ℃,然而在 850～925 hPa 比较干燥,温度露点差在 20 ℃附近,800～750 hPa 温度露点差又小于 5 ℃,所以对流层低层也存在“三明治”结构。

3.1.7 小结

通过对以上四次华北回流天气过程中多普勒雷达资料的分析，可得以下几点结论：

(1)华北回流天气的回波速度图上表现为：在零速度线两侧常分布着范围较大数值不等的正负径向速度中心，出现“牛眼”现象，风向都出现近180°突然转向，低空为东到东北风，高空为西到西南风，有风向的垂直切变。低空零速度线呈“S”形，风随高度顺时针旋转，有暖平流存在。在强降水时段出现前常伴有区域性的冷平流层。

(2)华北回流天气的风廓线特征为：从低层到高层由东北风转为西南风，风向发生了近180°的顺时针旋转，存在强垂直切变。降水开始与结束时分别表现为低层偏东风与中高层西南气流叠加时，降水开始；低层偏东风与中高层西南气流任何一者消失，降水基本结束。降水强度较大时段对应高低空的风速较大时段。边界层顶部出现了浅薄的冷平流区是降水加强的信号。

(3)华北回流天气的回波强度图上表现为：回波具有较大水平范围的、连绵成片的均匀幕状特征。回波强度在20～30 dBZ，最大回波强度为30～35 dBZ，局部可达40～45 dBZ。回波顶较平整，基本维持在3～5 km，部分回波顶只有2 km。

(4)使用EVAD方法计算的多普勒雷达径向速度垂直变化与飞机机载FSSP探测所得资料的结果基本一致。因此，由于雷达资料时空分辨率较高，可使用多普勒雷达计算的平均径向散度来分析回流天气过程精细化结构的演变特征，这有很广阔的应用前景。

3.2 GPS资料在京津冀强降雪过程中的应用分析*

冬季强降雪是我国北方地区常见的一种灾害性天气现象，降雪往往会给交通运输、电力传输、通信设施、农业生产以及人民群众生活造成严重影响。众多学者在暴雪形成机理、预报着眼点和数值模拟等方面做了大量工作（张迎新 等，2007；赵桂香，2007；王正旺 等，2010；梁军 等，2010；杨成芳 等，2008）。资料涉及常规观测、加密自动气象站、卫星、雷达、数值预报产品以及NCEP再分析产品等。在地基全球定位系统（Global Position System，GPS）反演可降水量用于降雪天气分析方面，李国平等(2009)、郭洁等(2009)研究了2008年1月中下旬成都雨雪冰冻天气条件下GPS可降水量（precipitable water vapor，PWV）的演变特征，但GPS可降水量在北方强降雪天气分析中的应用还很少见。本书搜集了近年来石家庄市大雪以上的降雪资料及其对应的逐小时GPS可降水量数据，对两者之间的关系进行了分析，得出了一些有益的结论，可为以后强降雪天气的短时和临近预报及雪灾预警提供参考。

3.2.1 资料说明

为便于分析，强降雪天气标准规定为：24 h降雪量≥5 mm或12 h降雪量≥3 mm的大雪及以上量级降雪天气过程。资料年限为2008—2010年，包括地面水汽压、地面气温、地面露点温度、降水量、GPS可降水量以及探空层结等资料。时间间隔为1 h，但由于2010年之前无降

---

* 李国翠，李国平，陈小雷，2011. 强降雪天气中GPS可降水量与地面空气湿度量的综合分析[J]. 高原气象，30(6)：1626-1632.

李国翠，张迎新，李国平，等，2012. 应用GPS可降水量对河北省一次回流降雪天气的分析[J]. 气象科技，40(6)：990-995.

雪逐小时加密观测资料，故本书 2010 年之前采用 6 h 间隔降水量资料。

经普查统计，2008—2011 年石家庄市共出现强降雪天气过程 6 次，分别为：2009 年 2 月 18—19 日、11 月 9—12 日，2010 年 2 月 8—11 日、2 月 28 日—3 月 1 日、3 月 7—8 日，2011 年 2 月 25—27 日，其中 2008 年无降雪。表 3.1 列出了 2008—2010 年 5 次强降雪天气过程的过程降水量、降水性质转化以及主要影响系统。

从出现的月份分析，几次强降雪天气过程均发生在秋末冬初或初春，这与此时段水汽充沛、冷暖空气交绥频繁密切相关；从影响系统来看，石家庄强降雪天气主要是由冷空气沿偏东路径南下导致的回流引发的(张迎新 等，2007)。下面对以上强降雪天气过程前后的逐小时降水量或 6 h 降水量、温度露点差、水汽压等常规天气资料和 GPS 反演的可降水量进行综合分析。

表 3.1 2008—2010 年暴雪天气过程

	过程降水量(mm)	不同性质降水	主要影响系统
2009 年 2 月 18—19 日	5.7	雪：17 日 15 时 12 分—21 时 36 分； 雪：18 日 13 时 13 分—19 日 09 时 21 分	回流转低压、高空槽
2009 年 11 月 9—12 日	93.5	零星小雨：8 日 13 时 37 分—10 日 05 时 08 分； 雨夹雪：10 日 05 时 08 分—05 时 56 分； 雪：10 日 05 时 56 分—12 日 10 时 16 分	回流倒槽、切变线、高空槽
2010 年 2 月 8—11 日	4.6	雨夹雪：9 日 00 时 07 分—05 时 30 分； 雪：9 日 07 时 28 分—21 时 40 分； 间断雪：9 日夜间到 11 日 07 时 20 分	回流倒槽、切变线
2010 年 2 月 28 日—3 月 1 日	7.6	雨夹雪：28 日 13 时 26 分—16 时 21 分； 雪：28 日 16 时 21 分—3 月 1 日 00 时 41 分	东北风回流、 高空槽转 700 hPa 高空涡
2010 年 3 月 7—8 日	10.3	雨夹雪：7 日 14 时 34 分—21 时 10 分； 雪：7 日 21 时 10 分—8 日 14 时 42 分	回流倒槽、高空槽

3.2.2 强降雪天气过程分析

根据 GPS 反演可降水量的原理，利用天顶总延迟(ZTD)、地面气压和气温资料，可以反演得到河北省各个 GPS 测站的逐小时可降水量资料，进而得到 GPS 可降水量的时间演变及空间分布情况。

(1)2009 年 11 月 9—12 日暴雪过程

受强冷空气影响，2009 年 11 月 9—12 日石家庄出现暴雪天气，过程总降雪量达 93.5 mm，雪深为 55 cm，其中 10 日降雪量最大为 51.1 mm。这是石家庄有气象资料以来最大的降雪记录。从天气形势演变及主要影响系统分析，9 日 20 时 500 hPa 位于巴尔喀什湖到贝加尔湖之间生成一个闭合低压中心，配合−48 ℃冷中心，低槽不断分裂短波槽东移南压，带来一股股冷空气。10 日白天到 11 日中午，700 hPa 在邢台、太原与张家口、北京之间始终维持东西向暖性切变线；850 hPa 到地面贝加尔湖地区为冷高压，高压主体在 40°N 以北，以东移为主，10 日 08 时高压前沿移至东北平原，开始转向南压，在华北地区形成“北高南低”的形势。在这种天气形势下，冷空气从渤海回流影响华北平原，形成较典型的回流暴雪天气。11 日下午到前半夜，随着东北风和暖切变的减弱，降雪出现间歇。11 日夜间开始地面高压东移，河套附近西来槽也东移，12 日早晨到上午石家庄再次降雪，但降水性质转为高空槽降雪，降水强度远远小于回流时段。之后，冷高压南下控制整个华北地区，降雪结束。从降水性质可将此次过程分为 3 个阶段：第一阶段为 8 日 13 时 37 分—10 日 05 时 08 分，对应间断零星小雨，降水量为 0.1 mm；第二阶段为 10 日 05 时 08—56 分，随着气温下降，降雨转为雨夹雪，降水量为 0.7 mm；第三阶段为 10 日 05 时 56 分—12 日 10 时 16 分，气温继续下降，出现持续降雪，降雪量为 92.7 mm，雪深为 55 cm。

根据 GPS 反演得到的逐小时可降水量和 6 h 降水量资料，得出 11 月 7—12 日逐小时可降水量和 6 h 降水量演变(图 3.10)。从演变趋势分析，可降水量从 7 日开始快速上升，8 日 12 时达 15.5 mm，8 日 23 时达峰值，为 26.1 mm(即降雪过程极大值)，增幅为 0.96 mm/h；9 日 02 时可降水量出现明显下降，9 日 12 时—10 日 20 时一直保持在一个较高水平(19 mm 上下浮动)，对应着回流降雪阶段；之后降雪出现空歇，可降水量出现第二次下降，11 日 15 时—12 日 15 时又稳定维持在 14 mm 水平，对应着高空槽降水阶段；12 日 19 时下降到 10 mm 以下，对应降水结束。从可降水量与降水对应关系分析得出：①暴雪出现的前一天，可降水量快速上升，存在一个极大值；②暴雪结束，可降水量快速下降到平均值以下；③暴雪出现时，可降水量始终高于历年 11 月平均值(9.1 mm)，且持续维持较高水平，但存在小幅度波动；④相对于 12 日早晨到上午的高空槽降雪阶段，回流降雪阶段(10—11 日)中可降水量明显偏高，降水强度也偏大。

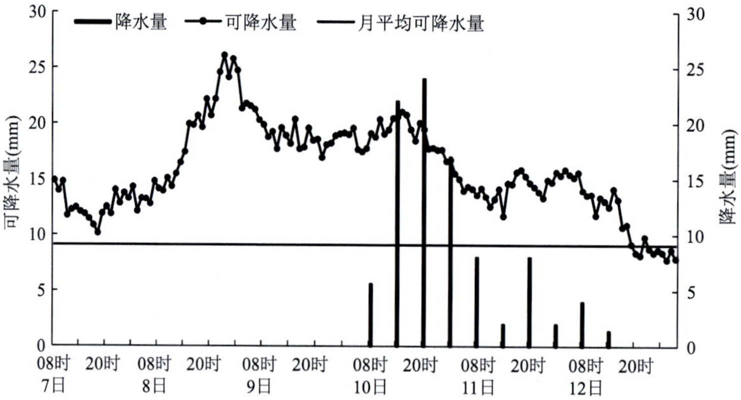

图 3.10　2009 年 11 月 7—12 日逐小时 GPS 可降水量和 6 h 降水量(柱状)演变

温度露点差和水汽压(图 3.11)对降雪天气也有明显反应。降雪过程开始之前，温度露点差出现了多次明显的上升和下降波动，其中峰值出现 6 次，对应时次分别为：7 日 14 时、8 日 12 时和 20 时、9 日 03—04 时、08 时和 19 时，极大值分别对应为：9.1 ℃、3 ℃、3.1 ℃、4.8 ℃、7.5 ℃和 6 ℃；谷值出现 5 次，分别为：8 日 09 时的 0.3 ℃、14—15 时的 0.9 ℃、22 时的 0.9 ℃、9 日 06 时的 4 ℃和 12 时的 3.3 ℃。其中，中午时段的极大值和夜间的极小值可以理解为日变化的结果，除此之外的波动起伏说明强降雪前水汽输送(即湿度变化)存在异常，可为降雪提供参考依据。在 10 日白天到夜间以及 11 日的强降雪阶段，温度露点差持续维持在 1 ℃以下；在降雪间隙，表现为小幅度升降，11 日 12 时对应峰值 2.1 ℃；12 日 09 时降雪结束之后温度露点差激增，湿度迅速减小。水汽压变化与温度露点差存在反相关关系，在降雪开始前水汽压已经升至较高水平，如 7 日 15—19 时已升至 11～11.1 hPa，8 日 14—15 时升至最大值，为 11.7 hPa，22 时的极大值为 10.3 hPa，这说明水汽已经积累到一定程度，但累积过程中多起伏；9 日开始伴有零星降水出现，水汽压开始下降；强降雪阶段水汽压始终稳定维持在 5

hPa 的水平。

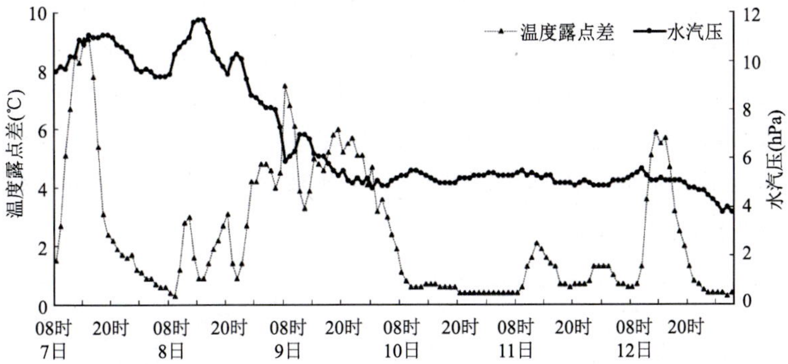

图 3.11　2009 年 11 月 7—12 日温度露点差和水汽压演变曲线

对于此次降雪过程，降雪开始之前水汽压已升至较高水平，强降雪阶段对应着温度露点差小值阶段(1 ℃以下)，水汽压稳定维持在 5 hPa 的水平，但二者存在明显的日变化。

(2)2010 年 2 月 28 日—3 月 1 日大雪过程

2010 年 2 月 28 日下午到前半夜，石家庄出现一次区域性大雪天气过程，过程总降雪量为 7.6 mm。其中 28 日 13 时 26 分—16 时 21 分为雨夹雪，降水量为 2.5 mm；28 日 16 时 21 分—3 月 1 日 00 时 41 分为降雪，降雪量为 5.1 mm。其中，28 日 20 时雪深为 5.9 cm，1 日 06 时雪深为6.0 cm。天气形势上，28 日 08 时 700 hPa 在河套的南部至四川西部有高空槽东移，邢台到河南的南部有 20 m/s 的西南风急流轴，石家庄位于急流轴的左前侧。28 日 08 时地面高压整体南压，华北地区北高南低，吹偏北风(西北到东北风)，为弱回流形势。

图 3.12 为 2 月 27 日—3 月 1 日逐小时可降水量和 1 h 降水量演变，可以看出，此次过程的可降水量始终保持在月平均值以上，降雪过程前可降水量呈现出波动上升的特点，过程中出现了几个极大值，27 日 13 时出现极大值，为 12.8 mm，28 日 09—10 时存在极大值，为 15.5 mm，28 日 13 时即降雪刚要开始之前，可降水量出现最大值，为 17.3 mm。28 日 18 时后，地面转高压控制，高空槽逐渐过境，在降雪减弱和结束之后，可降水量迅速下降。

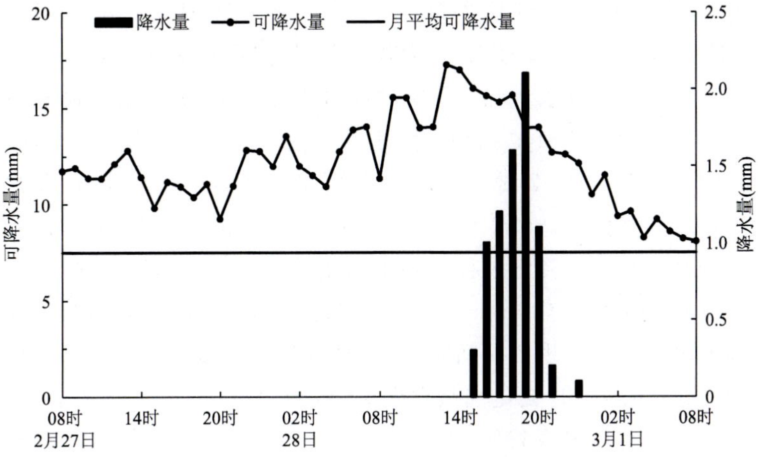

图 3.12　2010 年 2 月 27 日—3 月 1 日逐小时 GPS 可降水量和 1 h 降水量(柱状)演变

温度露点差变化曲线(图 3.13)上,在 27 日 15—16 时存在一个 10.9 ℃的最大值,之后迅速下降,28 日 03—08 时降至 4.5 ℃以下,08 时之后开始上升,28 日 11 时出现次大值,为 7.6 ℃,之后迅速下降,16 时降至 1 ℃,5 h 降幅达 6.6 ℃;28 日 16 时至次月 1 日 00 时持续维持在 1 ℃以下,正好对应强降雪的各阶段。降雪结束后温度露点差有所回升,但升幅不大。水汽压变化,在降雪开始之前稳定少变,28 日 13 时之前维持在 4 hPa 左右,14 时由 4 hPa 开始上升到 16 时的 5.6 hPa,即降雪之前出现陡升,3 h 升幅为 2.6 hPa。降雪过程中维持在高值水平,降雪结束后水汽压有所下降。

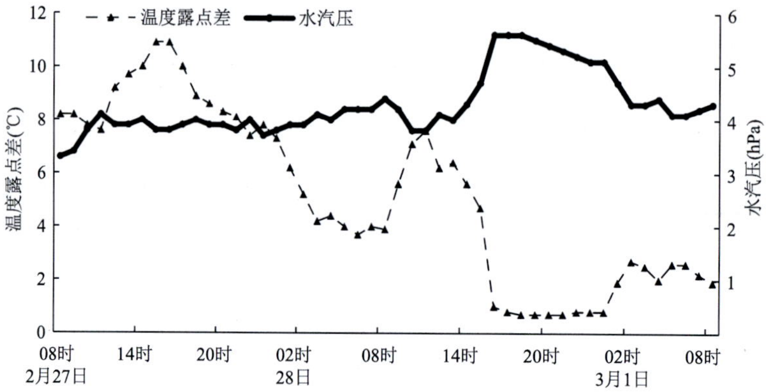

图 3.13　2010 年 2 月 27 日—3 月 1 日温度露点差和水汽压演变曲线

此次过程的典型特点为:降雪过程中前期可降水量始终保持在月平均值以上,开始时间位于可降水量最大值 2 h 之后,降雪结束对应可降水量迅速下降。降雪过程中温度露点差维持在1 ℃以下,降雪之前水汽压陡升,过程中维持在 5～6 hPa。

(3)2010 年 3 月 7—8 日暴雪过程

受地面回流和高空槽共同影响,3 月 7 日下午到 8 日下午石家庄出现分布不均的阵性降雪天气,降雪量东南小、西北大,石家庄降雪量最大为 10.3 mm,最大雪深达到 13.3 cm(出现在 8 日 08 时),次大值出现在行唐,为 10 mm。从降水性质划分,石家庄此次阵性降雪过程为分两个阶段,其中 3 月 7 日下午到前半夜(14 时 34 分—21 时 10 分)为雨夹雪,降水量为 2.0 mm;7 日 21 时 10 分—8 日 14 时 42 分为降雪阶段,降雪量为 8.3 mm。

从 3 月 6—9 日逐小时可降水量和 1 h 降水量演变(图 3.14)可见,可降水量在降雪过程中出现了三次峰值,第一次为 6.6 mm,出现在降水开始前 25 h(6 日 13 时);6 日 23 时—8 日 23 时维持在 5 mm 之上,其中 7 日 12 时—8 日 04 时可降水量高于月平均值,在此期间又出现两次峰值,分别为 7 日 13 时的 10.0 mm 和 7 日 22 时的 11.3 mm。9 日 00 时以后可降水量快速下降。与前两个个例不同的是:降水过程中降水强度的极大值与可降水量极大值相对应,即 8 日 00—02 时 1 h 降水量普遍高于 1 mm,其中,00 时达最大,为 1.6 mm,与可降水量的高值阶段相对应,而且高值可降水量出现的时间略早,这对强降雪预报有一定的预示性。

温度露点差和水汽压逐小时变化曲线(图 3.15)表明,7 日 11—13 时温度露点差出现峰值,极大值为 12.1 ℃,水汽压出现谷值,极小值为 2.6 hPa;14 时开始迅速下降,水汽压急剧上升,伴随降水开始;7 日 18 时—8 日 10 时温度露点差降至 2 ℃以下,与强降雪阶段对应,8 日 15 时二者缓慢回升(水汽压升速较慢),对应降水过程结束;23 时温度露点差由 3.3 ℃开始迅

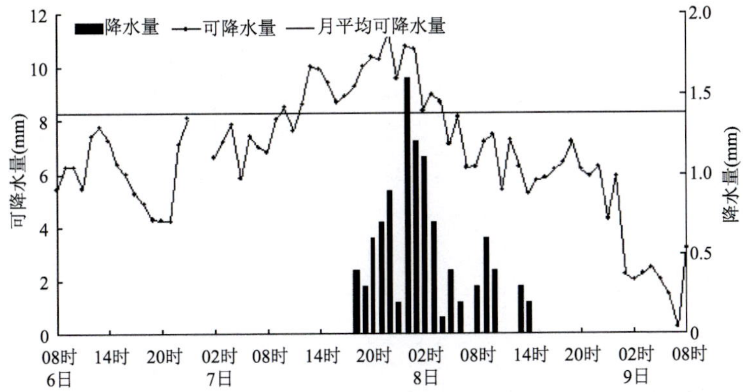

图 3.14　2010 年 3 月 6—9 日逐小时 GPS 可降水量和 1 h 降水量(柱状)演变

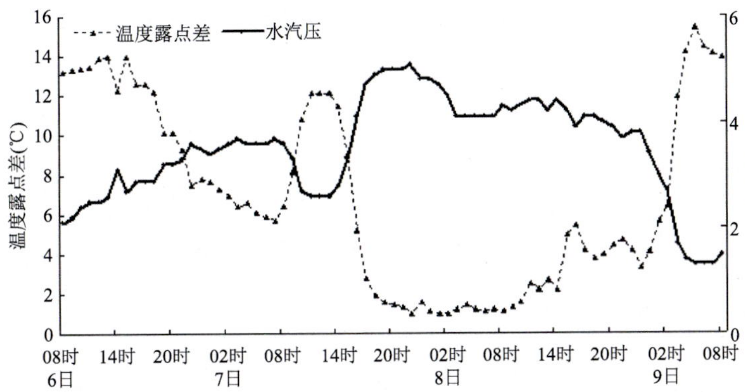

图 3.15　2010 年 3 月 6—9 日温度露点差和水汽压演变曲线

速上升,9 日凌晨升至 5 ℃以上。水汽压也下降至 2 hPa 以下。

与前两次过程相比,此次降雪过程可降水量(5.2～11.3 mm)明显偏低,只有在降雪过程中前期可降水量高于月平均值,这与石家庄 3 月气温回升,降水性质雨雪转化造成的水汽总量突增有很大关系。降雪过程对应可降水量的大值阶段,最大降雪强度出现时间对应着可降水量极大值阶段。降雪过程中温度露点差一般在 2 ℃以下,水汽压维持在 4.1～5.1 hPa 的高值水平。

(4)2009 年 2 月 18—19 日大雪过程

图 3.16 为 2009 年 2 月 17—19 日 GPS 反演得到的逐小时可降水量和 6 h 降水量演变。可降水量从 17 日凌晨开始快速上升,17 日 07 时开始升至月平均可降水量之上,13 时之后始终维持在 10 mm 之上,期间有三个峰值,前两次峰值分别为 12.0 mm(17 日 14 时)和 12.3 mm(23 时),第三次峰值出现在 18 日 18—23 时,可降水量升至 13.3 mm 左右,也是本次降雪过程的极大值。19 日 08 时之后可降水量开始急速下降,10 时下降到 10 mm 以下,15 时下降到月平均值之下。与降雪时段对应分析,降雪之前对应着可降水量的一个峰值,降雪过程中可降水量始终维持在月平均可降水量值以上,强降水时段与可降水量的极大值刚好对应。此过程的典型特点是:强降雪出现之前对应着可降水量的长时间偏高阶段,时间可达 30 h 左右(17 日 07 时—18 日 18 时),这为降水提供了很好的水汽积累。

在温度露点差和水汽压曲线演变曲线(图 3.17)上,与可降水量相对应,17 日夜间到 19 日

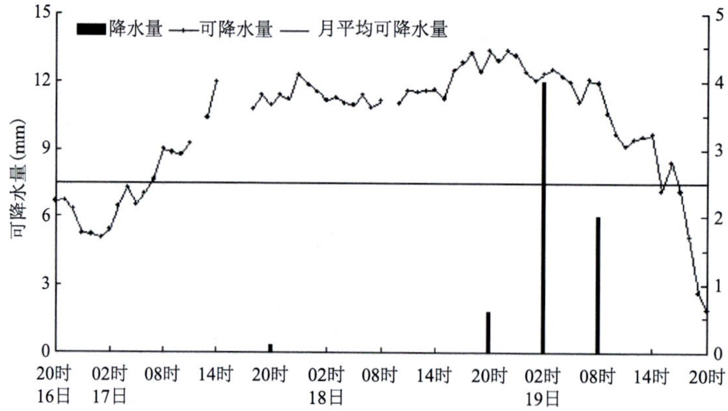

图 3.16　2009 年 2 月 17—19 日逐小时 GPS 可降水量和 6 h 降水量(柱状)演变

凌晨，温度露点差和水汽压呈现稳定少变的趋势，降雪过程中温度露点差在 2 ℃以上，水汽压维持在 5 hPa 左右。

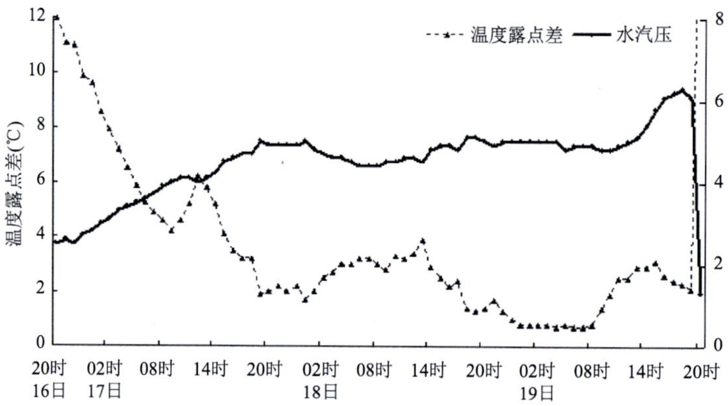

图 3.17　2009 年 2 月 17—19 日温度露点差和水汽压演变曲线

(5)2010 年 2 月 8—11 日大雪过程

在此次降雪过程中，过程可降水量始终维持在月平均值之上，降水开始之前可降水量迅速上升，降雪过程对应着可降水量的大值阶段，降雪强度与可降水量最大值出现时间相吻合。降雪过程中温度露点差降至 2 ℃以下，水汽压维持在 5～6 hPa 的高值水平。特点与 2010 年 3 月 7—8 日降雪过程基本相类似，因此这里不做详细分析。

(6)2011 年 2 月 25—27 日大雪过程*

从时间分布看，GPS 可降水量的变化趋势大致可分为 3 个阶段：其中第一阶段为 25 日白天，GPS 可降水量普遍位于 10 mm 以下(图 3.18a)，说明水汽含量小，实况无降水出现。在空间分布上，河北省北部的 GPS 可降水量普遍低于南部测站，这种分布与水汽总量的南多北少气候分布是一致的(梁军 等，2010)。第二阶段为 25 日夜间到 27 日上午，此阶段的 GPS 可降水量增大到 10～20 mm，GPS 可降水量极大值达 20 mm 以上，与降水的两个阶段相对应。其

* 因资料原因，前述表 3.1 只列了 2008—2010 年的 5 次暴雪天气过程，未列 2011 年 2 月 25—27 日大雪过程。

中:25 日夜间到 26 日上午,河北省 GPS 可降水量由西南向东北逐渐增大,普遍呈快速递增趋势(图 3.18b~d),这与高空槽前西南暖湿气流的水汽输送相对应。26 日凌晨开始,GPS 可降水量已增大到 10 mm 以上,对应着高空槽降水阶段;26 日夜间到 27 日上午(图 3.18e~g),河北省 GPS 可降水量南高北低,10 mm 可降水量等值线逐渐南压,低值可降水量范围增大,GPS 可降水量自北向南呈减小趋势,使得对应区域内的降水也逐渐停止,这与回流降水(东北冷高压逐渐南压)有关。第三阶段为 27 日白天(图 3.18h),GPS 可降水量逐渐减小到 10 mm 以下,相应地,降雪减弱、停止。

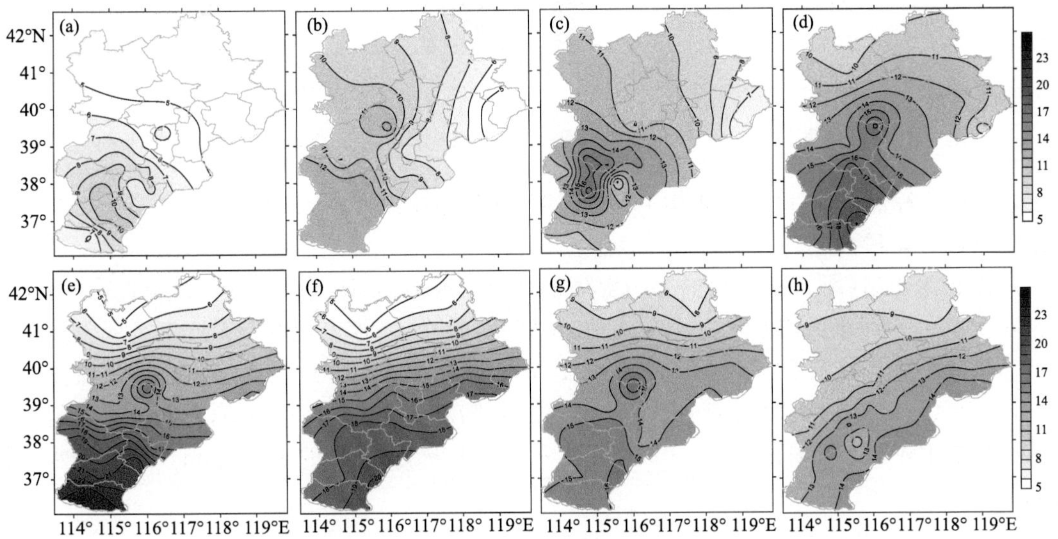

图 3.18 2011 年 2 月 25—27 日 GPS 可降水量的时空分布(单位:mm)
(a. 25 日 14 时,b. 25 日 20 时,c. 26 日 02 时,d. 26 日 08 时,e. 26 日 20 时,
f. 27 日 02 时,g. 27 日 08 时,h. 27 日 14 时)

另外,从 GPS 可降水量与实际降水量的分布看,强降雪主要出现在 GPS 可降水量的高值中心区域。在 25 日夜间到 26 日上午的高空槽降雪阶段,除秦皇岛和唐山之外,河北省中北部 GPS 可降水量增加显著;而在 26 日夜间到 27 日上午的回流降雪阶段,河北省中南部的 GPS 可降水量明显高于北部,这与前面所述的两个阶段的降雪区是基本吻合的。

为了对 GPS 可降水量(PWV)和降水量(R)进行逐小时加密分析,选取有固态降水自动观测任务且降雪比较明显的石家庄的平山、保定的涿州和衡水的深州 3 个 GPS 测站进行单站分析。

从石家庄平山站(图 3.19)可见:第一次降水过程出现在 26 日 04 时—26 日 08 时,过程降水量为 2.3 mm,其中,小时降水量最大为 0.8 mm,出现在 26 日 06 时。降水出现在 PWV 降至低谷后的再次上升阶段。降水之前 PWV 经历了 24 日 18 时、25 日 09 时和 25 日 17—23 时三次极大值,峰值分别为 11.3 mm、9.9 mm 和 13.8 mm。此阶段主要特点是降水出现在 PWV 谷值之后的再次上升阶段,降水过程中 PWV 和实际降水强度逐渐增加。

第二次降水过程出现在 26 日 22 时—27 日 10 时,过程降水量为 6.0 mm,小时最大降水量为 0.9 mm(26 日 23 时)和 1.0 mm(27 日 03 时)。降水出现在 PWV 最大值之后的下降阶段,其中,26 日 21—22 时 PWV 对应的峰值为 20.5 mm 和 20.8 mm。此阶段主要特点是降水

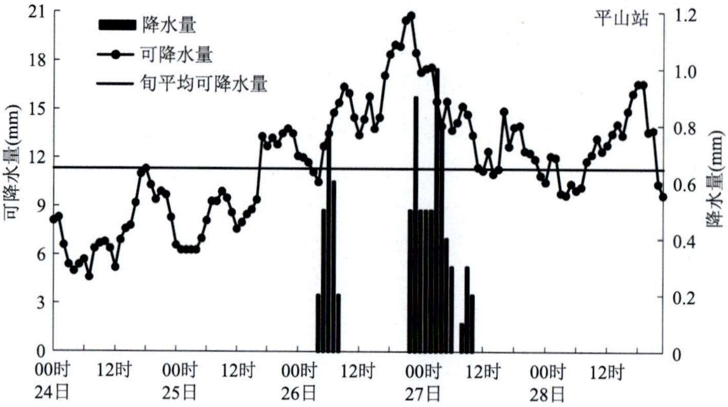

图 3.19　2011 年 2 月 24—28 日石家庄平山站 GPS 可降水量和降水量逐小时演变曲线

出现在 PWV 峰值之后，降水过程中 PWV 逐渐下降；相比而言，第二阶段的 PWV 值和实际降水量均较第一阶段大。

从保定涿州站(图 3.20)可见：第一次降水过程出现在 26 日 05 时—26 日 10 时，过程降水量为 3.1 mm，小时最大降水量为 1.1 mm(26 日 07 时)。降水出现在 PWV 降至低谷后的再次上升阶段。降水之前 PWV 经历了 24 日 19 时、25 日 19 时的两次极大值阶段，峰值分别为 8.1 mm 和 13.5 mm。降水过程中 PWV 最大值为 17.6 mm(26 日 09 时)，此阶段主要特点是降水出现在 PWV 上升阶段(26 日 02 时的 9.9 mm 上升至 09 时的 17.6 mm)，实际降水先增后减。

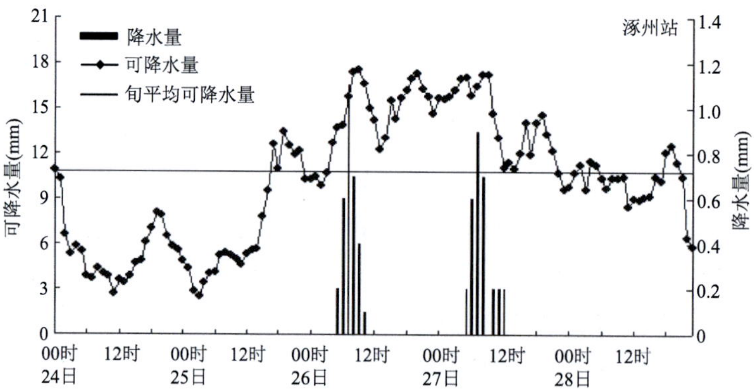

图 3.20　2011 年 2 月 24—28 日保定涿州站 GPS 可降水量和降水量逐小时演变曲线

第二次降水过程出现在 27 日 05 时—27 日 12 时，过程降水量为 3.0 mm，小时最大降水量为 0.9 mm(27 日 07 时)。此阶段 PWV 持续维持在高值阶段(26 日 15 时—27 日 09 时 PWV 持续位于 14.5～17.2 mm)，实际降水出现在 PWV 小峰值之后的下降阶段。过程主要特点是降水出现在 PWV 的高值(弱峰值之后的下降期)阶段，随着 PWV 的下降，实际降水也呈逐渐减弱的趋势。

从衡水深州站(图 3.21)可见：第一次降水过程出现在 26 日 09 时—26 日 13 时，过程降水量为0.8 mm，小时最大降水量为 0.4 mm(26 日 12 时)。PWV 之前经历了 24 日 19 时、25 日 19 时—26 日 00 时、26 日 09 时三次极大值阶段，峰值分别为 11.0 mm、12.8 mm 和 18.1mm。

而实况降水出现在26日凌晨，26日08时降雪量为0.3 mm(自动气象站小时降水数据滞后)。此阶段主要特点是降水出现在PWV增大阶段(26日02时的9.7 mm升至26日09时的18.1 mm，PWV上升速率为8.4 mm/7 h)。

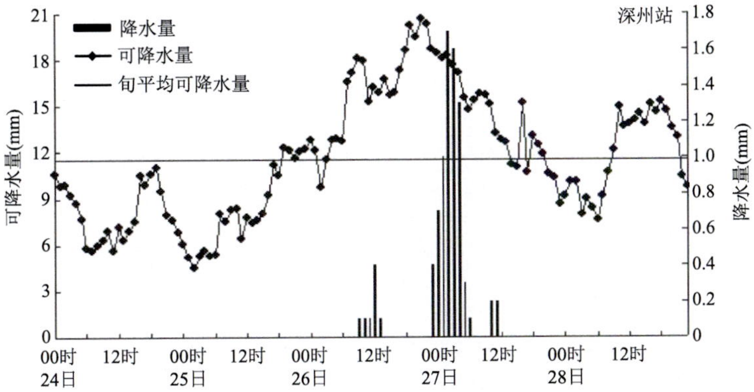

图3.21 2011年2月24—28日衡水深州站GPS可降水量和降水量逐小时演变曲线

第二次降水过程出现在26日23时—27日11时，过程降水量为7.5 mm，小时最大降水量为1.7 mm(27日02时)，在降水之前，PWV在26日21时出现最大值，为20.7 mm。此阶段主要特点是实际降水出现在GPS可降水量峰值之后的下降阶段，降水之前PWV均经历了快速上升阶段，由26日16时的15.9 mm升至26日19时的20.2 mm，PWV上升速率为4.3 mm/3 h。

小结：

(a)本次降雪过程中，平山、深州和涿州站GPS可降水量均高于旬平均值，最大值分别为20.8 mm、20.7 mm和17.6 mm，较同期平均值(5.8 mm、5.5 mm和6.5 mm)明显偏高。说明高值可降水量是降水发生的必要条件。

(b)对比两个阶段降水过程，平山和深州站第二阶段的实际降水和GPS可降水量高于前一阶段，涿州站相差不大，这与降水影响系统和水汽输送紧密相关。

(c)第一阶段的实际降水出现在PWV谷值后的上升阶段，而第二阶段的降水出现在PWV峰值阶段或峰值之后的下降阶段，降水前PWV经历了快速上升过程。这与降雪的影响系统紧密有关，第一阶段的降雪，主要影响系统是高空槽和地面倒槽前部的东北风，降雪过程中GPS可降水量不断增加，对应的实际降水先增后减，这与高空槽移动导致的水汽输送多少有很大关系；第二阶段的降雪主要表现为回流降雪，降雪前期GPS可降水量迅速增长，实际降水出现在GPS可降水量峰值及下降阶段，随着地面冷高压的逐渐南压，GPS可降水量逐渐下降，实际降水逐渐减小停止。

3.2.3 探空层结分析

选距离石家庄最近的邢台探空站，对以上5次(不含2011年2月25—27日大雪过程)强降雪天气过程的探空层结进行分析。图3.22为5次强降雪天气过程的温度露点差和水汽压随高度变化的探空层结曲线，通过分析，有以下共同点：降雪过程中湿层厚，85%以上的水汽集中在600 hPa以下；温度露点差低层小、高层大；水汽压低层大、向上逐渐减小。其中低层温度露点差大多低于2 ℃，水汽压位于4 hPa以上。

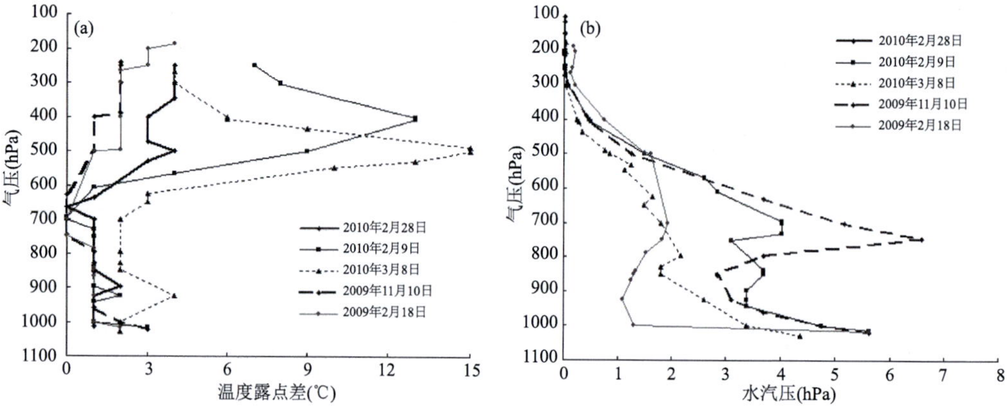

图 3.22 5 次强降雪天气过程的探空层结曲线

相对来讲,5 次降雪天气过程不同的是:①中低层温度露点差一直都较低,相比来讲,2010 年 3 月 8 日最大;2010 年 3 月 8 日和 2 月 9 日的湿层厚度低,高层出现明显温度露点差值超过 15 ℃干区,分别位于 489 hPa 和 619 hPa;②在水汽压变化曲线上,2009 年 2 月 18 日和 2010 年 3 月 8 日水汽压最小,2009 年 11 月 10 日最大;2009 年 11 月 10 日的中层 700 hPa 左右出现高于 6 hPa 的高湿度中心。与实况降雪量相比,得出:中低层湿度越大,湿层越厚,越有利于强降雪天气的出现。

3.2.4 总结与讨论

通过对以上石家庄降雪天气过程的分析,GPS 大气可降水量和地面空气湿度的时序变化呈波动状,具有明显的阶段性特征,具体归纳为:

(1)回流降雪过程出现前 24 h,可降水量总是存在一个极大值,而且这个值越大,对应的过程降水量就越大,因而 GPS 可降水量对降雪预报有较好的指示意义。

(2)回流降雪过程之前,可降水量已经经过长时间的酝酿,持续高于当月平均值;降雪过程结束之后,可降水量缓慢下降,与高空槽降雪中可降水量呈现迅速下降的趋势明显不同。

(3)地面温度露点差总是在降雪开始之前出现极大值,即突然升高和下降。地面水汽压出现极小值,但由于其变化范围小,升降趋势不明显。

(4)在探空层结曲线上,85%以上的水汽集中在 600 hPa 以下;中低层温度露点差大多低于 2 ℃,水汽压位于 4 hPa 以上。中低层湿度越大,湿层越厚,越有利于强降雪天气的出现。

(5)地面温度露点差和水汽压反映的是近地层空气的湿度,与降雪出现时间和强度有一定关系,温度露点差与降雪量呈反相关,水汽压与降雪量呈正相关。而探空层结曲线和 GPS 可降水量反映的是垂直气柱中各层次的水汽量及总的含水量,对降雪过程在总体上有较好的指示意义,但探空站时空分辨率低。

需要说明的是,由于 GPS 这种水汽探测新技术用于气象业务的时间还不长,受资料所限,上述结论仅是对华北地区几个回流性降雪过程分析后得出的,随着这种新型水汽资料的日益丰富,还应通过更多的降雪类型和个例的研究加以验证和完善。

3.3 风廓线雷达资料在京津冀降雪过程中的统计分析

3.3.1 京津冀 8 部风廓线站点信息

表 3.2 中分别为张北、海淀、延庆、唐山、宝坻、大厂、北京和石家庄 8 部风廓线资料的站点信息，包括：经纬度、海拔高度、探测高度、初始探测高度和高度间隔。由于 8 部风廓线雷达的海拔高度差别较大，初始探测高度和探测高度间隔也有较大差别，因此在实际分析中，特别是二次开发的产品计算中，应对其进行高度的订正。

表 3.2 风廓线雷达资料站点信息

站名	经纬度	海拔高度(m)	探测高度(m)	初始探测高度(m)	高度间隔(m)
张北(53399)	114.7639°E, 41.1806°N	1393.3	9180	60	120
海淀(54399)	116.2833°E, 39.9833°N	46.0	2340	120	60
延庆(54406)	115.9667°E, 40.4500°N	488.0	7710	150	120
唐山(54534)	118.1750°E, 39.6667°N	27.0	4620	300	240
宝坻(54525)	117.2800°E, 39.73°N	5.1	3000	100	60
大厂(54510)	116.9464°E, 39.9125°N	44.4	2280	120	60
北京(54511)	116.4700°E, 39.7900°N	32.5	8910	150	120
石家庄(53698)	114.3519°E, 38.0728°N	103.6	7950	150	120

3.3.2 典型降雪个例的风廓线资料特征分析

由于风廓线的探测原理，降水粒子的拖曳作用会影响风廓线风场数据，很多专家会质疑强降水过程中风廓线风场的可用性。因此，此研究在前期工作中通过 VDRAS 资料与风廓线风场的时间垂直廓线对比分析，甄别典型个例代表站风廓线雷达资料的可用性。

以 2012 年 3 月 17—18 日的强雨雪过程为例对低槽冷锋类的过程进行分析。本次过程的降水先后经历了 3 个阶段：17 日 20 时之前以降雨为主，20—23 时为雨夹雪，之后转为降雪。

从图 3.23 海淀的风廓线雷达风场上，可以明显看出，降水开始之前，1000 m 左右的低层出现了 12 m/s 以上的西南风低空急流，西南风暖湿的性质决定了降水开始时以降雨为主，随着西南风速的加强，700 m 以下出现了偏东或东北风，西南暖湿气流在东北风冷垫上爬升，强迫抬升的动力辐合促进降水的加大，所以降水一直持续到 17 日 20 时；而后，1500～3000 m 的中低层由西南风开始转为偏西风，且低空急流强度明显减弱，偏西风的冷空气使得降水相态开始发生变化，由雨转为雨夹雪；到 17 日之后，800～3500 m 高度全部为西北气流控制，强盛的冷空气使得降水相态转为雪。风廓线风场所对应的系统发展、演变与中尺度系统完全吻合，在高空时间分辨率不足的情况下，风廓线雷达风场完全弥补了 12 h 一次探空的不足，对降水相态转换的短时临近预报有较好的指示意义。

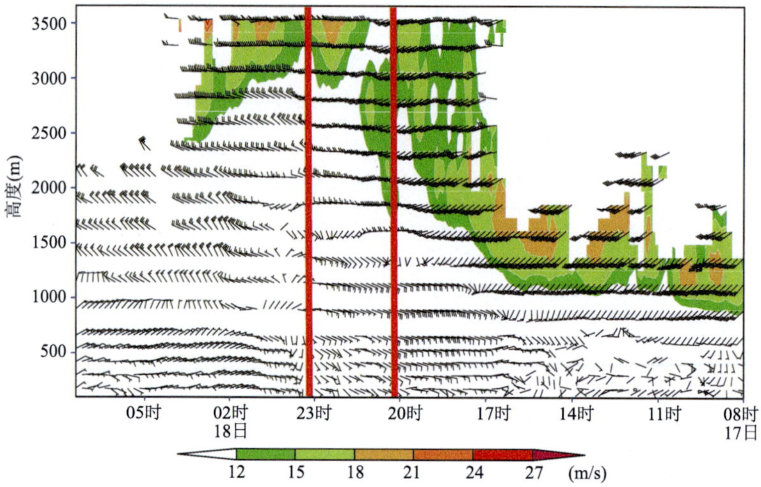

图 3.23　2012 年 3 月 17—18 日北京海淀(54399)的风廓线风场的时间-高度廓线、≥12 m/s 的大风速区(填色区)和降水相态转换的时间节点(红色实线:雨→雨转雪→雪)

而对 2012 年 11 月 3—4 日的低涡天气过程，图 3.24 中北京海淀风廓线雷达风场资料对短期、短临预报和降水相态转化有明显的指示意义。在 3 日 14—20 时，1500 m 高度以下气旋性环流的中小尺度特征十分明显，同时在 500 m 高度以下存在 12 m/s 的西南风低空急流，边界层强烈的辐合抬升、低涡气旋的动力抬升促进整个系统的发展加强，在暖湿气流的控制之下，降水性质为降雨。在 3 日 23 时，1800～3500 m 高度的东南风转为偏东或东北风，这个高度冷平流的作用使得降水相态发生转变，由雨转为雪，直到 4 日 08 时依旧维持降雪的相态。

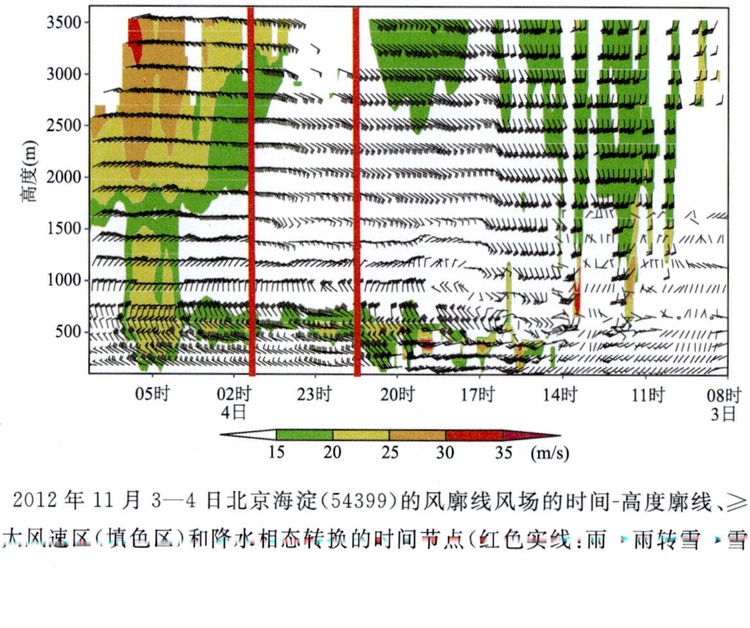

图 3.24　2012 年 11 月 3—4 日北京海淀(54399)的风廓线风场的时间-高度廓线、≥12 m/s 的大风速区(填色区)和降水相态转换的时间节点(红色实线:雨→雨转雪→雪)

3.3.3 典型降雪个例的风廓线资料二次开发产品

从图 3.25a 的海淀站风廓线雷达风场反演的温度平流分析：2012 年 3 月 17—18 日雨转暴雪天气过程的风廓线风场与冷平流配合好，海淀站自 3360 m 的 -8×10^{-4}℃/s 的冷平流中

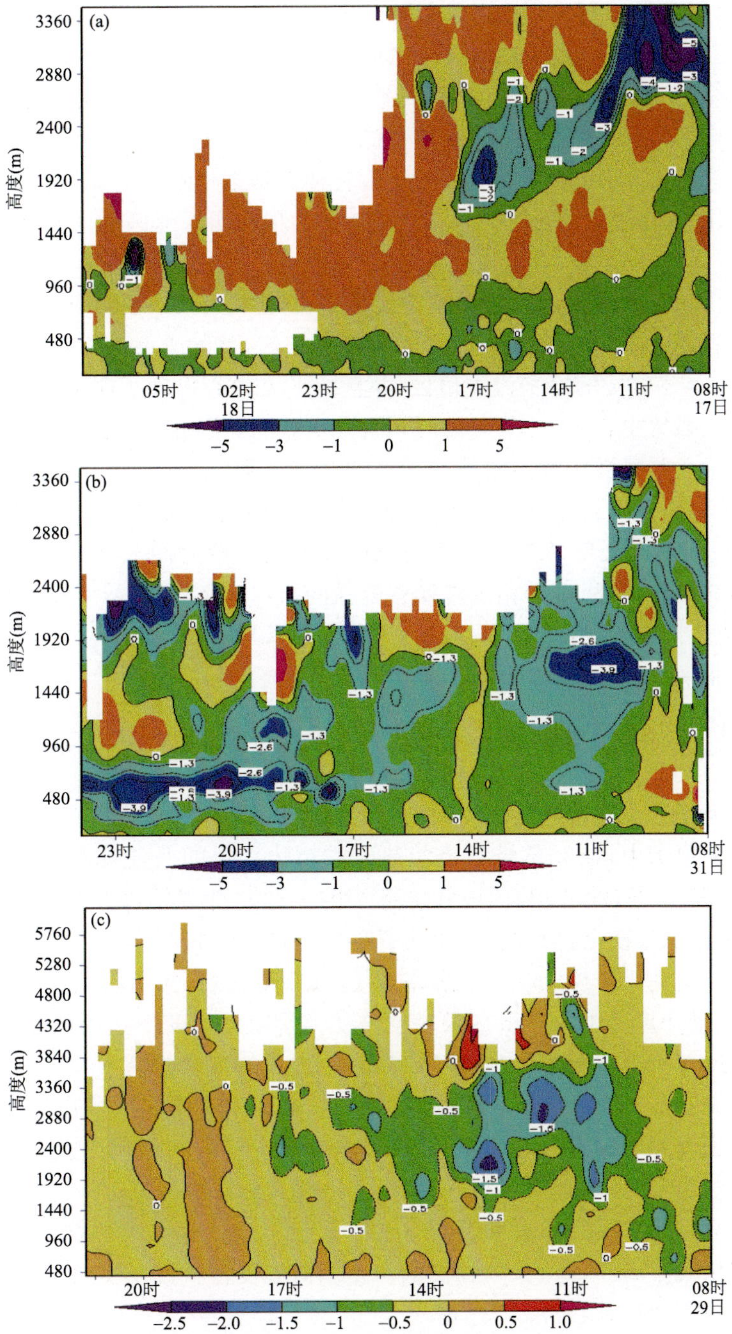

图 3.25 风廓线雷达风场反演温度平流的时间-高度廓线

（a. 海淀站 2012 年 3 月 17 日 08 时—18 日 05 时，b. 海淀站 2009 年 10 月 31 日 08—24 时，c. 唐山站 2011 年 11 月 29 日 08—21 时，单位：10^{-4}℃/s）

心迅速下降到17日17时的1920 m，此时对应了华北北部地区的雨转暴雪，3 km强冷平流出现的时间较暴雪出现的时间提前了近6 h，同时冷平流质心高度下降到700 hPa高度的时间与强度最大降水时间接近，对短临预报有较好的指示意义。

从图3.25b分析2009年10月31日过程的单站温度平流看出：海淀站31日20时在1900 m左右出现了-4×10^{-4}℃/s的冷平流中心，与开始出现降雨的时间对应，而后，冷平流强度增强不明显，降水相态维持雨或雨夹雪，23时之后，又出现了冷平流，并且大值中心随时间迅速下降到500 m左右，-10×10^{-4}℃/s的冷平流中心与降水相态转换出现的时间段对应较好。

由于河北中南部地区的降雪都伴随有持续时间较长的偏东或东北大风，作为华北南部的上游地区的风廓线来说，是否对华北南部的雨雪转换有预报指示？为此，在与华北北部地区的降雪过程的对比中，选取了2011年11月29—30日的华北南部地区的大到暴雪天气过程做一个对比分析。

通过计算唐山站风廓线雷达风场反演的温度平流，由图3.25c图所示发现：在29日11时的1100 m高空开始出现了-0.8×10^{-4}℃/s的冷平流区，并随着系统发展，冷平流逐渐增强，最强达了-2.0×10^{-4}℃/s的冷平流大值区，并且冷平流中心出现了明显下降，这与华北南部的最大降水时段主要集中在14—17时的时间也是一致的。因此，上游的唐山风廓线仪测风计算的冷平流大值中心与暴雪区发生时段有很好的对应关系。

综上所述：单站风廓线雷达风场资料能够很好地反映系统演变的中小尺度特征，中低层≥12 m/s的偏南、东南风低空急流的出现与强雨雪时间出现时间一致；当中层的偏南或东南风转为偏东或西北风时，对降水的相态转换有较强的指示意义；风廓线雷达风场反演的温度平流中，中层冷平流的出现，且冷平流中心质心高度的下降与降水开始相关，对强雨雪的监测、短临预报有较好的指示。

3.4 应用天津边界层铁塔资料分析华北回流的性质

近20年来，为观测城郊边界层结构而设计的北京325 m气象塔已完全处于高度复杂的城市非均匀下垫面的包围中，该气象塔已成为研究城市边界层的极佳观测平台。多名学者(彭珍，2005，2007；刘熙明 等，2007)利用该气象塔1994—2003年夏季以及2002年全年平均场观测资料，在资料整编的基础上，对北京城市边界层结构进行了研究。

韩素芹等(2008)利用天津255 m气象塔近10年观测资料，采用风速梯度资料拟合对数风速廓线的方法，定量计算天津255 m气象塔空气动力学粗糙度随下垫面的改变情况。结果表明各方位的粗糙度存在明显差异。赵鸣等(1996)根据天津气象铁塔1990—1992年冬季8个月的风速、风向、温度等资料的分析，得到了天津255 m以下边界层中风切变的若干特征。

使用边界层铁塔的观测资料在边界层结构、城市冠层结构的研究以及与边界层结构相关的现象(如大雾、沙尘暴、大气污染等)研究取得了一些有意义的结果。

华北回流是自东北平原经渤海湾影响华北平原地区的，而天津濒临渤海，是华北回流的必经之地，因此，使用天津255 m气象塔探测的风及相对湿度资料可以反映华北回流的性质。

(1)2004年12月21—23日暴雪过程

2004年12月21日凌晨到23日上午，受蒙古国东移南下的冷空气和暖湿气流的共同影响，我国华北中南部地区迎来2004年冬季第一场大范围的较强降雪，石家庄区域为降雪中心(图3.26)，石家庄市区过程降雪量最大，为20.5 mm。此次过程中，天津全市降雪量较小，其西部地区稍大(≤2 mm),其他地区无降水或有微量降水,天津站21日10时左右开始降雪,雪量为微量;下午无降水。21日前半夜降雪量为0.1 mm;其他时段的降水量均为微量,降雪22日下午结束。

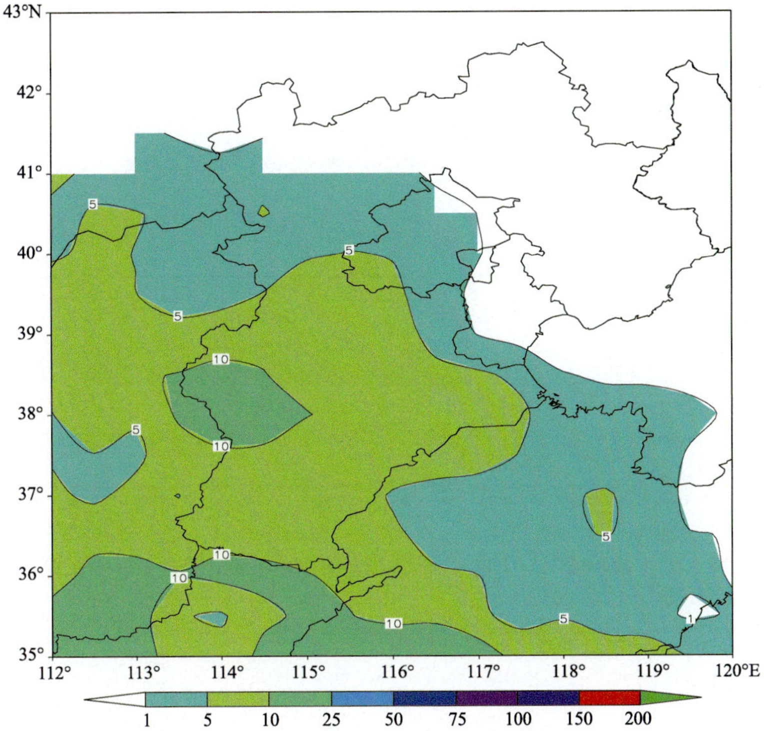

图3.26　2004年12月21—23日回流过程降水量(单位:mm)

图3.27是天津气象塔探测不同高度相对湿度和水平风的时序图,由于只在20 m、120 m、250 m高度上探测湿度,故着重分析此3层湿度和风的配置。

由图3.27可清楚地看出:相对湿度大小由低层向高层呈增大的趋势(图3.27a～c中的纵坐标数值不同)。20 m高度的最大相对湿度为68%(21日15时50分),温度为−2.9 ℃,120 m高度的最大相对湿度为76%(21日15时50分),温度为−4.1 ℃,250 m高度的最大相对湿度为86%(21日15时50分)。回流基本在21日14时开始(以东北或偏东风的形式出现,图中21日06时),其后约8 h内3层的相对湿度都较小,处于谷值区域;伴随700 hPa西南暖湿气流影响(图略),天津在23时之后开始降雪,至22日02时降水量为0.1 mm,02时后降雪渐止,08时又有零星降水出现。在图3.27中此时段内的相对湿度较大与天津本站的降水有关。因此,可认为回流暴雪过程中,东北南下的回流冷空气是干的。

(2)2006年11月22—24日暴雪过程

2006年11月22—24日华北地区出现了一次回流雨夹雪过程,降水量如图3.28所示,22日上午降水开始,白天到前半夜降雨或雨夹雪,其后一直降雪。主要降水出现在22日夜间到23日上午。由图可见此次降水主要在华北南部地区,天津一直未出现降水。

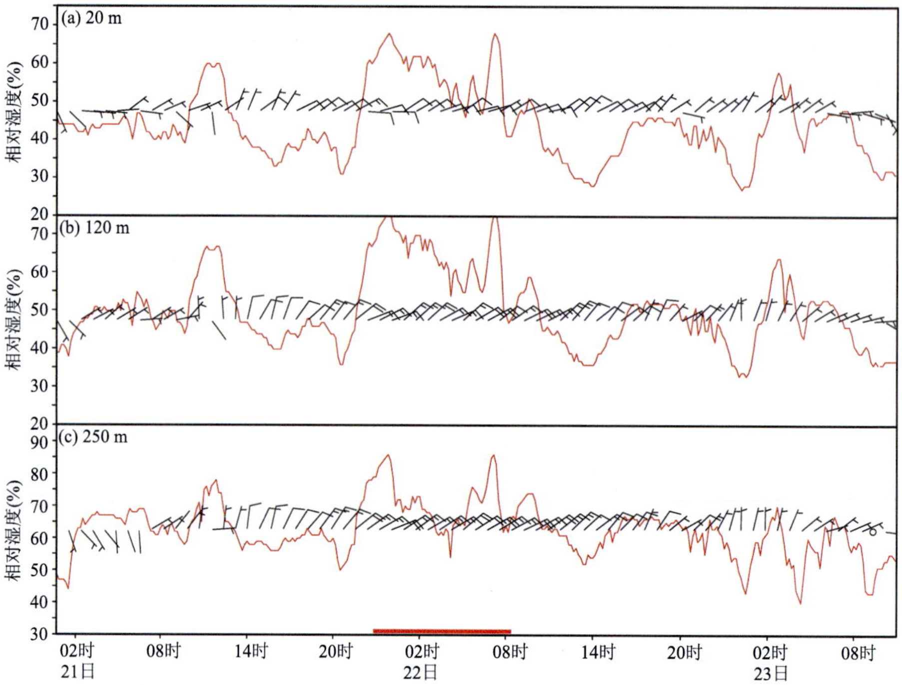

图 3.27　2004 年 12 月 21—23 日回流暴雪过程相对湿度和风的时序

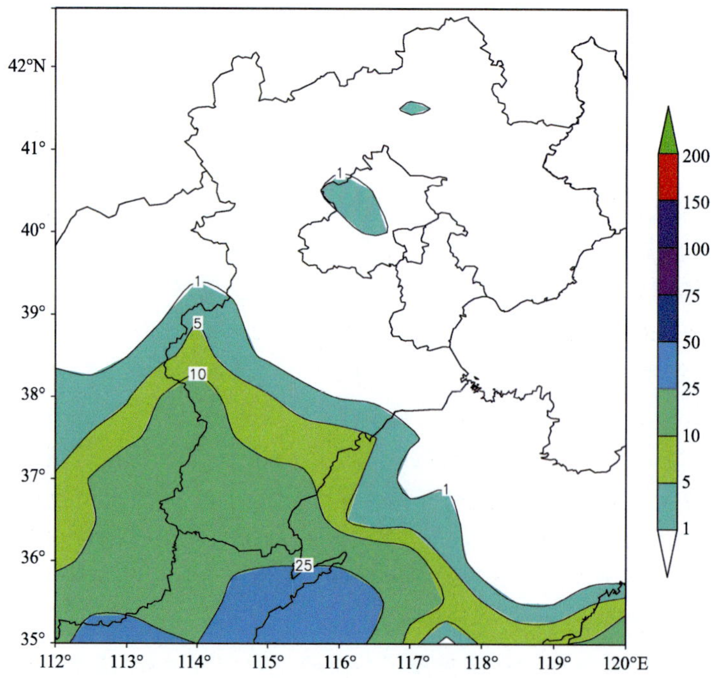

图 3.28　2006 年 11 月 22—24 日回流雨夹雪过程降水量(单位:mm)

图 3.29 是 2006 年 11 月 22—24 日回流雨夹雪过程中 250 m 以下各层相对湿度和风的演变。本次过程天津无降水，基本消除了降水、蒸发带来的湿度条件变化，故与东北风配合的各

层相对湿度的变化可代表华北回流的性质。由图 3.29 可看出：整体上来说，20 m 高度的相对湿度与 120 m、250 m 相比，数值略小。配合 21 日夜间开始的东北风，3 层的湿度值都有迅速下降的趋势，即使在华北南部地区降水较明显的 22 日夜间至 23 日上午，也没有改变湿度较小的状况。因此，认为自东北平原南下的回流冷空气，虽经渤海后到达华北平原，其性质仍是干冷的。

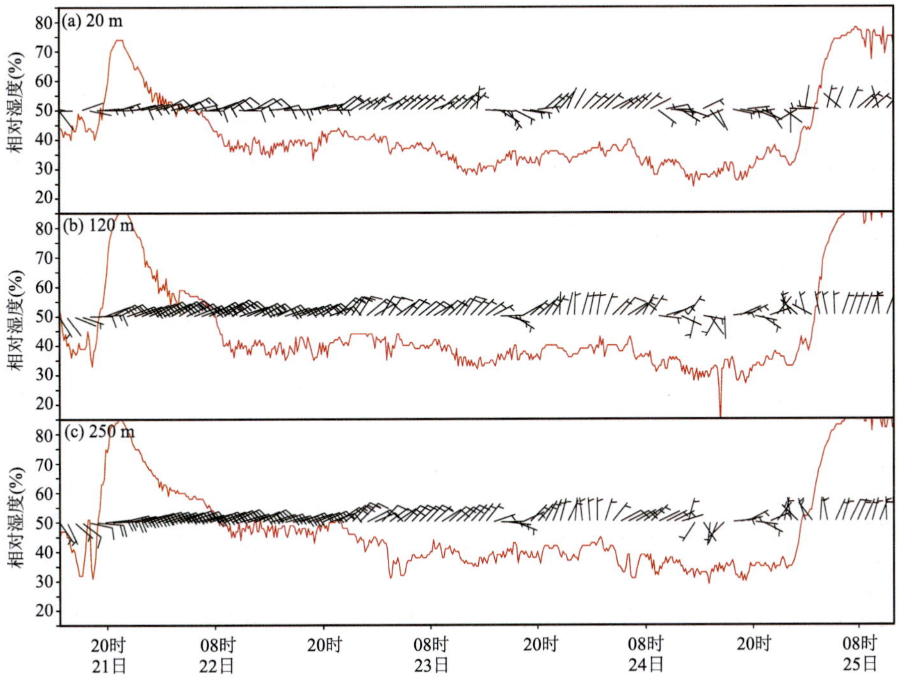

图 3.29　2006 年 11 月 21—25 日回流雨夹雪过程中相对湿度和风的时序

(3)2009 年 11 月 10—12 日暴雪过程

从逐小时降水量分布看，在回流降水时段(10 日 07—22 时)，降水稳定在山西中部、河北保定南部、石家庄市和邢台北部(图略)，维持时间长于 16 h(由于夜间 23 时至次日 06 时停止观测，无逐小时资料)。以降雪量最大的石家庄市为例(图 2.21)，10 日白天到夜间的降水强度较大(平均为 3 mm/h)，其中有两个时段最强，分别为 15—16 时(6.3 mm)和 20—21 时(5.7 mm)。图 3.30 是 2009 年 11 月 9—12 日回流暴雪期间 10 m 高度的相对湿度和风的演

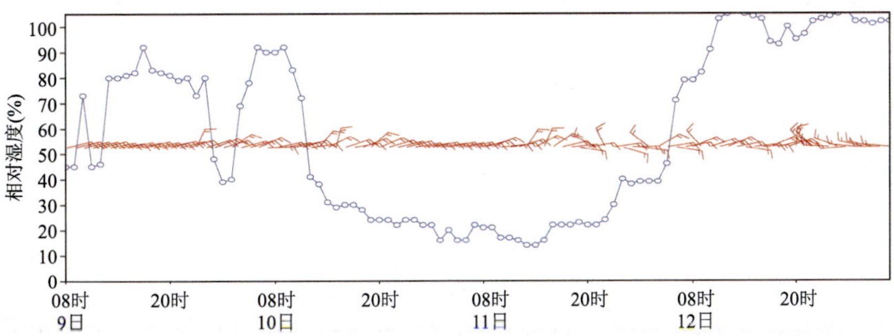

图 3.30　2009 年 11 月 9—12 日回流暴雪过程中 10 m 相对湿度和风的时序

变。可以看出,湿度值随持续性东风于10日上午开始有迅速下降的趋势,同时段华北南部地区出现了暴雪。因此,认为自东北平原南下的回流冷空气,虽经渤海后到达华北平原,其性质仍是干冷的。

参考文献

郭洁,李国平,黄文诗,等,2009.不同类型降雨过程中GPS可降水量的特征分析[J].水科学进展,20(6):763-768.

韩素芹,刘彬贤,解以扬,等,2008.利用255 m铁塔研究城市化对地面粗糙度的影响[J].气象,34(1):54-58.

胡明宝,高太长,汤达章,2000.多普勒天气雷达资料分析与应用[M].北京:解放军出版社.

胡志群,汤达章,梁明珠,等,2005.用改善的EVAD技术和变分法计算大气垂直速度[J].南京气象学院学报(3):344-350.

李国平,陈娇娜,黄丁发,2009.地基GPS水汽实时监测系统及其气象业务应用[J].武汉大学学报(信息科学版),34(11):1328-1331.

梁军,张胜军,王树雄,等,2010.大连地区一次区域暴雪的特征分析和数值模拟[J].高原气象,29(3):744-754.

刘熙明,全利红,姜金华,2007.北京地区一次强沙尘天气过程的中尺度通量特征 [J].气候与环境研究,12(3):398-301.

牟容,刘黎平,许小永,等,2007.四维变分方法反演低层风场能力研究[J].气象,33(1):11-18.

彭珍,2005.北京325 m气象塔观测资料的统计分析[D].北京:中国科学院.

彭珍,刘熙明,洪钟祥,等,2007.北京地区一次强沙尘暴过程的大气边界层结构和湍流通量输送特征[J].气候与环境研究,12(3):267-276.

王丽荣,汤达章,胡志群,等,2006.多普勒雷达的速度图像特征及其在一次降雪过程中的应用[J].应用气象学报,17(4):452-458.

王丽荣,胡志群,汤达章,等,2007.多普勒雷达径向速度资料在对流天气预报中的应用[J].气象科学,27(6):695-701.

王正旺,苗爱梅,庞转堂,等,2010.山西中南部区域性暴雪天气诊断分析[J].高原气象,29(2):531-538.

吴志会,段英,石安英,等,1994.河北春季回流云系微物理特征个例分析[M]//云降水物理和人工增雨技术研究.北京:气象出版社.

许小永,郑国光,刘黎平,2004.多普勒雷达资料4DVAR同化反演的模拟研究[J].气象学报,62(4):410-422.

杨成芳,李泽椿,李静,等,2008.山东半岛一次持续性强冷流降雪过程的成因分析[J].高原气象,27(2):442-451.

张守保,张迎新,王福侠,等.2008.华北回流天气多普勒雷达径向速度分布特征[J].气象,34(2):33-37.

张迎新,侯瑞钦,张守保,2007.回流暴雪过程的诊断分析和数值试验[J].气象,33(9):25-32.

赵桂香,2007.一次回流与倒槽共同作用产生的暴雪天气分析[J].气象,33(11):41-48.

赵鸣,唐有华,刘学军,1996.天津塔层风切变的研究[J].气象,23(1):7-12.

SUN J,CROOK A,1997.Dynamical and microphysical retrieval from Doppler radar observations using a cloud model and its adjoint,Part I:Model development and simulated data experiments[J].J Atmos Sci,54(12):1642-1661.

THOMAS M,SRIVASTAVA R C,1991.An improved version of the extended velocity azimuth display analysis of single-Doppler radar data[J].Journal of Atmospheric and Oceanic Technology,8(4):453-456.

WOOD V T,BROWN R A,1986.Single Doppler Velocity Signature Interpretation of nondivergent environmental winds[J].Journal of Atmospheric and Oceanic Technology,3(1):114-128.

WOOD V T, BROWN R A, 1992. Effects of radar proximity on Single Doppler Velocity Signatures of axisymmetric rotation and divergence[J]. Mon Wea Rev, 120: 2798-2807.

第 4 章

暴雪过程的中尺度分析

暴雪过程作为较大降水过程的一种，中尺度系统在其中的作用近年逐渐为人们所认识，暴雪过程中存在明显的中尺度结构，很大程度上影响暴雪的强度和落区（张小玲 等，2000a，2000b；张勇 等，2008；张元春 等，2012）。赵桂香等（2013）发现：华北 3 次回流暴雪过程中，地面存在中尺度切变、中尺度涡旋和中尺度辐合 3 种结构。刘晶等（2018）认为暴雪区位于暖锋锋区前沿处，上游带状云系中不断有中尺度云团生成、合并和消亡，暴雪区与中尺度云团边缘黑体亮温（black body temperature，TBB）等值线梯度大值区有较好的对应关系。为提高暴雪过程的预报准确率，应加强对暴雪过程的中尺度分析。

4.1　2009 年 11 月 10—11 日暴雪过程的中尺度分析*

4.1.1　中尺度滤波方法

夏大庆等（1983）针对气象场设计了几种高通滤波器，理论分析和个例计算结果表明，选择滤波算子的中尺度滤波效果最好。即：

对于任一气象场，在 f_0 处的低通滤波值 f'_{b0} 可由周围 24 点资料用以下公式得出：

$$f'_{b0}=Af'_0+B\sum_{i=1}^{4}f_i+C\sum_{i=5}^{8}f_i+D\sum_{i=9}^{12}f_i+E\sum_{i=13}^{20}f_i+F\sum_{i=21}^{24}f_i$$

式中，

$$A=\left[(1-s_1)(1-s_2)+\frac{s_1s_2}{2}\right]^2$$

$$B=\frac{1}{2}\left[s_1(1-s_2)+s_2(1-s_1)\right]\left[(1-s_1)(1-s_2)+\frac{s_1s_2}{2}\right]$$

$$C=\frac{1}{4}\left[s_1(1-s_2)+s_2(1-s_1)\right]^2$$

$$D=\frac{s_1s_2}{4}\left[(1-s_1)(1-s_2)+\frac{s_1s_2}{2}\right]$$

$$E=\frac{s_1s_2}{8}\left[s_1(1-s_2)+s_2(1-s_1)\right]$$

$$F=\left(\frac{s_1s_2}{4}\right)^2$$

式中，f_i 为 f_0 周围 24 点的资料，带通滤波场 $A'=f_0-f'_{b0}$，为中尺度场。s_1 和 s_2 为滤波系数，与所要滤去的波长有关，用该式一次可滤去两个短波分量。从其响应函数图看（图略），只需两次

* 张迎新，张守保，裴玉杰，等，2011. 2009 年 11 月华北暴雪过程的观测分析[J]. 高原气象，30(5)：68-76.

使用上述算子，就可逼真地得到近乎全部 2～5 倍格距的波和大部分 6～8 倍格距的波。

京津冀观测站之间距离多在 50 km 左右。根据分析得知，中尺度雪团水平尺度大于 100 km。研究表明(孙田文 等，2004)，高空存在的中尺度系统的水平尺度一般比雪区大 1 倍。对于此次过程，其水平尺度在 100 km 以上，那么高空中尺度系统应主要在 200 km 以上，属于中 α 尺度系统。TBB 上显示为几百千米的中 α 尺度。基于以上讨论，取格距为 $1°\times1°$ 的 NCAR/NCEP 再分析资料，两次使用以上的选择滤波算子，即滤波系数：s_1 取 $\frac{1}{2}$ 和 1；s_2 取 $\frac{2}{3}$ 和 1.4472148，依次分离出 2～5 倍格距的波及大部分 6～8 倍格距的波，即波长为 200～500 km 的中尺度波及 600～800 km 波的大部。

4.1.2 中尺度低压与切变线

采用以上滤波方法对 2009 年 11 月 10—11 日 1000～200 hPa 的风场进行中尺度分离，试图分析是否有中尺度系统的演变。

结果发现在 700 hPa 切变线附近存在中尺度低涡与切变线，且暴雪落区(未来 6 h)与位于 700 hPa 河北中部的中尺度低涡扰动及西南侧的中尺度辐合线配合较好(图 4.1)。因此，中尺

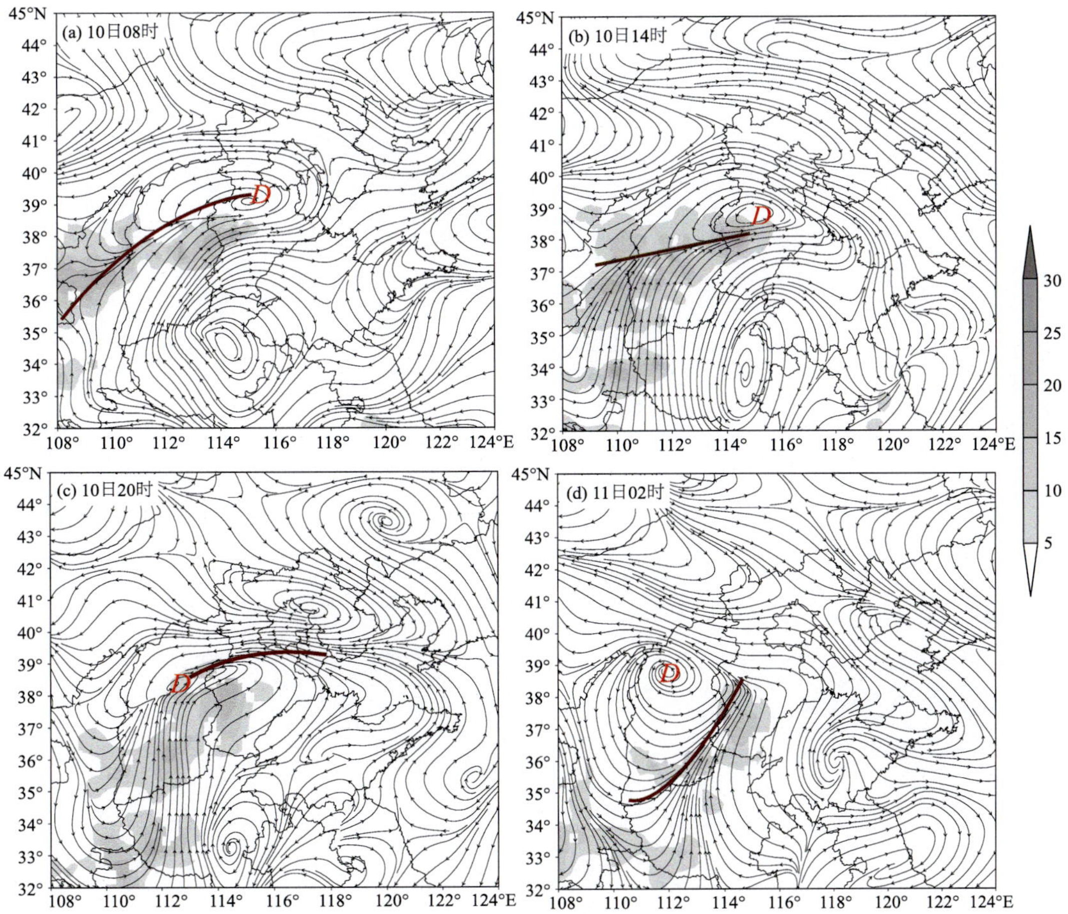

图 4.1　2009 年 11 月 10—11 日 700 hPa 逐 6 h 中尺度风场与 6 h 降水量叠加

(阴影区为未来 6 h 降水量，单位：mm)

度低涡在石家庄周围稳定少动是降雪维持少动的原因。由于阴影区是未来 6 h 降水量，因此中尺度低涡与切变的位置具有一定预报指示作用。

4.1.3 中尺度云团

以 2009 年 11 月 10—11 日暴雪过程为例进行中尺度分析。使用 TBB 资料进行分析，可清楚地显示出在切变上有几个中 γ 尺度云团生成(图 4.2)，10 日 06 时发展东移逐步合并形成几百千米的中 α 尺度云团，云顶温度达到 −55 ℃以下，此时石家庄开始降水，但大部分地区降水性质是雨，且 05 时太原出现了雷雨。说明在冷暖交绥的切变线中有对流发展。08 时始，由于华北回流的影响，河北与山西交界处转为降雪，山西西部及陕西仍为降雨。降雪强度与 TBB 配合较好，11 时形成范围较大的切变云系，其内仍存在 −55 ℃以下的云团，降雪强度一直维持在 3～4 mm/h。

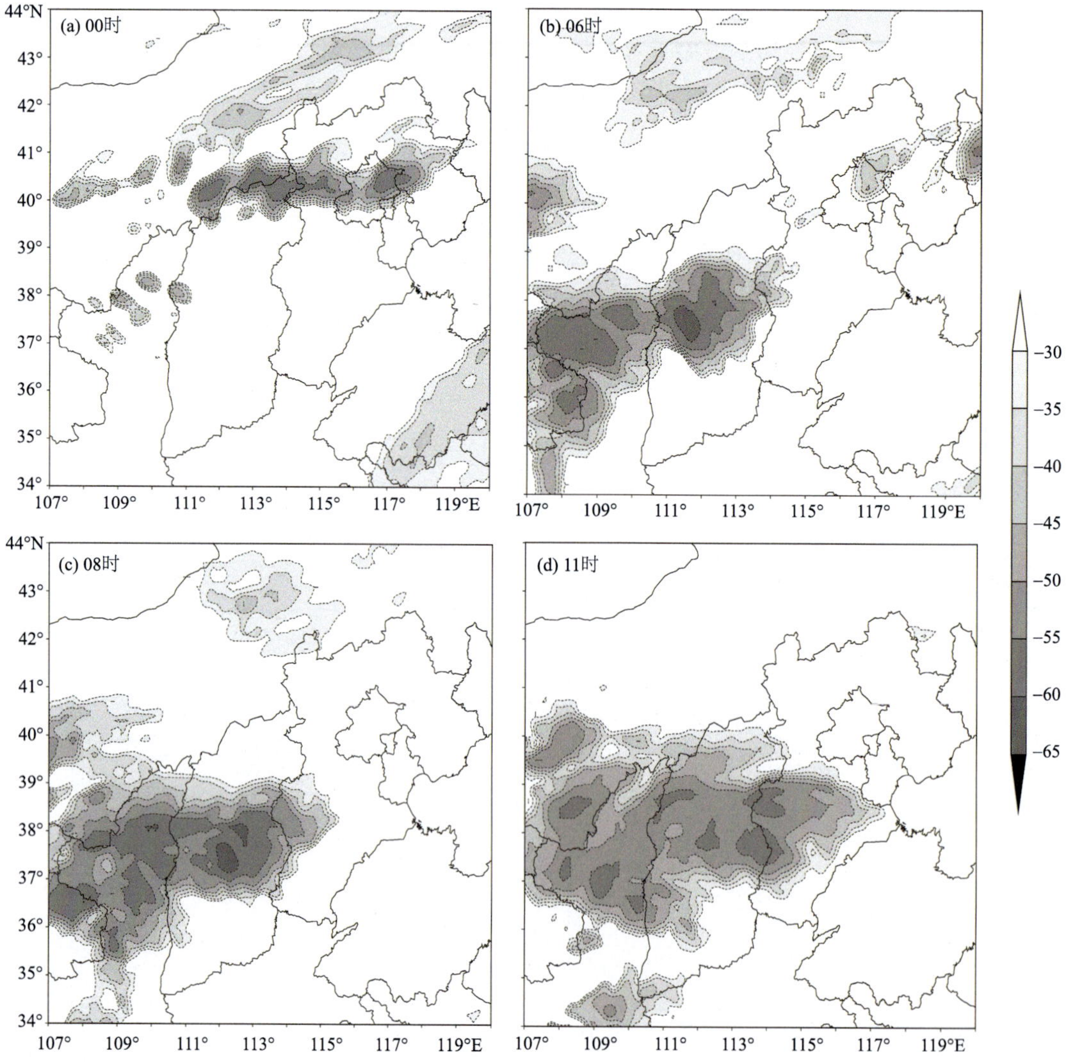

图 4.2　2009 年 11 月 10 日 00—11 时卫星 TBB 资料(单位:℃,阴影≤−30 ℃)

在强降雪中心的石家庄、邢台、邯郸 3 个站点附近沿 114°E 的 TBB 经向时间剖面(图 4.3),可以清楚地看到,在 10 日 08 时—12 日 08 时冀南强降雪时段中 3 个明显的中尺度对流云团的变化,10 日 08 时—12 日 02 时有 TBB＜－32 ℃的对流活跃区控制京津冀南部地区(36°～39.5°N),其中存在云顶亮温达到－45 ℃以下的低值中心,且随时间的变化逐渐向南移动,11 日 02 时对流开始减弱;11 日 13—17 时 TBB＜－32 ℃的区域影响京津冀,存在云顶亮温达到－40 ℃以下的低值中心;11 日 22 时—12 日 07 时 TBB＜－32 ℃的区域影响京津冀大部,低值中心＜－45 ℃。造成此次暴雪过程的 3 个中尺度对流云团 TBB 均低于－32 ℃的阈值,为对流活跃区。

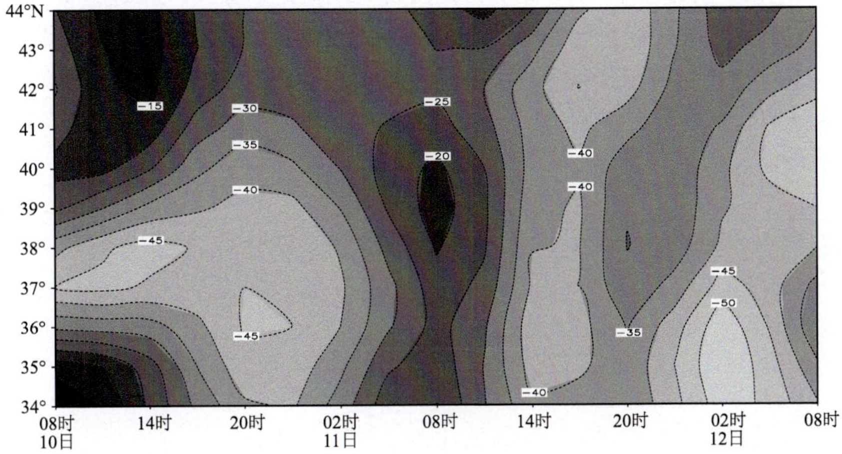

图 4.3　2009 年 11 月 10 日 08 时—12 日 08 时沿 114°E 的 TBB 经向时间剖面(单位:℃,宋晓辉,2011)

暴雪区与 TBB＜－32 ℃的对流活跃区相对应,且对流活跃区中心 TBB 越低、持续时间越长,降雪量越大。

4.1.4　地形作用 *

中小尺度的暴雨等天气现象往往和地形有着密切的关系。山脉的阻挡以及造成的空气抬升、绕流、穿谷流、不同下垫面的加热和摩擦效应产生的中尺度环流,对局地强对流降水天气有明显的作用。京津冀位于太行山脉的东侧,而此次罕见暴雪就发生在太行山脉东部地区,所以有必要研究分析地形对区域性特大暴雪的影响。

太行山地形在降雪中作用如何?本节重点分析太行山地形在冀中南地区降雪的作用。强降雪中心位于太行山向东开口的喇叭口地形南侧迎风坡处,降雪量比其他地区大近一倍。而一些研究发现夏季低层偏东风性质是暖湿的,所携带的水汽和能量在山前堆积,通过地形抬升和地形云直接的增雨作用对暴雨产生增幅。而冬季与夏季低层偏东风性质不同,冬季为干冷的,其对于降雪的增幅作用有待进一步研究。

(a)暴雪概况及降水分布特征

2009 年 11 月 9—12 日,京津冀出现了历史罕见的暴雪天气。此次降雪过程主要分两个阶段:回流降雪、高空槽降雪(张迎新 等,2011a;杨贵名,2009)。11 月 10 日白天到夜间是回流

* 张迎新,姚学祥,侯瑞钦,等,2011. 2009 年秋季冀中南暴雪过程的地形作用分析[J]. 气象,37(7):857-862.

降雪阶段，地面以东到东北风为主，降雪出现在华北中南部地区，强降雪出现在太行山及以东地区。与暴雨中心出现在太行山山坡(东风的迎风坡)不同，暴雪中心出现在石家庄市区，石家庄本站日降雪量达 69.9 mm。积雪深度为 50 cm，突破了石家庄 11 月单日降水量的极大值和积雪深度最大值。由于降雪强度大，又伴有全省范围的强寒潮，河北中南部出现雨雪冰冻灾害，导致部分火车停开、市内交通严重堵塞、高速公路和机场一度关闭、大部分中小学校停课；雨雪冰冻天气对工农业生产也造成危害，据河北省民政部门统计，因灾造成直接经济损失达 15.2743 亿元。

降雪中心石家庄位于太行山东麓喇叭口地形处，日常业务中发现，降雨与降雪过程的降水分布有所不同，为此以石家庄为例给出太行山东麓的降水分布特征。选取 1972—2007 年石家庄市 17 个观测站逐日降水资料(20—20 时)进行统计(郭彦波 等，2010)。图 4.4a，b 分别是暴雨、大到暴雪的分布。由图 4.4 可见，暴雨发生次数分别从西北和东南向内部逐渐减少，即西北和东南多，中部少，暴雨中心出现在喇叭口地形的北侧山坡，海拔高度在 200 m 以上(图 4.5)。暴雪的发生次数与暴雨不同，西北部、东南部少，中部偏多(图 4.4b)，暴雪中心出现在喇叭口地形的南侧山前及平原，海拔高度在 100 m 以下(图 4.5)。

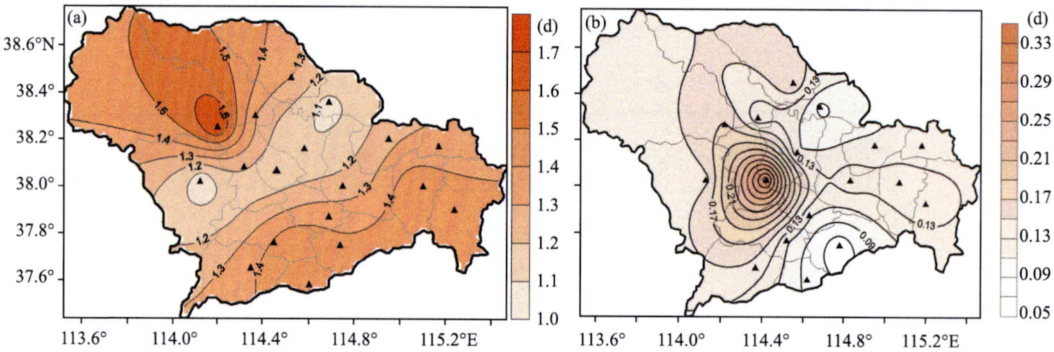

图 4.4　1972—2007 年石家庄暴雨(a)、暴雪(b)平均日数地理分布
(注：图 a 摘自文献(郭彦波 等，2010))

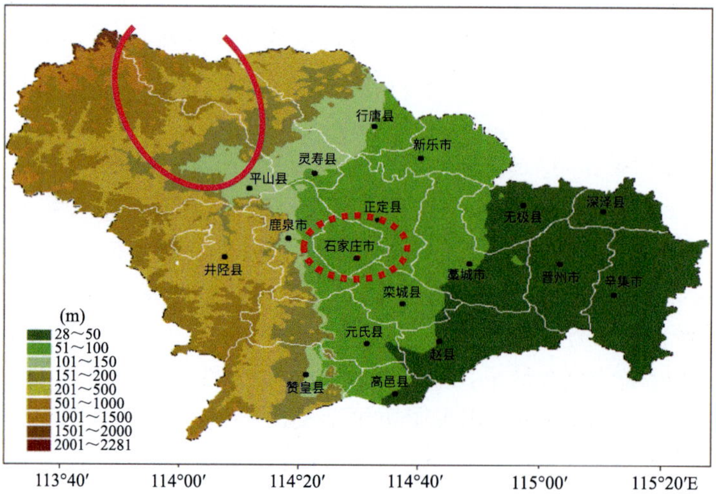

图 4.5　石家庄暴雨(实线)、暴雪(虚线)平均日数中心

暴雨、暴雪中心不一致的可能原因有两条：一是暴雨常与东南气流相伴，喇叭口地形北侧为迎风坡；而暴雪过程常在低层有东北或偏东气流（据统计，华北地区冬季近3成与回流天气有关），喇叭口地形南侧为迎风坡。二是暴雨过程中东南气流的性质是暖湿的，与中高层的冷空气形成对流不稳定层结；暴雪过程中东北气流的性质是冷干的，起“冷垫”作用，中层为西南暖湿气流，大气层结稳定。另外，还与云物理过程有关，如暴雨过程中大雨滴的下落末速度平均为8～9 m/s，而暴雪中的霰或雪粒子的下落末速度平均为2～3 m/s，其下落过程中降雪比降雨向下风方漂移距离要远。

(b)地形对冀中南降雪作用的数值模拟分析

使用美国MM5v3.6非静力中尺度模式进行三层嵌套模拟，粗网格中心点为110°E，38°N，三层嵌套水平分辨率分别为45 km、15 km、5 km，三层嵌套区域的计算网格点数分布分别为100×100、112×100、214×187；垂直分辨率$K_\sigma=37$层；模式顶$p_t=100$ hPa。初始化的资料包括：NCEP的1°×1°再分析资料及每日两次的探空资料和每日四次的地面资料。积分开始时间为2009年11月9日20时，积分时间长度为36 h，时间步长为120 s、40 s、13.3 s。对5 km模拟结果进行分析。从模拟降雪量看（图略），模式模拟中心比实况略偏西，且中心值最大为40 mm，比实况（69.9 mm）偏小。但模式预报中雪范围基本与实况一致，且20 mm线区域也与实况接近，因此模式基本能再现本次降雪天气。由于地形作用可使气流产生汇聚、爬坡、绕流等运动（图4.6a），而模式输出的流场也存在这种结构（图4.6b），因此，可用模式输出结果分析太行山地形的作用。

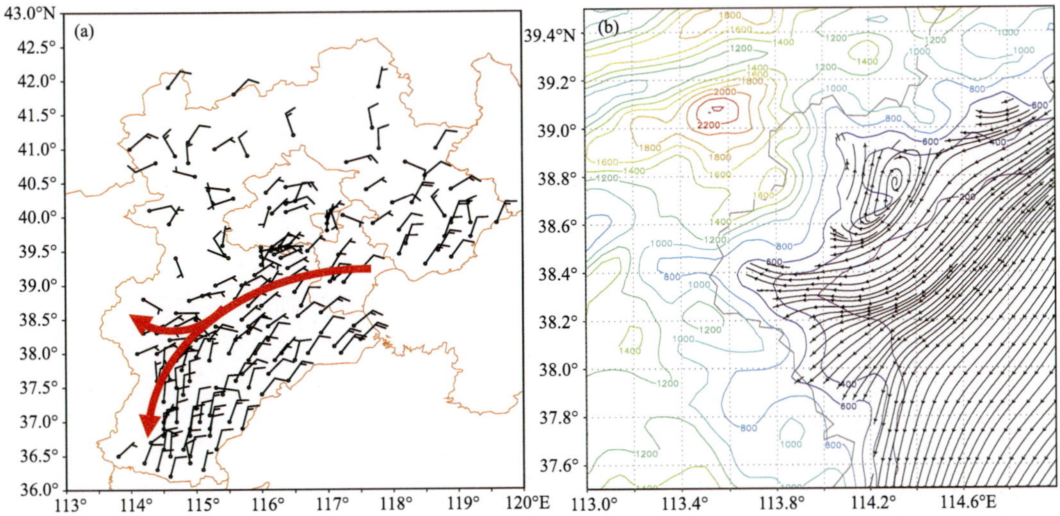

图4.6 2009年11月10日05时自动气象站风场(a)、模式输出的地形等高线（实线，间隔200 m）及流场(b)

由图4.5可见，石家庄西部处于太行山的喇叭口地形。那么中小尺度地形作用如何？图4.7是过降雪中心石家庄本站的经向剖面，箭矢是南北风与垂直速度的合成。可以看到，喇叭口地形南北方向上由于山脉作用，在喇叭口地形北侧为下坡风（粗箭头），贴近地面为下沉运动，南侧为迎风坡，为上升运动；从过石家庄的纬向剖面图上可见（图略），东西方向由于850 hPa以下层吹东北风，在迎风坡处为上升运动。另外，由于向东开口的喇叭口地形对于气流有汇聚作用，因此，整个喇叭口地形上空到800 hPa为地形辐合产生的上升运动，而在喇叭口地形南侧与东北风几乎垂直的迎风坡处上升运动最强，中心值可达 0.06 m/s(图略)。图 4.7 中等值线为等温线，在 850～650 hPa 层内存在逆温层，逆温层内有波动(粗实线)。当地形引起的上升运动冲破逆温层(或与逆温层内波动的上升支叠加)，与 700 hPa 以上的西风带低槽系统引起的上升支叠加，加强了垂直上升运动。

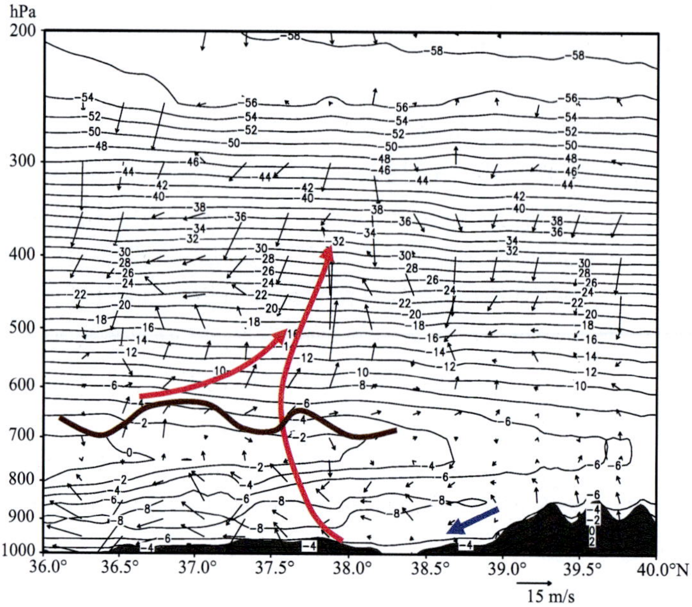

图 4.7　2009 年 11 月 10 日 10 时模式输出温度场(单位：℃，实线)、南北风与垂直运动的合成(箭矢)沿 114°E 的剖面

从图 4.4 中可见，暴雨中心分布在山坡上，而暴雪中心却出现在平原，或者说暴雪出现在山脚到平原。为了解暴雪过程中东风遇山后垂直结构，选取降雪强度较大时段的两时次进行分析。图 4.8 分别是 2009 年 11 月 10 日 15 时、20 时沿 38°N 的剖面。15 时太行山以东的低

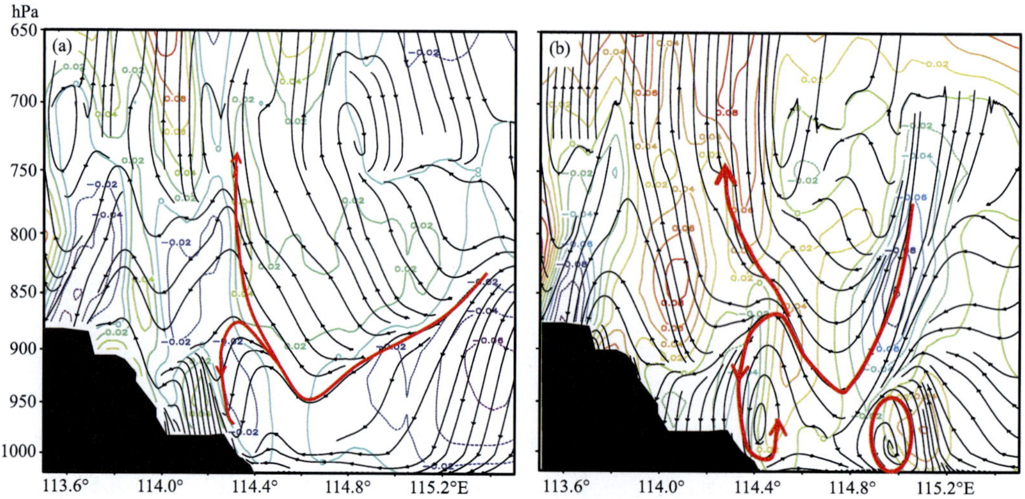

图 4.8　模式输出垂直速度(等值线)、东西风与垂直运动的合成(箭矢)沿 38°N 的剖面

(a. 2009 年 11 月 10 日 15 时，b. 2009 年 11 月 10 日 20 时)

层基本以下降运动为主，即冷空气自东北南下（流场上表现为东北风），遇山后呈现出两支，一支山前冷空气堆积下沉，一支山前冷空气堆积上升（图 4.8a），至 20 时，山前冷空气下沉支呈现出一环流圈（图 4.8b）。说明东风回流冷空气遇山后减速，首先在山前堆积、绕流，逐步在山前形成冷空气垫，回流过来位于冷空气垫上的冷空气沿地形迎风坡被抬升凝结形成雪，这可能是降雪中心在平原而不在山坡的原因。

特殊的喇叭口地形可以使气流汇聚，并强迫其爬坡、绕流。从模式模拟逐小时风场及散度（图 4.9）可以看到，在喇叭口地形暴雪区有多个中 β 尺度甚至中 γ 尺度的辐合中心，基本与观测到的 TBB≤－45 ℃的对流云团（图 4.9b）对应一致，说明暴雪天气过程与暴雨类似，存在多种中小尺度的系统活动。

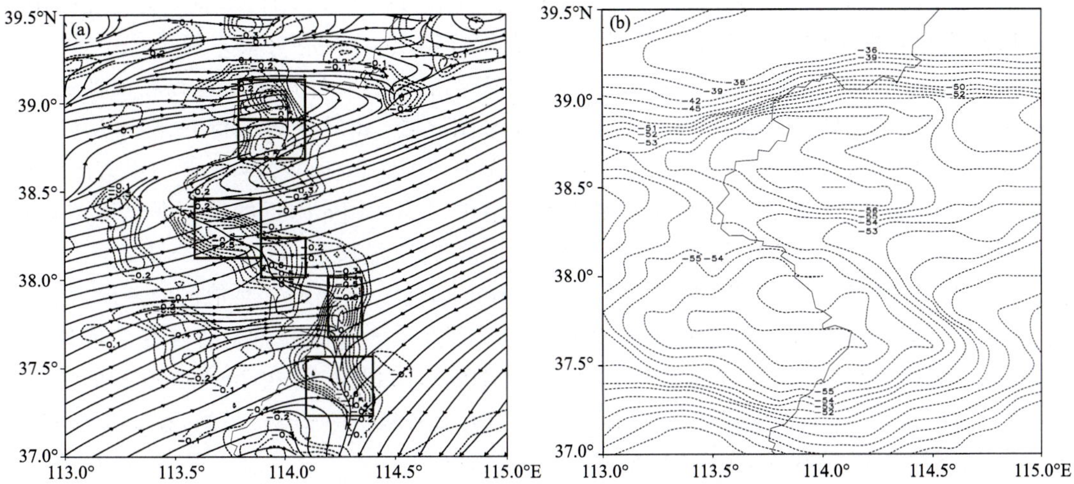

图 4.9　2009 年 11 月 10 日 10 时模式模拟 1500 m 附近（σ=0.785）散度（$\times10^{-5}$/s）及流场（a. 矩形区为中尺度辐合中心），10 日 11 时观测云顶亮温（b）

4.1.5　不稳定条件*

10 日白天河北中南部观测到正负闪电，最强雷达回波为 45～50 dBZ（见第 3 章），说明 10 日降雪过程中存在对流。从 10 日 08 时邢台站探空看（图略），假定气块从逆温层顶上升，可获得弱对流有效位能，数值较小为 11.7 J/kg，不足以解释 45～50 dBZ 的强回波。Bennetts 等（1979）把一个粗略的潜热释放模式引入到对称不稳定理论中，从而得到了“条件性对称不稳定”。简单地说，当对称稳定的大气由于潜热释放的作用变为对称不稳定时，便可以说这种大气是“条件性对称不稳定”。他们指出湿球位涡小于 0 是大气发生条件性对称不稳定的必要充分条件。

$$\zeta_{\mathrm{MPV}}=\zeta_{\mathrm{MPV1}}+\zeta_{\mathrm{MPV2}}=-(\zeta+f)\frac{\partial\theta_e}{\partial p}+g\left(\frac{\partial v}{\partial p}\frac{\partial\theta_e}{\partial x}-\frac{\partial u}{\partial p}\frac{\partial\theta_e}{\partial y}\right)$$

式中，第一项 $-(\zeta+f)\frac{\partial\theta_e}{\partial p}$ 为湿正压项，表示惯性稳定性和对流稳定性的作用；第二项

* 侯瑞钦，张迎新，范俊红，等．2009 年深秋河北省特大暴雪天气成因分析[J]. 气象，37(11)：1352-1359.

$g\left(\frac{\partial v}{\partial p}\frac{\partial \theta_e}{\partial x}-\frac{\partial u}{\partial p}\frac{\partial \theta_e}{\partial y}\right)$为湿斜压项，表示湿相当位温水平梯度和水平风垂直切变的贡献。

当$\frac{\partial \theta_{se}}{\partial p}>0$或$\frac{\partial \theta_e}{\partial p}>0$时，且 MPV<0，大气为条件性不稳定或位势不稳定；$\frac{\partial \theta_e}{\partial p}<0$或$\frac{\partial \theta_{se}}{\partial p}<0$，且 MPV<0 时，大气为条件性对称不稳定或位势不稳定。

条件性对称不稳定能够导致中β尺度的倾斜对流，使得某些狭窄地带的降水总量大大增加，王建中等(1995)分析了 1986 年 11 月 22—23 日内蒙古、林西和河套地区的一次降雪过程，指出雪带与暖湿西南急流左侧存在的狭长的湿球位涡负值区密切相关，河套地区的强降雪中心主要为在暖区具有弱的对称不稳定的情形下锋生强迫所致，而其他地区降雪中心则是由对称不稳定所致。本节将利用湿位涡定性讨论暴雪的不稳定特征(图 4.10)。

由相当位温的时间演变图(图略)可以发现，在 9 日 20 时—10 日 08 时，京津冀中南部 700 hPa高度存在向东北伸展的暖湿舌，因此，降雪刚开始时，中层存在湿对流不稳定，9 日 20 时，700～500 hPa，MPV 为负值，中心可达−0.5 MPV，在 800 hPa 以下层也存在浅薄的负值区，中心为−0.3 MPV，从 MPV1 和 MPV2 的分布图来看，此时主要是湿正压项 MPV1 对 MPV 的贡献，中层大气为条件性不稳定。暴雪过程中，10 日 20 时，冷空气进一步南压，对流不稳定逐渐减弱，在 MPV 图上可以发现暴雪区上空中层 500 hPa 附近的湿位涡也逐渐减弱，而 850 hPa 以下层存在 MPV 负值且中心值比 9 日 20 时明显增加，达到−0.3 MPV，比较此时的 MPV1 和 MPV2 可以发现，MPV2 负值区的高度远远大于 MPV1 负值区的高度，但绝对值较小，因此，湿位涡中 MPV2 的作用要大于 MPV1，此时大气为条件性对称不稳定或位势不稳定状态。另外，比较 9 日 20 时和 10 日 20 时的 MPV2，可以发现，在 700～900 hPa 一负值区随时间向西移动，且中心强度增强，高度从 900 hPa 上升到 750 hPa。另外，在 114°～115°E 850 hPa 以下层 MPV1 和 MPV2 负值随时间都增强。

由此可见，在本次回流暴雪过程中，在中层 700～400 hPa，由于上干冷下暖湿的结构，使得产生的对流不稳定对 MPV 的贡献很大，但随着降雪的开始，对流不稳定能量释放，MPV1 的负值区的绝对值逐渐减小。而在 850～700 hPa 的 MPV2 负值区的绝对值随降雪增大，该项主要为水平风的垂直切变及冷锋的位温梯度产生的不稳定对 MPV 的贡献，由于次级环流的建立对于上下层风场有正反馈作用，因此，高层西南风及低层东北风增大使得其垂直切变更强，因而 MPV2 负值更大。从计算的 700 hPa 及以下层锋生函数结果来看(图略)，在河北中南部地区到山西为正值，将使得等位温线更密集且等位温面陡立，有利于垂直涡度发展，也有利于 MPV2 项增强。另外，114°E 的位置为太行山与平原的交界处，从相当位温的东西剖面来看，由于山脉对于东北风的阻挡作用，使得山坡东侧存在一干冷中心(图略)，其相当位温梯度及由于地形对于气流的强迫抬升、绕流等作用产生的风切变对于不稳定有主要贡献。

因此，冷锋锋面南压过程产生的位温梯度、风的垂直切变及地形作用在暴雪区产生条件性对称不稳定及对流不稳定上下层叠置，有利于暴雪形成。周雪松等(2008)总结出动力锋生机制是华北回流暴雪中对流层低层偏东风超低空急流形成的重要原因，其产生的锋面次级环流是华北回流暴雪的启动机制和主要中尺度系统。

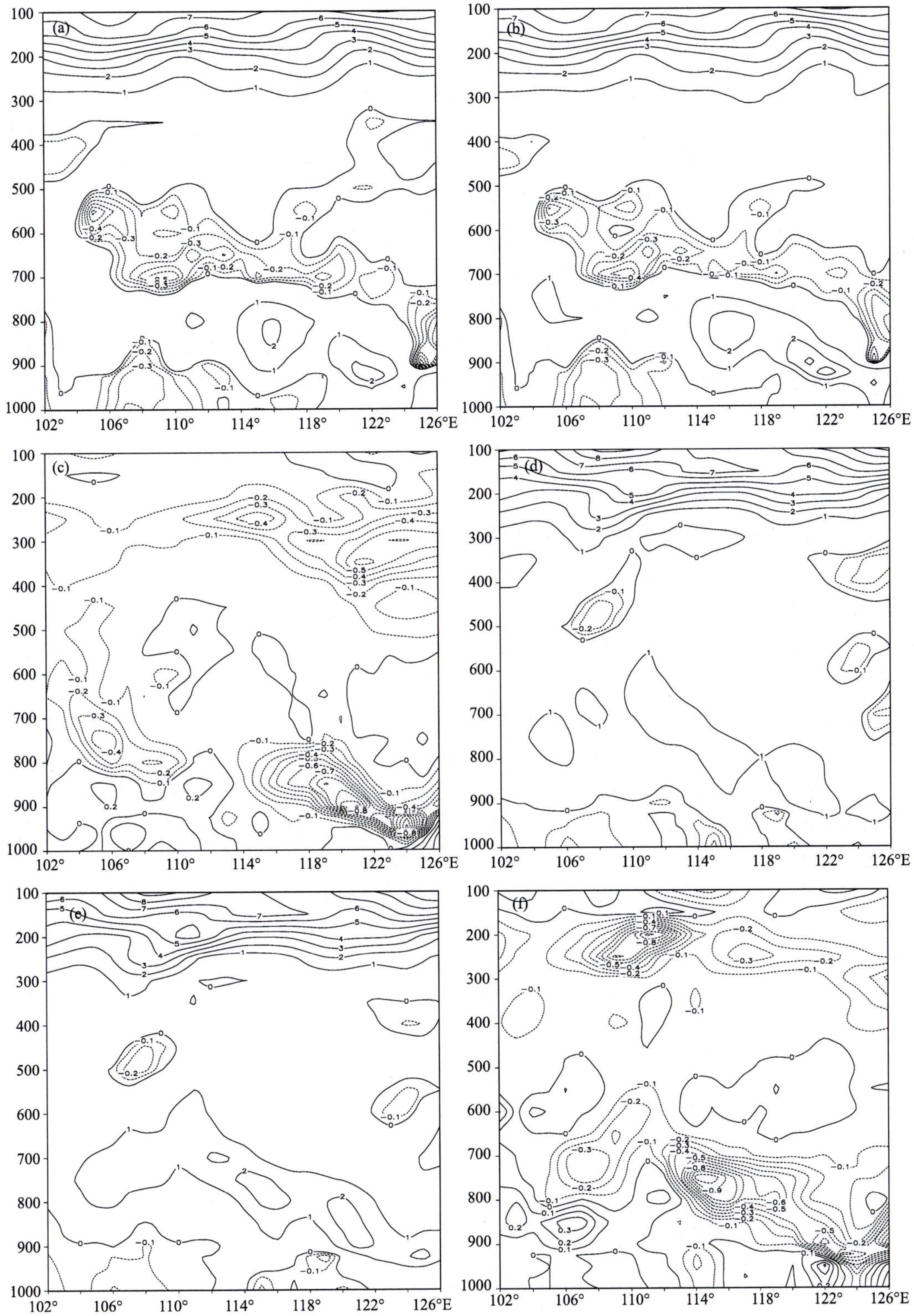

图 4.10　2009 年 11 月 9 日 20 时(a,b,c)和 10 日 20 时(d,e,f)湿位涡分布
(a,d. MPV;b,e. MPV1;c,f. MPV2)

4.2 2008年12月20—21日天津暴风雪的中尺度分析*

随着城市规模的扩大和经济的高速发展，降雪成为严重影响城市正常生活的高敏感天气之一。就干旱的北方冬季而言，针对降雪天气作出“定点、定时、定量”的准确预报难度非常大，而对于尺度小、生命史短、局地性的暴雪天气，认识还很浅，预报能力还很弱。2008年12月20—21日(简称“081221”)，罕见的暴风雪袭击渤海西岸，天津城区和河北唐山等大中城市降暴雪。由于气温骤降、雪量大、风力强，致使公交运输几乎瘫痪、周边高速公路全线封闭、滨海国际机场关闭、天津港停航。“081221”暴风雪过程具有明显的中尺度特征，降雪范围仅约400 km^2。气象部门虽然对该次降雪过程作出了准确预报，但对雪量考虑不足，预报偏差较大。

在“081221”暴风雪天气的诊断分析中，充分利用了业务化的雷达、自动气象站、常规观测资料，并借助四维变分(the four-dimensional variation，4DVAR)雷达反演风场和WRF模拟结果，希望能有助于预报员拓展预报思路，认清造成暴风雪天气的原因和锢囚锋系统的结构，提高预报准确率。

4.2.1 资料与模拟方法

选取资料时间主要为2008年12月20日16时—21日08时(北京时，下同)。

(1)常规地面和高空填图资料和加密自动气象站资料。

(2)天津塘沽多普勒雷达产品风廓线(VWP)和三维数据资料(包括直角坐标下的基本反射率(R)、组合反射率(CR)、回波顶高(ET)和垂直积分液态水含量(VIL))，空间分辨率为0.01°×0.01°，时间间隔为6 min。

(3)利用4DVAR方法对单部雷达低层(5 km以下)风场进行反演，通过验证以确保资料可信。资料的空间分辨率为6.079 km×6.079 km。

(4)天津中尺度模式WRF模拟结果。模式为两重嵌套区域，采用时间间隔为6 h的GFS预报场作为模式背景场，模拟起始时间为2008年12月20日20时。详细设置及物理参数化方案如表4.1所示。

表4.1 天津WRF模式参数设置

项目	设置
模式中心	40°N，115°E
水平格点数	401×369
水平分辨率	5 km
垂直分层	50
积分时间	48 h
积分步长	30 s
模式输出间隔	1 h
微物理过程方案	Wsm6方案
长波辐射方案	Rrtm方案

* 易笑园，李泽椿，朱磊磊，等，2010. 一次β-中尺度暴风雪的成因及动力热力结构[J]. 高原气象，29(1)：175-186.

续表

项目	设置
短波辐射方案	Dudhia 方案
近地面层方案	Monin-Obukhov 方案
陆面过程方案	Noah 陆面过程方案
边界层方案	YSU 方案
积云参数化方案	不采用积云参数化方案

4.2.2 概况和天气背景

4.2.2.1 概况

据统计，自 1951—2008 年的 58 年中，天津城区大雪以上过程日共 31 次，其中与华北锢囚锋有关的 11 次，占 35.5%。可见锢囚锋是冬季降雪的重要影响系统。自 2008 年 12 月 20 日 16 时 37 分，天津东部的塘沽区开始降雪，直到 21 日 09 时 39 分结束，共持续 17 h。观测记录显示：天津绝大多数观测站降雪超过 5.0 mm，4 个站出现暴雪（24 h 降雪≥5.0 mm 为大雪；≥10.0 mm 为暴雪），塘沽雪量为 12.5 mm，但 20 日 20 时之前仅有微量降雪，21 日 08 以后降小雪。河北东北部唐山、玉田等地 12 h 内也出现大雪到暴雪（图 4.11b）。从 1 h 加密自动气象站风要素变化看（图略）：21 日 02 时，天津东部沿海地区东北风加大到 8 m/s；05 时开始，天津自西北到东南，陆续刮起偏北风，05 时，天津西北部的武清风速达到 8 m/s；08 时，天津全区为西北风风力 5 级、阵风 6 级；随后，渤海风力加大，达到 9～10 级，瞬时风速达 26 m/s。伴随着大风，气温骤降，降雪前，20 日 08 时，天津市区气温为 −1.6 ℃；降雪后，21 日 08 时，天津市区气温为 −8.0 ℃，24 h 变温为 −6.4 ℃。从降雪结束 24 h 后，即 12 月 22 日 10 时 25 分时 FY-3A/MERS 的积雪图像（图 4.11a）可见：积雪范围仅约 400 km^2，呈圆形铺开，集中在华北东部，是一场中 β 尺度暴风雪过程。

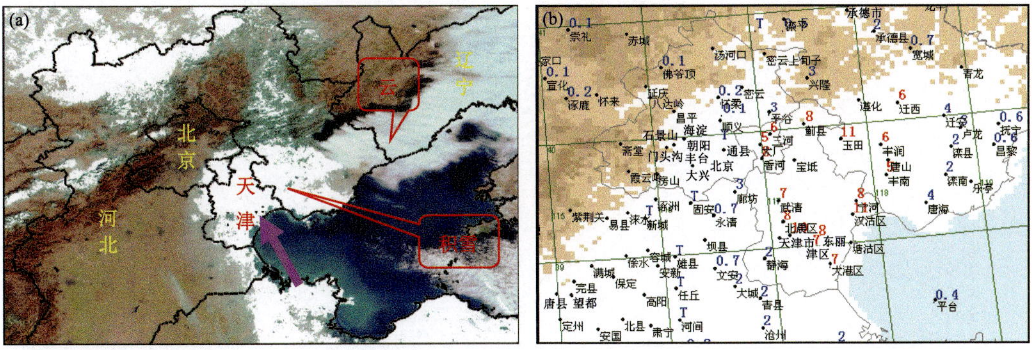

图 4.11 降雪后 FY-3A/MERS 提供的积雪图像（a，白色密实状的为积雪；白色毛絮状的为云；箭头所指为塘沽雷达位置）和 2008 年 12 月 20 日 20 时—21 日 08 时 12 h 内降雪量（b，单位：mm；红色的表示 5 mm 以上的大至暴雪站）

4.2.2.2 天气形势背景

从 12 月 20 日 20 时 500 hPa 环流形势看（图略）：华北地区被东北冷涡底部宽广的西风气流控制，在 40°～50°N，内蒙古上空有一东北西南向横槽，槽后冷空气大量堆积，对应着 −48 ℃

的冷中心，横槽南部等压线与等温线夹角近乎为 90°。在 20 日 20 时地面图(图 4.12a)上可见：东部冷高压由东北伸向渤海西岸，表明有冷空气经渤海回流，它是 20 日早晨沿辽东平原南下的，并形成冷锋，渤海维持东风。西部冷高压极其强盛，中心强度达到 1060 hPa，冷锋在河套附近，锋后为西北风，风力明显大于锋前。在同时刻 850 hPa 总温度平流(图 4.12b)上，正的总温度平流高能舌控制着研究区域，暖舌被两侧负的总温度平流夹挤，西部平流中心值是东部的 3 倍，说明此时西部冷空气的势力远远强于东部回流冷空气。从同时刻 700 hPa 垂直速度场(图 4.12c)可看到：渤海西岸为上升区，其两侧有下沉区，上升速度中心达到 28 hPa/s。图 4.12d 是 6 h 后，即 21 日 02 时地面图看：研究区域附近(40°N，120°E)等压线由 1030.0 hPa (20 日 20 时)升高到 1032.5 hPa，气压 6 h 内升高了 2.5 hPa。东部冷锋南压，且东移缓慢。但西部冷锋移动迅速，两条冷锋在研究区域附近相遇形成锢囚锋，其东边为东北风，西边为西北风。

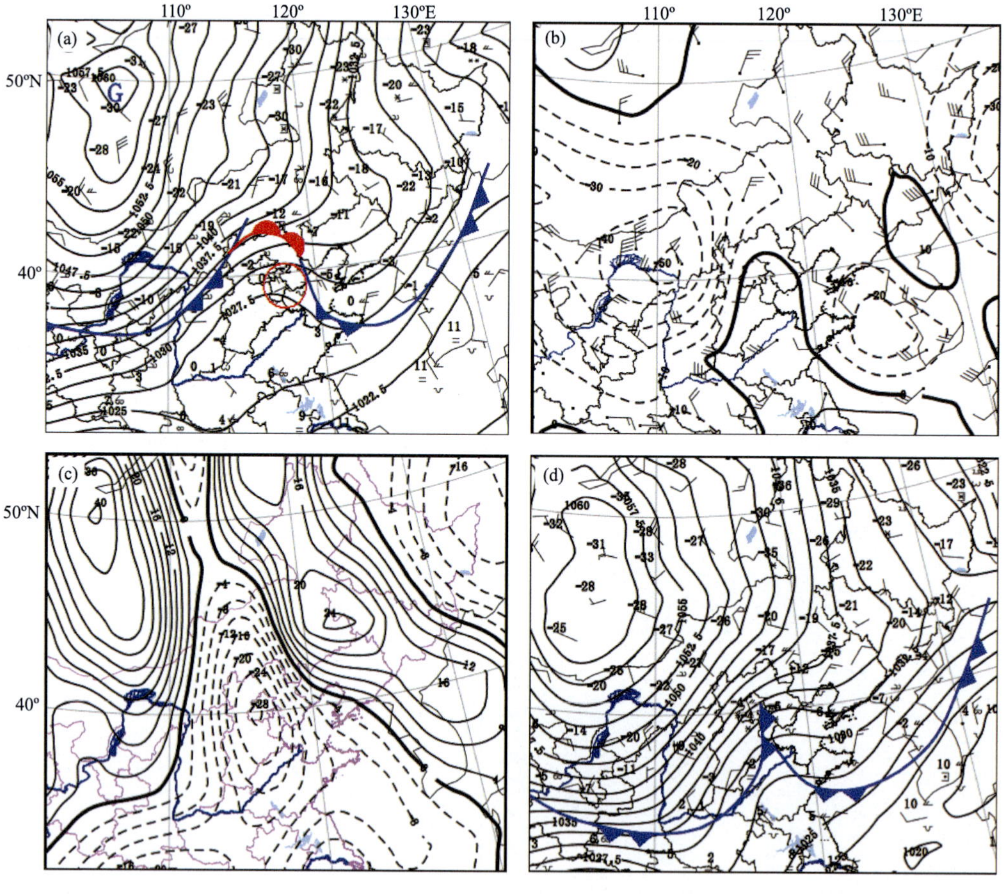

图 4.12　2008 年 12 月 20 日 20 时地面实况(a，实线，单位：hPa，红色圆圈为研究区域)、同时刻 850 hPa 风场和总温度平流(b，实线表示正；虚线为负；单位：℃/s)、同时刻 700 hPa 垂直速度场(c，实线表示下沉；虚线为上升；单位：hPa/s)、2008 年 12 月 20 日 02 时地面实况(d，实线，单位：hPa)

从常规观测资料看，暴风雪来临前夕，华北东部位于东西两路冷空气夹挤下的暖湿上升气流区，随后西路冷锋追上东路形成冷式锢囚锋。最终，两股冷空气合二为一，大举南下，倒槽和锢囚锋消失。

4.2.3 回波特征演变过程

组合反射率表示在一个体扫中，将各仰角扫描中最大反射率因子投影到笛卡尔点上的产品。换句话说：组合反射率选取的是所有高度上回波反射率的最大值。用组合反射率监测降雪回波的变化见图 4.13。由 2008 年 12 月 20 日 16 时—21 日 08 时，天津塘沽雷达组合反射率图像，间隔 2 h。依据回波演变和地面自动气象站监测的风场，将降雪过程概括为 3 个阶段。

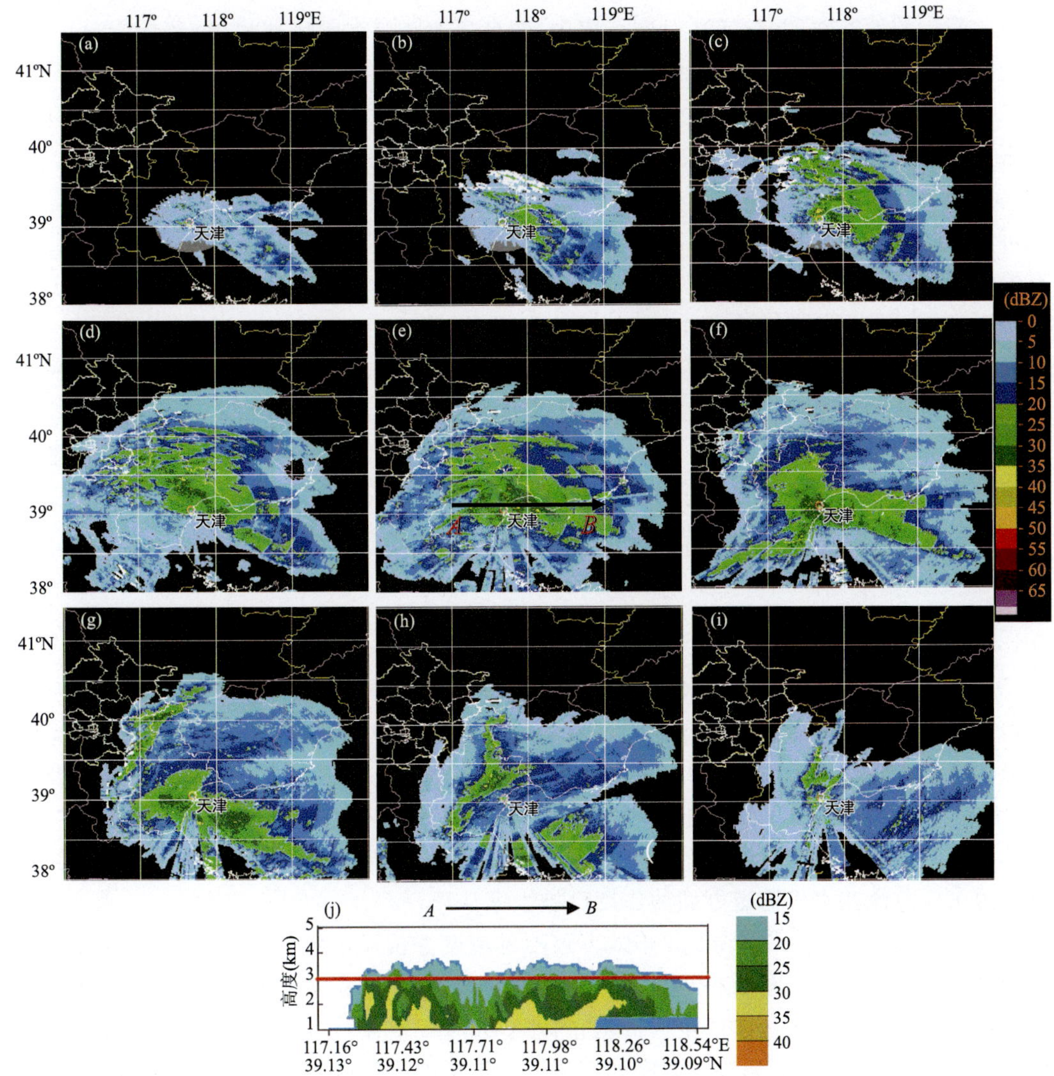

图 4.13 2008 年 12 月 20 日 16 时—21 日 08 时雷达组合反射率演变(a～i)、反射率(R)沿图 e 上 AB 剖面(j)(a. 20 日 16 时，b. 20 日 18 时，c. 20 日 20 时，d. 20 日 22 时，e. 21 日 00 时，f. 21 日 02 时，g. 21 日 04 时，h. 21 日 06 时，i. 21 日 08 时；a～c 为东路弱冷锋降雪阶段，d～g 为锢囚降雪阶段，h～i为西路强冷锋降雪阶段)

第一阶段(12 月 20 日 16—20 时)，图 4.13a～c，即东路弱冷锋降雪阶段。

弱回波在渤海生成时，强度很弱，在 10～20 dBZ。在北进中回波加强，20 dBZ 以上的回波范围增大。对应同时段风场(图略)可见，此时对应的回波下方均为偏东风，唐山、秦皇岛地区风速为 4～8 m/s，天津东部风力略大于西部。这段时间回波的发生发展与东北回流的冷空气有关。天津东部这段时间最大降雪量仅为 0.9 mm。

第二阶段(12 月 20 日 22 时—21 日 04 时),图 4.13d～g,即锢囚降雪阶段。

降雪回波前锋停滞于北京东部,锋头开始由西北转向西南,回波呈条纹状,表现出明显的涡旋回波特征,回波发生旋转。20 dBZ 以上的回波范围达到最大,最强回波达到 30～35 dBZ,且从图 4.13j 可看到,20 dBZ 回波高度为 3 km 附近,回波顶在 4 km 以下。21 日 02 时(图 4.13f),回波具有“人”字状特征。对应同时段风场(图 4.15a)可见,此时风场有东—东北—北—西北的气旋性旋转,并与回波对应。唐山、秦皇岛地区偏东风风速加强,约为 8 m/s,天津东部为东北风,风速为 6 m/s,西部为北到西北风,风速为 2～4 m/s。天津塘沽在 20 日 20 时—21 日 02 时降雪量为 7 mm。

第三阶段(12 月 21 日 06—08 时),图 4.13h,i,即西路强冷锋降雪阶段。

涡旋回波范围缩小,但在京津交界处有一东北至西南带状回波形成并东移。对应同时段风场可见,此时带状回波对应西路冷锋,冷锋后为西北风,风速为 6～10 m/s。唐山、秦皇岛地区有偏东风维持,天津东部的东北风加强,南部河北沧州地区被西北风占据,风速加强为 4～8 m/s。至 21 日 08 时(图 4.13i),渤海西岸均为北风,风速达到 8～10 m/s,从转北风时间上看:渤海西岸南部最先转为西北风,其次是天津地区,最后是河北东部。天津塘沽 21 日 02—08 时降雪量为 4 mm。伴随着北风,普遍出现吹雪,08 时之后塘沽降雪量为 1.2 mm。

暴雪过程主要降雪集中在 20 日 22 时之后的锢囚阶段,其次是西路强冷锋阶段,东路弱冷锋降雪最少。降雪回波强度均小于 35 dBZ,回波顶高在 3～4 km。然而,各降雪阶段的特征与环境的动力、热力、水汽配置和结构密切相关,下面进行详细分析。

4.2.4 风场结构及其对降雪的影响

4.2.4.1 平均风场的垂直分布特征及其作用

蒋后硕等(2000)和吕克利等(2002)利用数值模拟指出高低空急流和水汽凝结对锢囚锋环流有很大的影响,认为:当大气中存在着水汽凝结的湿空气时,低空南风急流对锢囚锋垂直环流的影响远大于高空西风急流;凝结潜热的释放、高低空急流等的作用将在锢囚锋区产生尺度小、强度大、上升速度为 1 m/s 以上的中尺度深对流,使锢囚区内降水时间更长、范围更广。边志强等(2002)的数值研究也认为:潜热释放对锢囚锋的维持起一定的作用。另外,西南急流和边界层内东风急流在水汽输送方面的作用已被大家认识。

雷达风廓线产品(VAD wind profile,VWP)是速度方位显示风廓线产品。即利用多普勒雷达测速功能,用 VAD 算法得到雷达上空 60 km 左右范围内风向风速随高度的变化。“081221”暴雪过程中雷达所在地至天津塘沽附近 60 km 半径范围,降雪量最大。因此,根据 VWP 得出的平均风场垂直配置时间序列有代表性地反映了降雪区上空风场的演变特征。

图 4.14 为降雪全过程雷达 VWP 图。为了便于分析,图中最右边为开始时间。20 日 23 时之前,偏东风维持在 1 km 以下,很薄,根据 20 日 20 时北京探空资料知道,1 km 高度在 900 hPa处附近,风速为 8～10 m/s,显然,此时存在偏东风急流,而东风层上部 1～2.5 km 为西南风,风速为 6～8 m/s。风向在垂直向上有顺时针的风切变,说明有暖平流存在。低层东风锲入上层西南风之下,且由第 4.2.2 节知道,东风来自回流冷空气,而西南风为暖湿气流,所以称东风层为“冷垫”,起到抬升上部暖湿空气、促进凝结的作用,有利于降雪(易笑园 等,2009;张迎新 等,2007)。可见这段时间的降雪主要是受东部弱冷空气回流的影响。23 时以

后,“冷垫”逐渐加厚,之上的西南风开始加强,西南急流逐渐建立,说明暖湿气流输送加剧。20日23时—21日05时,偏东风层厚度急剧增厚到2 km,其风向发生气旋性旋转,由东风转为东北风,这可能与偏东气流与西部的偏北气流相互作用有关,也可能与垂直切变的加强有关(中层西南气流,低层东北气流)。其上的西南风明显加强,厚度增高到5 km,3 km(约700 hPa处高度)的西南风风速为16 m/s,5 km(约500 hPa处高度)的西南风风速更是达到16~20 m/s。可见这段时间东风急流和西南风急流均是降雪全过程最强的。对比图4.13可知,这段时间为锢囚降雪阶段。因此,降雪集中在该阶段,与高低空急流和水平气旋性环流的存在有关,同时,前一阶段东路弱冷锋回流阶段的降雪造成凝结潜热的释放也对后一阶段的降雪有影响。21日05时开始,5 km以下,西南风转为西北风,暖湿气流被干冷气流取代,预示着降雪减弱。05—08时,在3 km以下,偏东风转为偏北,风速达到12~14 m/s,说明冷空气爆发南下,冷锋过境。值得注意的是:此时风向首先从低层(1.5~2 km)开始转向,而2.5 km以上为风速≤4 m/s的弱西风。

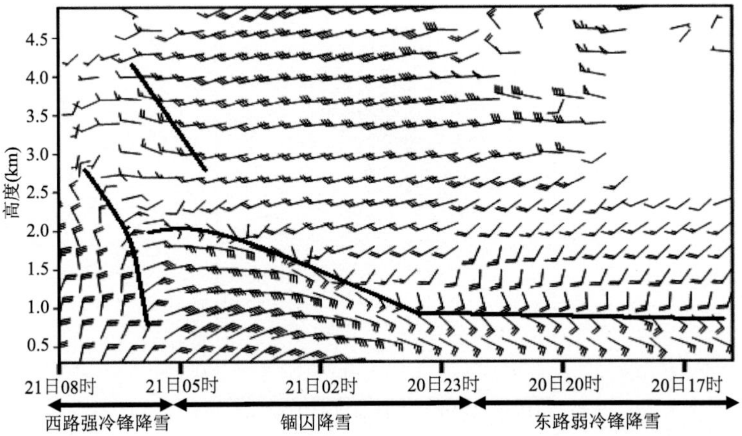

图4.14 塘沽雷达VWP得到的平均风场的垂直分布时间序列(最右边为开始时间)

总之,东风急流和西南急流与降雪强弱有着密切的关系,东风层厚度和气流的变化表征了降雪系统的3种变化。在锢囚降雪阶段,东风急流和西南风急流均是降雪全过程最强的,水汽、热量输送也是最强的;加之水平气旋性环流加强了垂直运动、东路弱冷锋回流阶段的降雪造成的凝结潜热释放,使这一阶段的降雪最强。对流层中层西南风转为西北风,是降雪将要结束的信号。

4.2.4.2 低层水平风场特征及其作用

从前面的分析知道:在暴雪全过程中,降雪主要集中在锢囚降雪阶段,回波具有涡旋回波和“人”字状特征,并且维持长达6~7 h。为了探讨影响回波形态和旋转的动力机制,利用4DVAR方法反演低层风场特征。4DVAR雷达反演低层风场的方法已经被应用于强对流天气的分析中(牟容 等,2007,2009)。但是,在降雪天气分析中还很少。

1)结果验证

从以下几方面对反演结果进行验证(图4.15)。

(1)地面自动气象站风场与1 km高雷达反演风场的对比

图4.15a为21日02时地面风场实况,矩形框为反演区,反演区内有4种气流,东部东风、

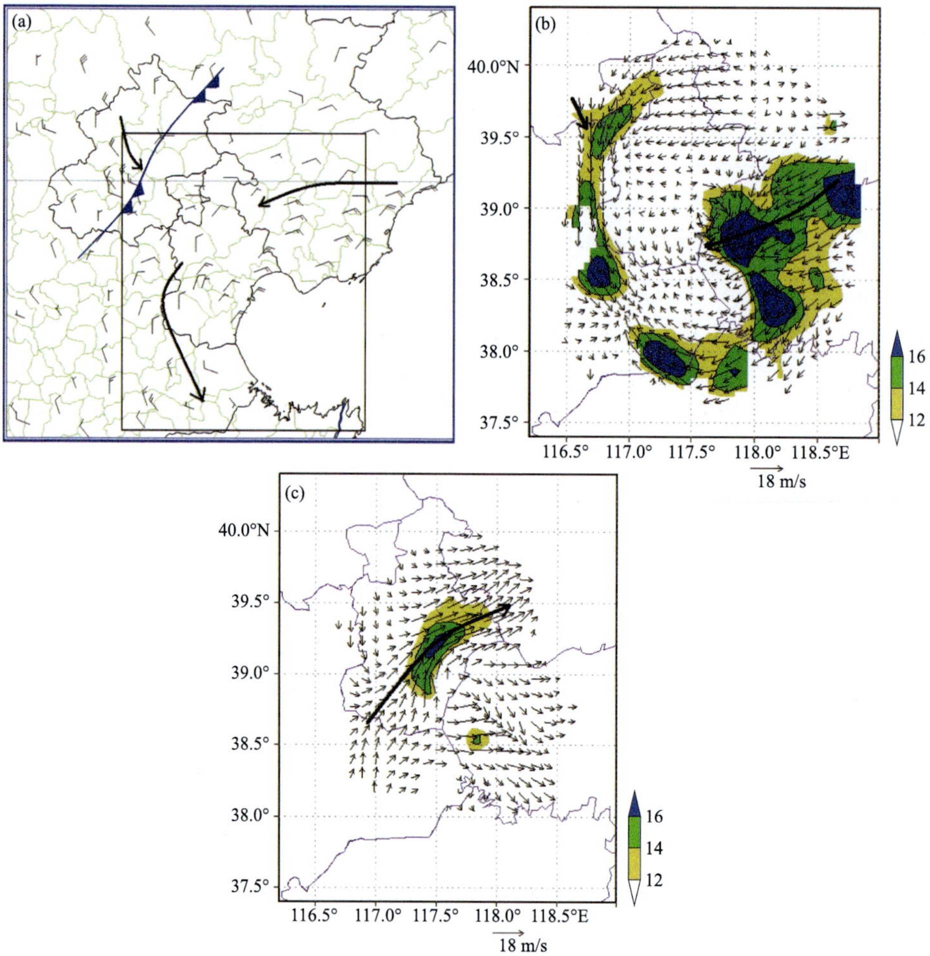

图 4.15　2008 年 12 月 21 日 02 时地面自动气象站风场(a)、同时刻 1 km(b)和 3 km(c)高度处的雷达反演风场（阴影为风速≥12 m/s；矩形框：雷达反演区域；"→"：风向）

中部东北风和西南部西北风形成气旋式旋转，西北部冷锋后部西北风。对应同时刻 1 km 高度处雷达反演风场图 4.15b 也看到：4 种气流均得到明显的表现，说明 1 km 高处雷达反演风场与实况一致。

(2)雷达 VWP 显示的 3 km 高度上西南气流与同高度上反演风场对比

在图 4.14 上，21 日 02 时 2～5 km 高度为一致的西南气流，在 3 km 处西南风平均风速达到 12 m/s。从图 4.15c 反演的 3 km 高度上风场可见：西南气流贯通天津，并有 16 m/s 的大值中心，表明反演中层风场与雷达 VWP 风基本一致。

通过验证表明 4DVAR 雷达反演低层风场的可用性。下面利用 4DVAR 风场反演揭示水平风场的结构及其作用。

2)低层水平风场演变和作用

从前面分析知道，暴雪过程回波顶高在 3～4 km，远远低于降雨时的高度，20 dBZ 以上回波均在 1～2 km。因此，选取 1 km 雷达反演风场(图 4.16)。为了便于对比分析，图 4.16a～i 的时间与图 4.13a～i 一致。

东路弱冷锋降雪阶段：12 月 20 日 16—20 时（图 4.16a～c）。从风场看，东北气流从回波东部进入，在降雪回波内部气流向西北行进，且内部风速明显小于外部，这与降雪云团的阻挡和上升气流有关。回波在东南气流的作用下不断地北进西伸，15 dBZ 以上的回波范围增大，20 时（图 4.16c）出现了 25 dBZ 以上的较强回波，东南气流在流出降雪回波后出现转向，气流调头向南，形成东北气流。回波停止向西北运动。

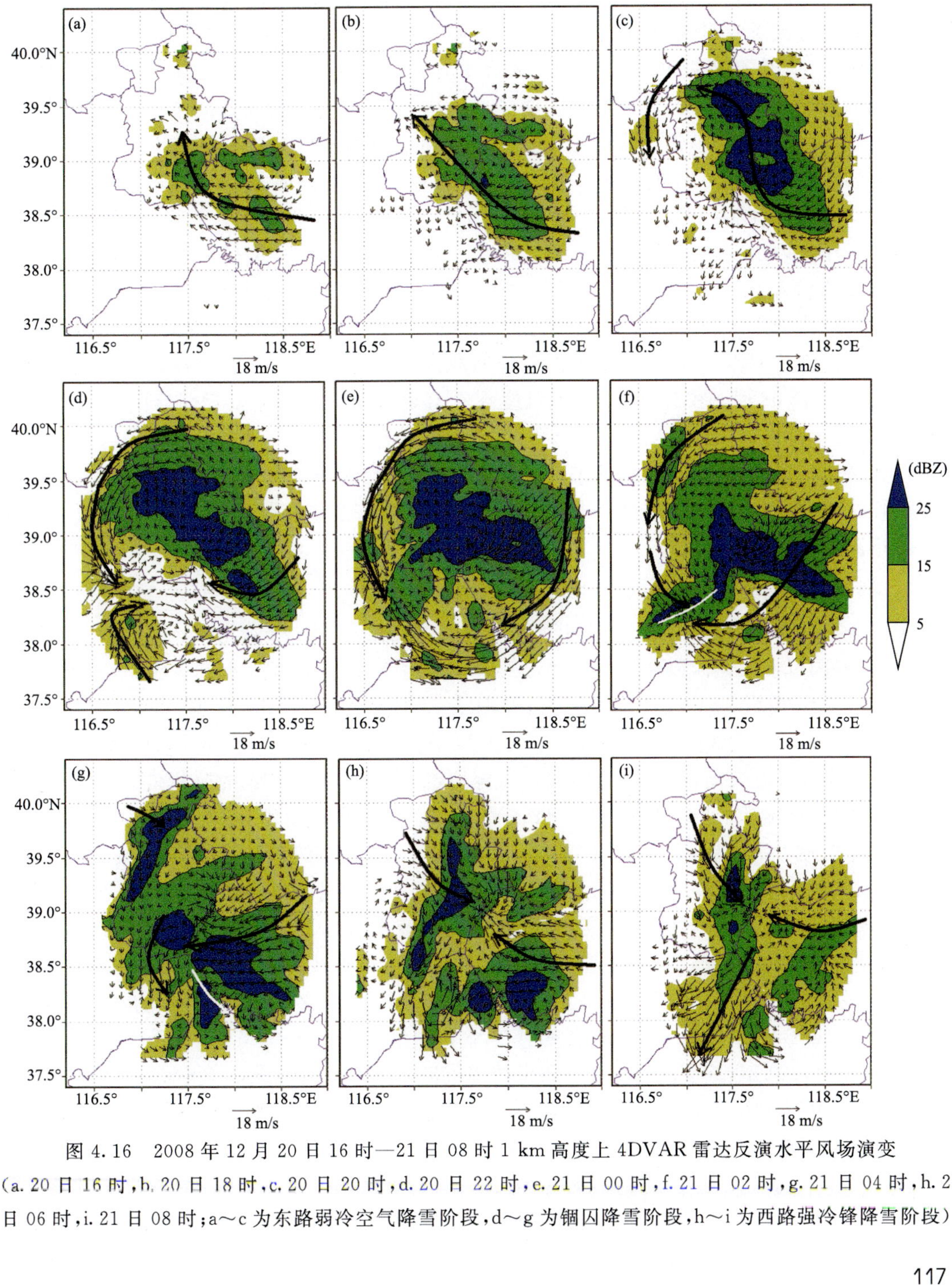

图 4.16　2008 年 12 月 20 日 16 时—21 日 08 时 1 km 高度上 4DVAR 雷达反演水平风场演变（a. 20 日 16 时，b. 20 日 18 时，c. 20 日 20 时，d. 20 日 22 时，e. 21 日 00 时，f. 21 日 02 时，g. 21 日 04 时，h. 21 日 06 时，i. 21 日 08 时；a～c 为东路弱冷空气降雪阶段，d～g 为锢囚降雪阶段，h～i 为西路强冷锋降雪阶段）

锢囚降雪阶段：12 月 20 日 22 时—21 日 04 时(图 4.16d～g)。降雪回波东部仍维持东北气流入流，西北部流出时转为东北风，东北气流向南运动时在降雪回波西南部转为西北气流，形成气旋性环流，环流中心与 25 dBZ 以上较强回波对应，因为环流中心处具有较强的上升运动，上升运动加剧小的水粒子凝结，因此，此处回波强。21 日 00—02 时(图 4.16e～f)，25 dBZ 回波具有“人”字状回波特征，其形成与内部风场关系密切，与两支不同性质冷空气走向有关。从“人”字状回波的“撇”处看到：降雪回波西部气旋环流转南下的偏北风与东部回流南下的偏东风形成的辐合线就是干湿两股空气的交汇，辐合线处回波加强，回波强度从 15 dBZ(图 4.16e)加强为 25 dBZ(图 4.16f)。从“人”字状回波的“捺”处看到：从东北回流进入降雪回波的东北风有风速辐合线存在，其北侧风速明显大于南侧。可见，无论是风向辐合还是风速辐合均会使周围水汽聚合抬升，辐合线对“人”字状回波的形成和维持起着重要作用。由于气旋性水平环流的存在，水汽不断被卷入、补充，因而回波少动而长时间维持。21 日 04 时(图 4.16g)，气旋性环流减弱，但东风入流仍然维持，25 dBZ 回波面积缩小。值得注意的是，在京津交界处天津界内出现较强带状回波，回波西侧为西北气流，显然，这是一条冷锋回波。此时冷锋回波内部仍为东北气流。

西路强冷锋降雪阶段：12 月 21 日 06—08 时(图 4.16h～i)。涡旋回波消失，冷锋回波快速东移。整个降雪回波一分为二，北部的冷锋回波内被西北气流迅速占据，南部的回波内仍为回流东风。21 日 08 时(图 4.16i)，冷锋回波在东移时减弱，强度为25 dBZ的回波面积明显缩小。

在暴雪全过程中，来自东北的偏东气流始终存在，气旋性环流使水汽不断被卷入、补充，降雪回波长时间原地打转，延长了降雪时间，增大了降雪量。通过识别“人”字状回波，可以判断气旋性环流的存在。

4.2.5 锢囚锋的垂直热力动力结构及对降雪的影响

天津业务化的中尺度 WRF 模式很好地模拟了“081221”中 β 尺度暴风雪的落区和降雪量，为认识锢囚过程及锢囚锋的热力与动力结构提供了良好机会。图 4.17a 是 2008 年 12 月 20 日 20 时启动，模拟 24 h 内的降雪情况，与图 4.11 比较可见：落区、范围、雪量均与实况一致。图 4.17b～f 中，实线为假相当位温，点线为 U 分量，阴影代表 $U \geqslant 12$ m/s 或 $U \leqslant -2$ m/s。以280 K 线代表暖湿气团；以 279 K 线代表冷锋边缘；根据雷达 VWP 的分析(图 4.13)，以 $U \leqslant -2$ m/s代表回流东风“冷垫”；以 $U \geqslant 12$ m/s 代表低空西南风急流。

锢囚锋形成之前(图 4.17b，积分 0 h)，暖湿舌(280 K 线)伸向研究区域(116.5°～119.5°E)上空，说明暖湿空气大量堆积。其东侧回流冷空气形成梯形“冷垫”，厚度 900 hPa(约 1 km)，冷垫锲入暖湿气团或气流，渤海有偏东气流中心，风速为 6 m/s。西侧存在“干冷墙”，锋面高度达到850 hPa，坡度比东侧的冷锋陡峭。在 750 hPa 高度附近，有偏西急流(风速 ≥12 m/s)。从此时的水汽通量分布图(图略)可见，900 hPa 以下存在一条偏东风的水汽通道，即渤海存在 3.5 g/(s·hPa·cm)的水汽通量中心，水汽通量湿舌(0.5～2.5 g/(s·hPa·cm))伸进渤海西岸；同时，700 hPa高度附近存在一条由西南气流作用的水汽通道，0.5 g/(s·hPa·cm)的水汽通量湿舌覆盖渤海西岸。可见，高低层两条水汽输送带为降雪提供充足的水汽条件，相比之下，900 hPa 以下水汽更强些。

图 4.17c(积分 3 h)表明：“冷垫”略东缩，但东部冷空气势力未减，来自渤海的东风风速仍维持 6 m/s。西部冷锋东移较快且向暖空气的一侧倾斜，中间暖湿空气被夹挤变窄。750 hPa

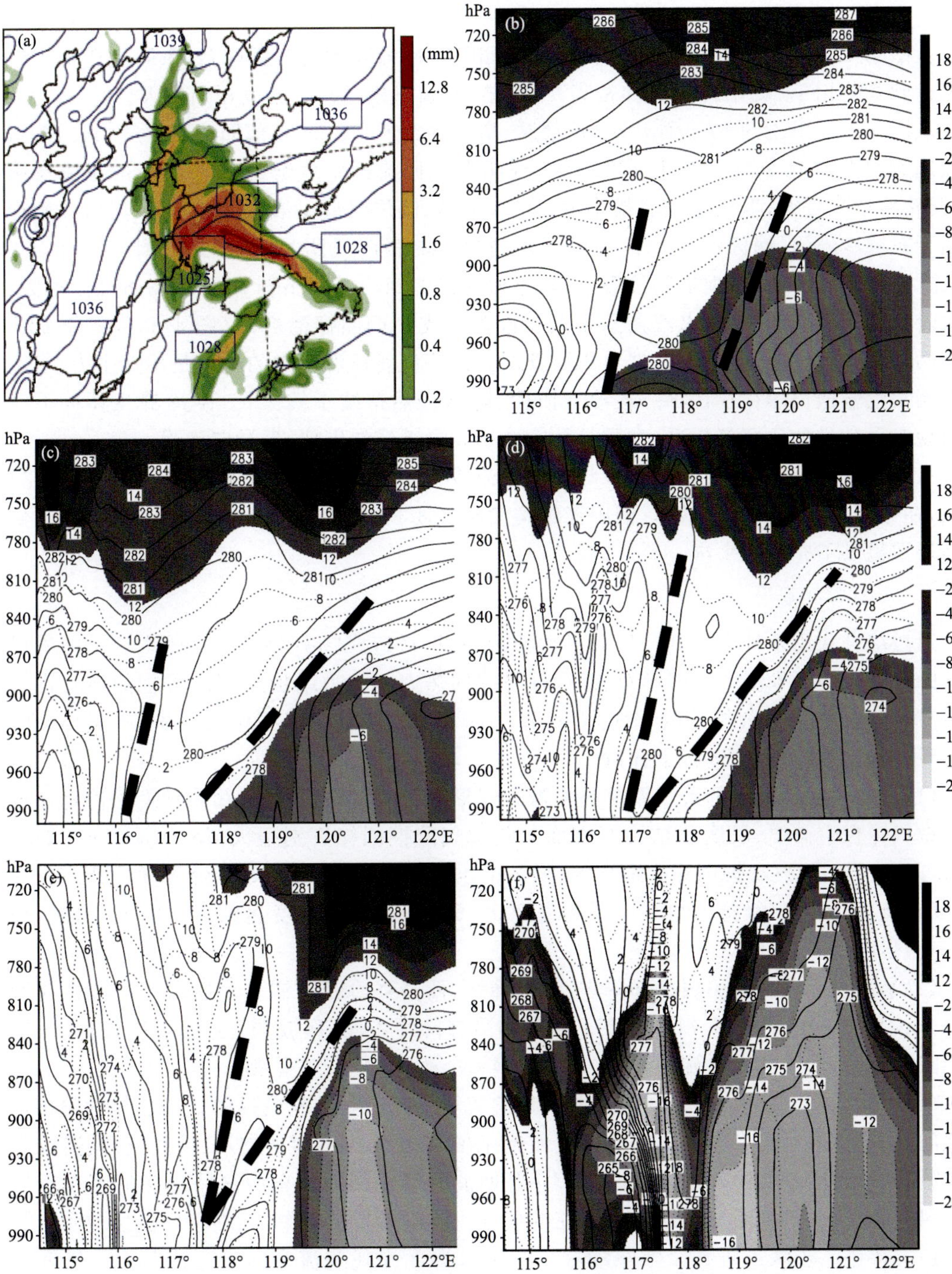

图 4.17　2008 年 12 月 20 日 20 时模拟 24 h 降雪量分布(a)、2008 年 12 月 20 日 20 时—21 日 08 时 WRF 模拟的假相当位温(实线,单位:K)和 U 分量(点线,阴影为 $U \geqslant 12$ m/s 或 $U \leqslant -2$ m/s)沿 38°N 垂直剖面(b～f)(b. 积分 0 h,c. 积分 3 h,d. 积分 6 h,e. 积分 9 h,f. 积分 12 h;b 为东路弱冷锋降雪阶段,c～e 为锢囚降雪阶段,f 为西路强冷锋降雪阶段)

附近偏西急流加强至 14～16 m/s，且厚度加厚，该急流将水汽源源不断地输送到暖湿气团之上。

从图 4.17d（积分 6 h）上看，此时两条冷锋相遇，冷锋高度均有所增高，东侧达到 810 hPa，西侧达到 780 hPa。θ_{se}沿锋面更加密集。“冷垫”继续东移、增厚，坡度逐渐增大。

从图 4.17e（积分 9 h）上看，“冷垫”增厚，高度达到 840 hPa；东部回流冷空气加强，渤海的东风风速增强到 10 m/s。冷锋坡度增大，说明东侧回流冷空气势力仍在加强。在冷锋锢囚时，两路冷空气抗衡，但西侧位温最小值为 267 K，东侧位温最小值为 276 K。可见，西侧冷气团强于东侧冷气团，锢囚峰为冷式锢囚。东侧中间的暖湿气团长时间维持，且从开始在 960 hPa 被抬升至 870 hPa。但值得注意的是，这时西侧冷锋后，750 hPa 附近的偏西气流消失，这意味着该层水汽输送中断，水汽输送带两支改为一支。锢囚锋消失后（图 4.17f，积分 12 h），东西两路冷空气合并，冷空气占据对流层低层。θ_{se}等值线梯度最大的地方是冷锋主力；东路的近地层水汽输送仍然存在，因此，在冷锋阶段，降雪仍然持续了约 2 h。从冷锋主体冲下时西侧出现东风分量的位置变化看：大风是从 900 hPa 附近最先出现，后沿向地面。

从锢囚的过程可知：西侧强冷锋与东侧回流冷锋形成锢囚的主要原因是回流冷空气势力较强，在锢囚过程中东风层增厚；锢囚锋结构使暖气团长时间维持、抬升、凝结；两条水汽供应带为暴雪提供了充足的水汽。

4.2.6 结论与讨论

通过综合利用多种中尺度分析资料和分析手段，对造成“081221”罕见的中 β 尺度暴风雪天气的冷锋锢囚锋系统的天气形势、锢囚锋系统的热力与动力结构及锢囚过程的演变进行了细致分析。在得到下列结论的同时，就冷锋锢囚锋与气旋锢囚锋系统的区别、气旋环流的形成、“冷垫”的干湿等问题进行了探讨。

（1）造成这次暴风雪的天气系统是回流天气形势下的华北锢囚锋，由东西两条冷锋形成的冷锋锢囚锋在生命史、尺度和结构等方面与陆地气旋锢囚锋区别很大（Martin，1997；Schultz et al.，1992），一般气旋锢囚锋生命史为 1～2 h，水平范围为上千千米，冷锋高度达到 500 hPa；而“081221”锢囚锋只维持了约 6 h；范围为 200～600 km，冷锋高度达到 750 hPa。另外，降水范围小，强度弱。

（2）暴雪过程分为东路弱冷锋降雪、锢囚降雪、西路强冷锋降雪 3 个阶段。回波顶高均在 3～4 km，回波强度均在 35 dBZ 以下。东路弱冷锋降雪阶段，回波弱，强度均在 10～20 dBZ；锢囚降雪阶段，回波具有涡旋回波和“人”字形特征，强度增强，降雪量集中在此阶段。

（3）在锢囚降雪阶段，东风急流和西南风急流均是降雪全过程最强的，水汽、热量输送也是最强的；低层水平风场有中 β 尺度气旋性环流存在，它使水汽不断被卷入、补充，这是造成降雪回波旋转、长时间维持的主要因素。“人”字状回波的形成是因为东西两路冷锋的存在产生风向或风速辐合，它是判断气旋性环流存在的信号。此次降雪过程中，气旋性环流出现和维持的原因还有待进一步深入研究。另外，雷达 VWP 反映了东风急流和西南急流与中 β 尺度降雪的强弱有着密切的关系；东风层厚度和气流的变化表征了降雪系统的 3 种变化。

（4）锢囚锋形成前，暖湿气团被两侧冷锋夹挤抬升；锢囚时，西侧冷气团强于东侧冷气团，形成冷式锢囚锋；西侧强冷锋向暖区倾斜，这与经典的“V”字形锢囚锋面结构有所不同。近地层东路水汽通道始终存在，而中层水汽输送在锢囚锋形成前的东路弱冷锋降雪阶段和锢囚降雪阶段最强，当水汽中断，降雪减小。对于东侧“冷垫”是干冷还是湿冷？张迎新等（2007）认为华北回流暴雪的冷空气虽经过渤海但仍是干的，而 John 等(1992)研究经墨西哥湾回流到陆地的空气，湿度是加大的，湿垫厚度约为 2 km。苗爱梅等(2003)也认为是回流气流是湿而冷的。通过本例水汽通量垂直剖面及其演变看到(图略)："冷垫"被分为干湿上下两层，即在近地层 900 hPa 内，约 1 km 厚，是湿冷的；而在 900 hPa 以上主要为干冷空气。

(5)锢囚锋解体，被一条冷锋取代，对流层中层西南风转为西北风，预示着是降雪将要结束。另外，东北大风核在 900 hPa 高度附近(约 1 km 厚)首先出现，进而增大下传到地面，而不是首先在地面形成大风。冷空气的活动高度在 3 km 以下。

4.3 其他暴雪过程中的中尺度系统

2020 年 2 月 13—14 日、2021 年 11 月 6—7 日、2013 年 3 月 19 日等华北暴雪过程中也存在中尺度系统、处于不稳定条件环境中(见第 2 章 2020 年 2 月 13—14 日过程、2021 年 11 月 6—7 日)。同时在雪强明显增大阶段，卫星云图中有云阶特征，对流活动明显。多普勒雷达及其反演产品中可识别出中尺度系统(见第 3 章)。

周雪松等(2013)通过分析两次早春暴雪过程发现：红外云图能很好地反映暴雪天气过程对流性的强弱；多普勒天气雷达可识别出暴雪过程的中尺度结构。对流层低层逆温层和暴雪前期爆发性增暖是造成"雷打雪"的重要因素；物理量诊断的对流不稳定存在与否是区别"雷打雪"和常规暴雪的重要标志。

参考文献

边志强，王建捷，谈哲敏，2002. 对华北锢囚锋个例的数值模拟分析[J]. 气象，25(10)：8-14.

郭彦波，陈静，王丽荣，等，2010. 石家庄气象灾害防御[J]. 河北人民出版社，28-29.

蒋后硕，吕克利，2000. 高低空急流中的锢囚锋环流[J]. 高原气象，19(3)：265-276.

吕克利，蒋后硕，2002. 高低空急流和水汽凝结过程对锢囚锋环流演变的影响[J]. 气象学报，60(6)：660-667.

刘晶，李娜，陈春艳，2018. 新疆北部一次暖区暴雪过程锋面结构及中尺度云团分析[J]. 高原气象，37(1)：158-166.

苗爱梅，张红雨，郝建萍，2003. 河套锢囚与山西暴雪[J]. 山西气象 2003，62：11-14.

牟容，刘黎平，许小勇，等，2007. 四维变分方法反演低层风场能力研究[J]. 气象，33(1)：11-19.

牟容，余君，刘德，2009. 重庆 2008 年 7 月 21 日强对流天气成因及其特征[J]. 气象，35(5)：49-54.

宋晓辉，2011. 2009 年 11 月冀南回流暴雪诊断分析及数值模拟研究[D]. 南京：南京信息工程大学.

孙田文，杜继稳，张弪，等，2004. 突发性暴雨中尺度分离对比分析[J]. 气象科技，32(2)：65-70.

夏大庆，郑良杰，董双林，等，1983. 气象场的几种中尺度分离算子及其比较[J]. 大气科学，7(3)：303-311.

王建中，丁一汇，1995. 一次华北强降雪过程的是对称不稳定的诊断分析[J]. 气象学报，53(11)：451-460.

张小玲，程麟生，2000a. "96.1"暴雪期中尺度切变线发生发展的动力诊断 I[J]. 高原气象，19(3)：285-294.

张小玲，程麟生，2000b. "96.1"暴雪期中尺度切变线发生发展的动力诊断 Ⅱ[J]. 高原气象，19(4)：459-466.

杨贵名，2009. 2009 初冬北方大范围初雪持续成因和强降雪机理分析[R]. 第六届全国灾害性天气预报技术研讨会. 北京：国家气象中心.

易笑园，李泽椿，陈涛，等，2009. 2007 年 3 月 3—5 日强雨雪过程中的干冷空气活动及其作用[J]. 南京气象学院学报，32(2)：306-313.

张迎新，侯瑞钦，张守保，2007. 回流暴雪过程的诊断分析和数值试验[J]. 气象，33(9)：25-32.

张迎新，姚学祥，侯瑞钦，等，2011a. 2009 年秋季冀中南暴雪过程的地形作用分析[J]. 气象，37(7)：857-862.

张迎新，张守保，裴玉杰，等，2011b. 2009 年 11 月华北暴雪过程的观测分析[J]. 高原气象，30(5)：1204-1212.

张元春，孙建华，傅慎明，2012. 冬季一次引发华北暴雪的低涡涡度分析[J]. 高原气象，31(2)：387-399.

张勇，寿绍文，王咏青，等，2008. 山东半岛一次强降雪过程的中尺度特征[J]. 南京气象学院学报，31(1)：51-60.

赵桂香，杜莉，郝孝智，等，2013. 3 次回流倒槽作用下山西大(暴)雪天气比较分析[J]. 中国农学通报，29(32)：337-349.

周雪松，谈哲敏，2008. 华北回流暴雪发展机理个例研究[J]. 气象，34(1)：18-26.

周雪松，杨成芳，孙兴池，2013. 两次早春暴雪过程的对比分析[J]. 高原气象，32(2)：446-455.

BENNETTS D A, HOSKINS B J, 1979. Conditional symmetric instability-a possible explanation for frontal rainbands[J]. Quart J Roy Meteo Soc, 105: 945-962.

MARTIN J E, 1997. The structure and evolution of a continental winter cyclone. Part Ⅰ: Frontal structure and the occlusion process[J]. Mon Wea Rev, 126: 303-328.

SCHULTZ D M, MASS C F, 1992. The occlusion process in a midlatitude cyclone over land[J]. Mon Wea Rev, 121: 918-940.

JOHN M L, CHARLIE A C, 1992. Return flow in the Gulf of Mexico. Part Ⅱ: Variability in return flow thermodynamics inferred from trajectories over the gulf[J]. Journal of Applied Meteology, 31: 882-898.

第5章 降水相态的预报

5.1 引言

5.1.1 研究意义

降水是地球水循环和能量循环的关键环节之一(Loth et al.,1993;Zhang,2005),冬季降水相态主要包括雨、雪、雨夹雪、冰粒、冻雨等(蔡雪薇 等,2013),不同相态的降水对陆地表面物质和能量循环的影响巨大(Vavrus,2007;Wu et al.,2009)。相同的降水量不同的相态所产生的影响有着显著差异(孙燕 等,2014)。如 24 h 累计降水量达到 10 mm 时,如果降水相态是雨,则只是中雨,对城市运行和社会生产环节不会有明显影响,但如果降水相态是雪或冻雨或雨夹雪时,对城市交通、通信、供电系统的正常运行及社会生产环节的影响则很大(Changnon,2003;Cober et al.,2001;Zhou et al.,2011;蒋建莹 等,2005;李登文 等,2009;徐辉 等,2010;辜旭赞,2011)。

近年来,随着城市化进程的不断加快,大城市面对极端气象灾害的脆弱性也日益凸显,冬季降雪、冻雨,甚至雨夹雪天气会给城市交通、电力通信及人民生产生活带来巨大危害。即使是很弱的降雪过程,如果降水相态预报失败或漏报,也会给城市运行带来严重的不利影响(孙继松 等,2003;赵思雄 等,2002)。另外,2022 年第 24 届冬季奥林匹克运动会(简称冬奥会)在北京和张家口联合举办,冬奥会对气象条件严苛,尤其是精细化的温度、湿度及降雪预报服务等,是冬奥会气象服务保障的重点。因此,做好冬季降水相态及其转变时间的精细化预报,研究北京地区冬季降水相态预报方法,并开发适用于北京地区的降水相态分类客观预报算法,对制定防御措施、保障人民生命财产安全,提高预报服务质量具有重要现实意义。

5.1.2 国内外研究现状及发展动态

国外在冬季降水相态的短期预报这一领域开展得比较早,经过多年的积累,技术逐渐成熟。人们早就认识到,降水相态的形成机制包含大气垂直热力学和微物理过程两个方面。一方面,到达地表的降水类型很大程度上取决于大气的垂直温度,而大气的垂直温度通常由高空的暖层和下面的再冻结层组成。大气垂直温度一个微小的变化都会导致地表附近降水类型的变化(Housseyni et al.,2016;Wagner,1957;Bocchieri,1979,1980;Bocchieri et al.,1983;Czys et al.,1996)。在某些情况下,仅仅 1 ℃的温度变化就足以导致不同相态之间的转变,如冻雨与雨或雨与雪之间。而区分降水类型转化区的一个重要的热力信息是融化层($T_w>0$ ℃)相对于地面高度的位置(Stewart et al.,2015),如果高空大于 0 ℃的暖层很薄,降水形态就是雪,如果冷层薄,则可能会雨雪共存,为雨夹雪,各层温度都在 0 ℃以下,则通常是下雪(Bourgouin,2000),但有时可能下冻结的毛毛雨(Huffman et al.,1988)。除了传统的气温阈值外,气层位势厚度也常用来表征大气的冷暖情况。

一些学者通过提取模式输出产品温度和湿度廓线中的特征量，利用算法、决策树或统计学的方法建立特征量与降水相态之间的关系，实现雨、雪、冻雨、冰粒的区分（Bourgouin，2000；Lundquist et al.，2008；Elmore et al.，2015；Chenard et al.，2015）。Wagner（1957）利用地面观测的降水类型数据和收集到的探空数据（约 40 个站），将 1000～500 hPa 的厚度与冻雨的发生对比，发现约 50%的冻雨发生与最终确定的厚度值相对应，目前许多预报员仍然将这个厚度值与预报的厚度值进行对比。Lowndes 等（1974）提出区别雨雪的厚度参数 $H_{850\sim1000}$（表示 850～1000 hPa 的气层位势厚度，以下简称厚度），当 $H_{850\sim1000} \leqslant 1280$ gpm，判定降水相态为雪。Czys 等（1996）对北美洲的降水相态判断进行了研究和总结，得出一种利用厚度值来区分雨、雪、冻雨及冰粒的方法。这一判据主要依据两个厚度值，一个是 $H_{700\sim850}$，用来表征中层大气的冷暖，另一个是 $H_{850\sim1000}$，用来表征低层大气的冷暖。Keeter 等（1991）利用探空 1000～700 hPa、7000～850 hPa、850～700 hPa 的厚度值，对地面观测进行回归分析。Bourgouin（2000）将探空的温度廓线分成 4 个组（冻雨或冰粒、冰粒或雨、雪或雨、雪），提出应用面积元方法计算出的探空廓线与 0 ℃等温线相交形成的正、负区面积和两者的交点数，以及地面温度作为降水相态的预测因子。

之后，利用模式输出统计法实现降水相态业务预报（Model Output Statistics，MOS；Allen，2001；Allen et al.，2001）的方法发展起来。这种方法利用模式输出的地面、500 hPa、700 hPa、850 hPa、925 hPa 和 1000 hPa 温度、露点温度、温度平流、风速，以及 1000～700 hPa、1000～850 hPa、1000～925 hPa、925～850 hPa、850～700 hPa 和 700～500 hPa 的高度差作为预报因子，分别建立降水相态与各预报因子之间的线性回归方程，从而用于降水相态的预报。MOS 确定降水相态的方法已被应用到了有限区域细网格模式（Limited Fine Mesh Model，LFM）（Bocchieri，1979，1980；Bocchieri et al.，1983）、北美中尺度数值预报系统（North American Mesoscale Modeling，NMM；Janjic et al.，2005）及全球预报系统（Global Forecasting System，GFS；Moorthi et al.，2001）中。

造成降水相态不同的关键在于云中的成雪机制以及雪花下落过程中发生的变化，粒子在降落的过程中涉及扩散生长、增生、聚集、融化、再冻结等许多复杂的物理过程（Thériault et al.，2010）。一些学者通过计算或推导下落水成物中的液态水含量，实现雨、雪、冻雨、冰粒的区分（Ramer 1993；Schuur et al.，2012；Elmore et al.，2015）。如 Ramer（1993）和 Baldwin 等（1994）开发的算法依赖于降水产生层中降水的冰分数的假设值，根据垂直温度剖面和湿球温度来确定降水类型。Manikin（2005）将 Baldwin 等（1993）、Ramer（1993）和 Bourgouin（2000）的算法与 Baldwin 等（1994）的改进算法相结合，得到了水成物的液体-水含量的特定值，以确定降水类型。这在 NCEP 模式（http://www.wpc.ncep.noaa.gov/wwd/impactgraphics/）中得到了普遍使用。

随着数值预报模式的不断发展，数值模式所使用的微物理过程方案中包含了更加细致的水物质分类，如云水、雨水、冰晶、雪、霰和水汽量等，为降水相态的分类预报提供了丰富的科学依据。一些学者通过改进模式中的微物理方案，利用混合相云微物理方案预测的水成物信息，如云水、雨水、冰晶、雪、霰和水汽量等计算出的混合比预报物理量结合温度垂直廓线作为诊断量区分降水相态（Thompson et al.，2004，2008；Ikeda et al.，2013）。快速更新和高分辨率快速更新模式（Rapid Refresh（RAP）和 Hight-Resolution Rapid Refresh（HRRR）；Brown et al.，2011；Benjamin et al.，2016）利用在物理过程和计算机编码都做了很大改进的微物理参数化方案(Thompson et al.,2004,2008,2014)来区分雨、雪、冰粒等。对于诊断方案中的每种降水类型(雨、雪、冰粒和冻雨),模式在每个格点柱上(不止地面)都输出一个是或否(1或0)来决定这种降水类型是否会到达地面。

国内学者从不同方面开展了大量研究工作,主要包括降雪气候分布及其变化趋势的相关研究(段长春 等,2011;刘玉莲 等,2012),不同地区和台站雨雪转换的经验温度阈值的研究(李江波 等,2009;尤凤春 等,2013;董全 等,2013;杨成芳 等,2015),通过对个例的总结,提出了不同地区和台站雨雪转换的经验温度阈值(郑婧 等,2010;孙欣 等,2011;许爱华 等,2006)。如漆梁波等(2012)通过对中国东部冬季降水相态的研究,认为温度平均廓线对雨和雪的区分较好,雪和雨夹雪在低层的大气冷暖状态较相似,区别主要是雨夹雪在中层相对较暖接近降雨,雪花在中层有部分融化,降落到地面时,在近地层继续融化,以雨夹雪的形态出现。张琳娜等(2013)在建立北京地区冬季降水相态识别指标时,除了将不同高度层上的温度和位势厚度作为判据,还加入了地面2 m温度和相对湿度,为模式制作客观预报产品提供了参考依据。董全等(2013)选取降水发生时和发生前6 h的地面2 m温度、露点温度作为预报因子,对相同条件下线性回归法和人工神经网络法对降水相态的预报效果进行了对比检验。陈双等(2019)基于2001—2003年地面观测和探空资料,对地面气温位于0～2 ℃我国降雪的时空分布及其与降雨的垂直热力特征进行了研究,引入了决策树判别方法,对上述条件下雪和雨进行了判别分析。还有研究者从微物理角度对降水相态进行了探讨,利用中尺度模式,通过对近地面大气层中冻结部分降水混合比在可凝结成降水水汽混合比中的比例,判断雨雪分界线及雨夹雪区或雨、雪过渡区(孙晶 等,2007;王亮 等,2010;崔锦 等,2011,2014)。这些研究结果表明:温度和湿球温度的垂直廓线、地面2 m温度、露点温度、相对湿度,数值模式的云微物理量输出产品等对于地面降水相态的客观诊断具有很好的指示意义。

5.1.3 研究必要性及科学问题的提出

在实际的预报和研究中,预报降水类型的难度主要在于雨雪过渡区。而雨雪相态转换阶段,850 hPa和925 hPa温度对于雨、雪、雨夹雪的识别没有明显指示性(杨成芳 等,2013),地面气温往往在0 ℃附近,有时甚至还会出现地面气温在0 ℃以上却发生降雪的情况(董全 等,2013)。另外,京津冀地区地形复杂,地形的特征差异对地面的辐射加热、地形抬升等的影响,会进一步造成不同海拔高度下雨雪相态转变规律及阈值的细微差异(Rajagopal et al.,2016;张迎新 等,2011),而目前尚没有考虑复杂地形特征的参数化算法。为进一步提高冬季降水相态客观预报的准确率,本研究基于多源资料(逐3 h快速更新循环中尺度数值预报系统(睿图-短期)、次千米分辨率的快速更新无缝隙融合与集成预报系统(睿图-睿思、自动气象站、雷达)等),分别采用基于传统统计分类方法和机器学习方法,将地面观测实况数据和京津冀地区复杂地形下,各类降水相态受地形影响的物理机制、平均气候概率的分布差异、降水相态转化的气候特征及地面观测实况数据引入高分辨率数值模式中,研发了与冬奥会气象预报服务、交通服务等密切相关的京津冀冬季降水相态客观预报技术,实现了京津冀地区降水相态的高时空分辨率精细化客观预报,为今后做好冬季降水相态的预报和服务提供技术路线和科学依据。

5.2 降水相态的气候分布特征

本研究基于长序列国家级气象站资料,睿图-睿思高分辨率集成预报产品,统计分析了京津冀地区各类降水相态及其对应的气温、湿球温度平均气候概率的空间分布差异，以及不同降水相态时睿思系统提供的网格化快速更新精细集成产品中7个可能影响降水相态判断的因子信息。

5.2.1 观测数据和模式数据

本研究用到的观测数据包括两部分：①2016年1月—2019年4月冬季15个降水日京津冀地区174个国家自动气象站天气现象资料，此数据分别用于对睿图-睿思网格化快速更新精细集成产品降水相态分类模型样本的筛选及客观检验。这部分的天气现象观测资料采样处理为10 min时间间隔，即原始观测的天气现象数据集是根据人工判断的每一个降水日的雪、雨、雨夹雪具体起止时间(小时、分钟)进行记录，如A站记录的降雪时间为08时00分—09时10分，B站记录的降雨时间是08时00分—09时10分，那么在进行采样处理时，从08时00分到09时10分的每10 min，如08时00分—08时10分、08时10分—08时20分，A站的降水类型记录为雪，B站的降水类型记录为雨。②1955年11月—2019年4月京津冀地区174个国家级观测站点的日天气现象及其对应的地面气温、气压、相对湿度观测数据(其中1955—2003年为02时、08时、14时、20时4个时次，2004—2019年为逐小时数据)。虽然选取的站点数据已经经过质量控制，但由于天气现象为人工判断和记录，且天气现象为日数据，所以本研究根据以往关于降水相态的研究(许美玲 等，2015)，对筛选出的数据进行了进一步的质量控制。京津冀地区国家站点分布如图5.1所示。

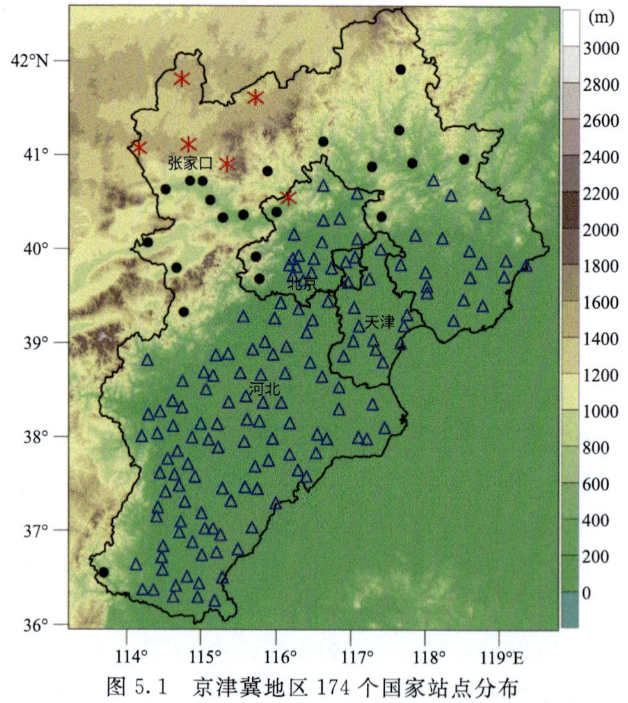

图5.1 京津冀地区174个国家站点分布

(红色雪花表示海拔高度大于1000 m的站点；黑色圆点表示海拔高度在400～1000 m的站点，蓝色三角表示海拔高度在400 m以下的站点)

本研究用到的模式数据为2016年1月—2019年4月冬季15个降水日睿思提供的网格化快速更新精细集成产品。睿图-睿思系统(杨璐 等，2019；程丛兰 等，2019；宋林烨 等，2019)

利用京津冀地区 3000 多部自动气象站和 8 部雷达、高分辨率下垫面地形地表信息等多源资料进行精细化融合分析后，结合线性外推技术和数值预报结果提供一个更接近真实大气的 0～12 h 短时天气预报，水平方向上分辨率为 500 m，垂直方向上分辨率为 200 m，共 21 层，时间分辨率为 10 min，使用的分析场数据包括地面 2 m 气温（T_{2m}）、湿球温度（T_w）、相对湿度（RH）、雪线高度（Z_s）、雪混合比占雨和雪混合比的比例（SNF），以及气温和湿球温度三维气象要素；预报场数据包括 T_{2m}、T_w、RH、Z_s 及 SNF。

地面 2 m 气温（T_{2m}）和相对湿度（RH）是基于睿图-短期模式输出的三维短时预报场和地面 2 m 预报场利用三线插值法插值到三维格点，通过计算数值模式输出的 2 m 温度/湿度与三维温度/湿度插值到高分辨率地形上最低层的温度/湿度之间的差分，得到在睿思系统高分辨率地形高度上的温度顺差或逆差，再进一步利用观测站温度或相对湿度进行融合偏差订正，通过插值观测增量获得的差分场既添加到分析的初始场（0 h），也添加到预报场（1 h，2 h…）。

雪线高度（Z_s）定义为雪开始融化（T_w＝0 ℃）时对应的高度。基于睿图-睿思系统不同气压层上的高分辨率温度和比湿数据，用二分算法（李金霞 等，2012）反复迭代，自上向下计算各层的湿球温度。当某层湿球温度首次出现大于临界值 0 ℃时，用该层和上一层线性插值得到的高度来计算雪线高度，然后将计算出的雪线高度插值到站点，针对每个站点，基于雪线高度反演降水类型，并将反演的降水类型与观测降水类型进行比较；如果两者不一致，则根据修正步长修正雪线，默认情况下，该步长设置为 30 m，该修正仅应用一次，并且该修正可以向上或向下。雪线高度和校正雪线高度之间的差值通过反向距离加权插值到网格点上。如果雪线高度低于最低地形高程，则将其设置为 0，计算出的雪线高度为海拔高度，所以若想得到融化层相对于地面高度的位置，需要用计算出的雪线高度（Z_s）减去地面高度（Z）。

雪混合比占雨和雪混合比的比例（SNF）定义为雪混合比占雨和雪混合比的比例。基于 Thompson 混合相云微物理方案的高分辨率数值模式对近地面大气层中混合比的预报结果，将模式预报的雪、雨、冰、霰降水混合比通过三线插值法插值到 500 m 分辨率网格点上，计算得到 SNF，SNF 的取值范围为 0～1。

5.2.2 降水相态的气候分布特征

5.2.2.1 不同降水相态的时间分布特征

利用 5.2.1 节提到的 1955 年 10 月—2019 年 4 月京津冀地区 174 个国家级观测站点观测数据，以年代为单位计算了雪、雨、雨夹雪、冰粒和冻雨占五种降水类型总数的观测百分比，分布如图 5.2 所示。从图 5.2 可以看出，雪的比例在所有年份中都是最高的，其次是雨、雨夹雪、冻雨和冰粒。京津冀地区冬季的主要降水类型为雪、雨和雨夹雪，出现冻雨和冰粒的概率很低。

图 5.3 给出了 1955—2019 年所有雪、雨、雨夹雪、冰粒和冻雨观测值的月分布。整个时间段内每种降水类型的观测值总数按月计算。10 月、1 月和 2 月的降雨观测百分比极低，4 月最高，而 1 月和 2 月的降雪和冻雨发生频率最高。3—4 月，降雪和冻雨的发生概率迅速下降，10—12 月，降雪和冻雨的发生概率也有类似的增加。雨夹雪和冰粒的最大出现月份分别为 3 月和 11 月（图 5.3）。

5.2.2.2 不同降水相态的空间分布特征

基于 1955—2019 近 65 年来京津冀地区 174 个国家级气象站逐日天气现象数据，统计了

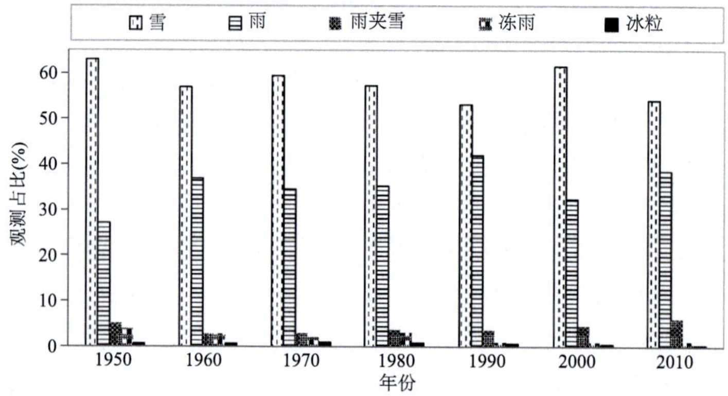

图 5.2 1955—2019 年 10 月至次年 4 月京津冀地区雪、雨、雨夹雪、冻雨和冰粒占 5 种降水类型总数的百分比(其中冰粒自 2014 年起取消观测)

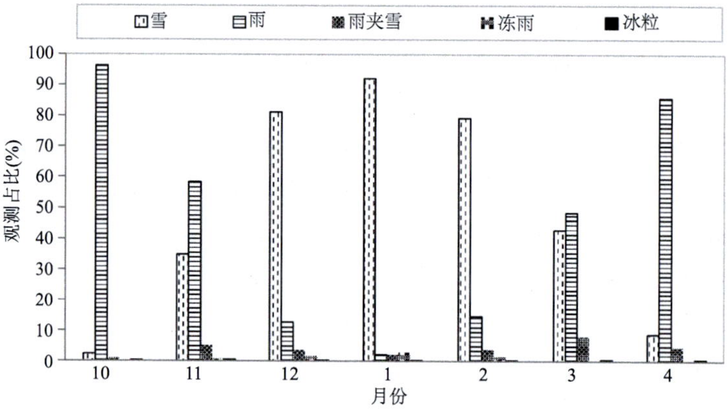

图 5.3 1955—2019 年所有雪、雨、雨夹雪、冰粒和冻雨观测值的月分布

雨、雨夹雪及雪的空间分布,1955—2003 年天气现象观测资料采样处理为对应的 02 时、08 时、14 时、20 时 4 个时次,即对应时次有天气现象时,记录 1 次;2004—2019 年天气现象观测资料采样处理为逐小时数据,即每个时次对应有天气现象时,记录 1 次。京津冀地区国家站点雨、雨夹雪及雪的空间分布如图 5.4 所示。可以看出,京津冀地区雪的出现次数远远多于雨和雨夹雪,雨夹雪的出现次数最少。其中,北京地区雨和雨夹雪的出现次数较河北地区都偏少,最多降雨次数主要出现在河北的南部及东北部平原地区;海拔高度大于 400 m 的山区站点,雨夹雪和雪的出现次数都高于海拔高度 400 m 以下的平原站点,张北(位于河北北部,海拔高度为 1393 m)雨夹雪和雪的次数都是京津冀之首,说明不同海拔高度下各类降水相态平均气候概率分布不同,地形对于京津冀地区降水的多少也有一定的影响作用。

5.2.2.3 不同降水相态温度的分布特征

降水相态的判别紧紧依赖于相对湿度、海拔高度及气温(Bao et al.,2014)。一些研究人员区分了不同地区雨雪的最佳温度阈值。如 Kienzle(2008)利用加拿大的 15 个气候站分析了最佳阈值温度,发现最佳温度阈值主要在 1.1～4.5 ℃。Zhong 等(2018)得出结论,松花江流域各站点的最佳温度阈值在 1.5～4.0 ℃。根据之前的研究结果,最佳温度阈值在 0.5～

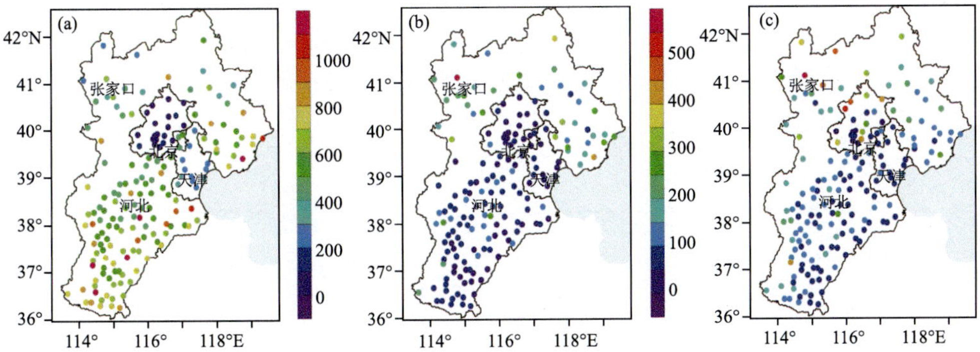

图 5.4　1955—2019 年京津冀地区雨(a)、雨夹雪(b)、雪(c)3 种降水相态次数空间分布(单位:次)

6.0 ℃,主要集中在 1.1～4.5 ℃。但显然,不同地区的临界温度值并非是唯一的,所有这些阈值都需要针对不同的地方和气候特征进行验证。Ding 等(2014)基于中国地区 30 年自动气象站数据研究发现,相比于气温,利用湿球温度来区分中国地区的降水相态更合理。湿球温度包含了气温、相对湿度、气压信息。当相对湿度为 100%时,干湿球的温度是相等的,而如果环境相对湿度较低,则由于包裹湿球的湿纱布的剧烈蒸发,湿球温度将明显低于干球温度。对于雨、雪和雨夹雪来说,如果粒子表面的水膜没有蒸发,则其湿球温度与干球温度大致相等,但如果对流层大气相对湿度较低,存在明显干层,那么粒子开始有效融化的高度将明显低于干球温度所在的高度(俞小鼎,2014)。

本研究利用各自动气象站的本站气压、相对湿度、气温数据分别计算了各站点对应时次的湿球温度(Bao et al.,2014),并分别统计了雨、雨夹雪、雪、冻雨及冰粒 5 种降水相态每 0.5 ℃气温或湿球温度阈值范围内占总样本的比率,即每种降水相态在不同气温和湿球温度下的发生概率,如图 5.5 和图 5.6 所示。

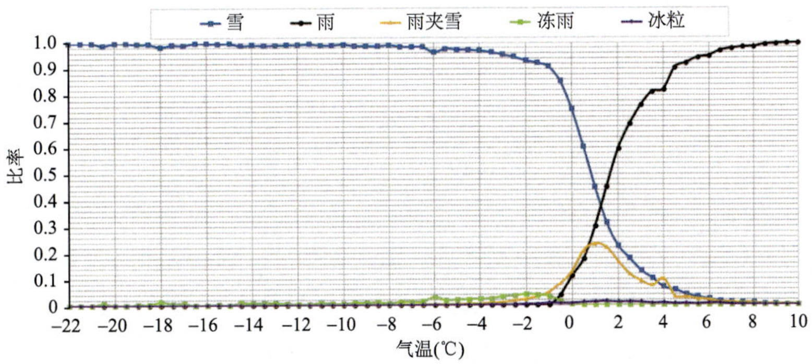

图 5.5　1955—2019 年华北地区不同气温阈值范围内雨、雨夹雪和雪、冻雨和冰粒 5 种降水相态占总样本的比率

从图 5.5 和图 5.6 可以看出,雨和雪的发生概率在 0.8 左右的气温 T_a 区间为[−0.5 ℃,4 ℃],而湿球温度 T_w 重叠区间为[−1 ℃,1.8 ℃]。湿球温度的重叠区间小于气温,也进一步说明利用湿球温度来区分降水相态更合理。

从图 5.6 可以看出,随着湿球温度的增加,降雪概率下降,降雨概率上升,雨夹雪的发生概率先上升后下降。湿球温度在 2 ℃以上时一般为雨，在 2 ℃以下时一般为雪、冰粒或雨夹雪，可以将 2 ℃作为雨和其他降水相态的区分阈值。冻雨大都发生在 0 ℃以下，主要分布区间为(−4.5 ℃，−1.5 ℃)，可以将 0 ℃作为雨和冻雨的分界线。雨夹雪的峰值为 0.5 ℃，在 0.5 ℃以上，雨的比率开始超过雪。

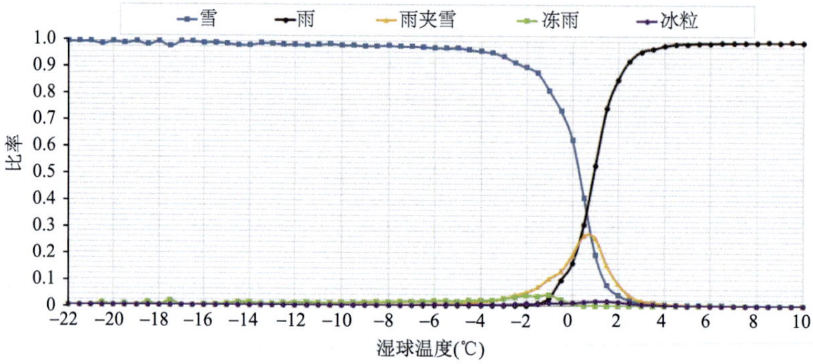

图 5.6　1955—2019 年华北地区不同湿球温度阈值范围内雨、雨夹雪和雪、冻雨和冰粒 5 种降水相态占总样本的比率

图 5.7、图 5.8 和图 5.9 分别给出了雨、雨夹雪和雪各降水相态湿球温度在 $T_w<0$ ℃，0 ℃$\leqslant T_w<1.0$ ℃和 $T_w\geqslant 1$ ℃ 3 个区间的概率空间分布情况。从图 5.7 中可以看出，在湿球温度 $T_w<0$ ℃的条件下，京津冀地区除河北东北部个别站点，其他站点雪出现的概率基本都在 0.9 以上，雨夹雪和雨的概率都在 0.1 以下，可以区分出 90%以上的雨和雪。湿球温度在 0 ℃$\leqslant T_w<1.0$ ℃的条件下，雪出现的概率开始降低(0.5～0.7)，但还是高于雨和雨夹雪的出现概率(0.1～0.5)，海拔高度在 400 m 以下的站点，雨出现的概率相对较高(0.2～0.4)，海拔高度在 400 m 以上的山区站点，雨夹雪出现的概率高于雨出现的概率。湿球温度在 $T_w\geqslant 1$ ℃的条件下，除河北北部海拔高于 1000 m 的几个站点及河北南部个别站点，雨出现的概率基本都在 0.9 以上。

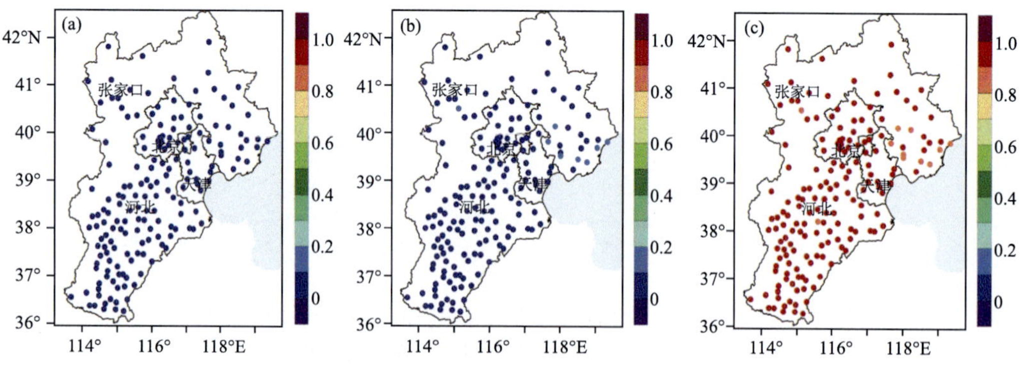

图 5.7　雨(a)、雨夹雪(b)、雪(c)3 种降水相态在 $T_w<0$ ℃时的概率空间分布

5.2.2.4　睿图-睿思高分辨率格点数据的统计特征

本研究利用 2016 年 1 月—2019 年 4 月冬季 15 个降水日京津冀地区 174 个国家自动气象站采样处理好的逐 10 min 天气现象资料，提取各站点周围对应的睿思系统 8 个网格点上相应

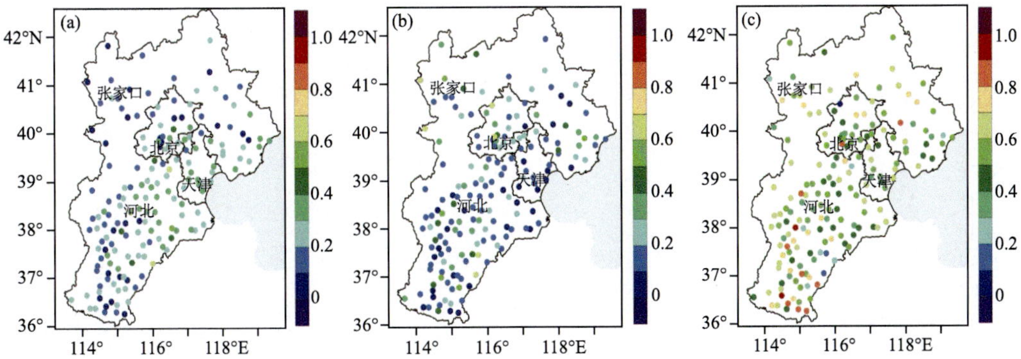

图 5.8 雨(a)、雨夹雪(b)、雪(c)3 种降水相态在 0 ℃≤T_w<1.0 ℃区间的概率空间分布

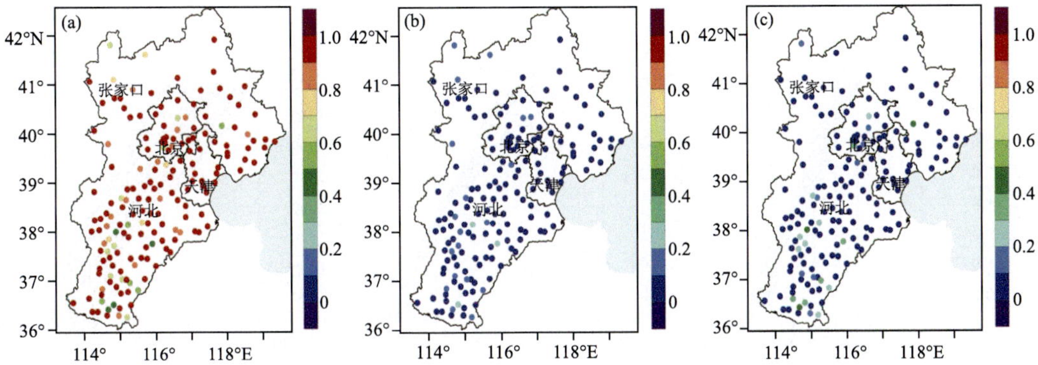

图 5.9 雨(a)、雨夹雪(b)、雪(c)3 种降水相态在 T_w≥1 ℃区间的概率空间分布

的分析场和 1～12 h 预报场资料。

为定量分析不同降水相态与 SNF 的关系，利用 2016—2019 年睿思数据，分别计算了 SNF 在每 0.1 区间内雪、雨夹雪、雨、冻雨中降水相态占各自的比率。根据统计结果(图 5.10)发现，0～0.1 区间，雨和冻雨的百分比最高，0.9～1.0 区间，雪的百分比最高。因此，确定 0.1 作为诊断雨和冻雨的阈值，0.9 作为诊断雪的阈值。从图 5.10 中可以看出，雨夹雪的 SNF 分布特征不太清楚。在[0,0.1)和[0.9,1]中，雨夹雪的比率都较高。

温度垂直分布是降水相态的主要决定因素，本研究从京津冀地区睿思高分辨率气温和湿球温度三维客观分析场样本中随机抽取雨、雨夹雪和雪各 30 组样本，分别绘制了 3 种降水相态对应的湿球温度随高度的变化，对不同的降水相态与湿球温度分布之间的关系进行分析，如图 5.11 所示。

从图 5.11 中可以看出，不同降水相态湿球温度的三维廓线分布特征不同。雨的 30 组样本，基于地面高度的 0 m 湿球温度都在 0 ℃以上，湿球温度在低层高于 0 ℃的面积明显大于雨夹雪，开始融化的高度较雨夹雪和雪高很多，暖层厚度相比雨夹雪更深厚，基本在离地 250 m 以上，低层温度的垂直递减率较大。雨夹雪的 30 组样本，0～500 m，大部分廓线有弱的逆温层，0 m 湿球温度分布在－1～2 ℃，近地层都存在一个暖层，暖层相比雨较浅薄，分布在 0～100 m。雪的 30 组样本中，大多样本整层湿球温度都在 0 ℃以下，有极少数的廓线样本近地层湿球温度大于 0 ℃，有非常浅薄的暖层。从三者湿球温度的垂直分布来看，湿球温度差异比较

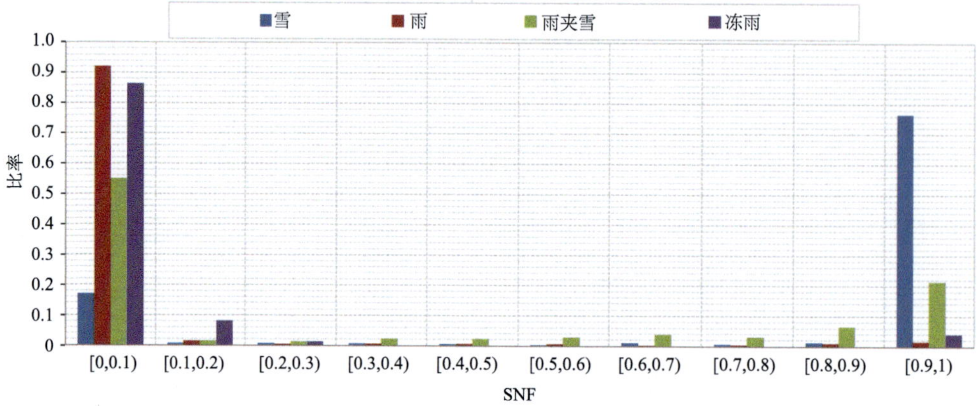

图 5.10　每 0.1 区间内雪、雨、雨夹雪、冻雨 4 种降水相态 SNF 值占各自的比率

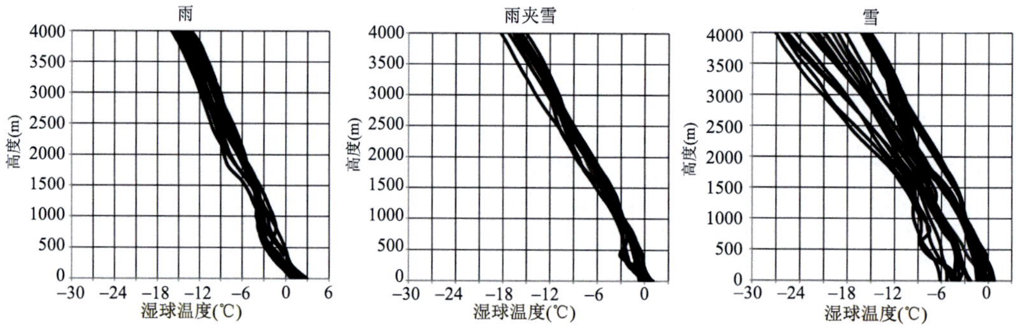

图 5.11　京津冀地区 3 种降水相态对应的湿球温度廓线随高度的变化

明显的区域主要位于 500 m 以下，尤其是近地面层，500 m 以上 3 种不同降水相态湿球温度基本都是冷冻层。

为定量分析不同降水相态与 Z_s-Z（Z_s 为雪线高度，Z 为地面海拔高度）融化层厚度之间的关系，利用 2016—2019 年睿思数据，分别统计了雪、雨夹雪、雨不同降水相态 Z_s-Z 的箱线分布情况（图 5.12）。方框中间的水平线为中值（50%样本覆盖率），方框的上下边界分别为 25%和 75%，上下边界分别为样本的最大值和最小值。根据统计结果，发现雪主要分布在融化层厚度 $Z_s-Z\leqslant 0$ m 的区间；雨夹雪主要分布在 0 m$<Z_s-Z<$250 m 的区间；雨主要分布在 $Z_s-Z\geqslant 250$ m 的区间。

5.3　雨雪过程中云微物理特征

2015 年 11 月 20—22 日和 2016 年 11 月 20—21 日，北京地区均出现了全市性的雨雪天气，相态转换非常复杂。本节利用 WRF 中尺度数值模式，通过模拟两次过程中云内液态粒子和冰相粒子的分布和演变特征，分别对降水相态转换的机制进行了探讨，并比较分析了两次过程云微物理特征的差异。由于大部分数值预报模式都提供与微物理特征有关的云水含量和云冰含量产品，期望本节的分析结果能加深预报人员对此类雨雪过程微物理特征的认识，在此基础上充分利用与云微物理有关的数值模式产品，进而提高冬季降水相态的精细化预报水平。

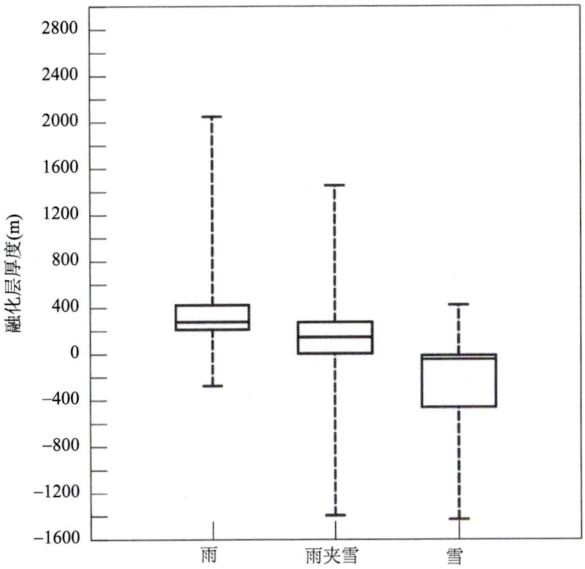

图 5.12　京津冀地区 3 种降水相态对应的融化层厚度的箱线图

5.3.1　模式介绍

采用 WRF V3.5 数值模式对两次过程进行模拟研究。模拟采用非静力方案，分成两层嵌套，两层模拟区域水平分辨率分别为 27 km、9 km，水平格点数分别为 101×91、109×109。模式层顶取 50 hPa，垂直方向分为 30 层。模拟过程的物理参数化方案包括：行星边界层采用 YSU 方案，长波辐射方案采用 RRTM 方案，短波辐射方案采用 Dudhia 方案，积云对流参数化采用 Kain-Fritsch 方案，微物理过程计算采用 Morrison 等的双参数方案(Morrison et al.，2005)。模拟中采用的 Morrison 等微物理过程方案是于 WRF3.0 版本引入的一个较新的双参数微物理参数化方案，该方案含有水汽、云水、雨水、冰晶、雪和霰共 6 类不同相态的水凝物。与以往的单参数化方案相比，该方案对除了云滴外的其他类别粒子采用双参数方法进行预报，对微物理过程的描述非常全面而细致，因此能够描述复杂的微物理过程并适应不同条件下的数值模拟(Morrison et al.，2009)。鉴于上述两次雨雪过程的相态转换较为复杂，故采用 Morrison 等的微物理过程方案进行模拟。

模式的初始场和侧边界均由 NCEP 的全球中期预报分析产品(FNL)提供，分辨率为 1.0°×1.0°，时间间隔为 6 h，在初始场中同化了地面自动气象站及探空资料。2015 年 11 月的雨雪过程，模拟时间从 2015 年 11 月 20 日 20 时(北京时，下同)开始，至 22 日 02 时结束；2016 年 11 月的雨雪过程模拟时间从 2016 年 11 月 19 日 20 时开始，至 21 日 08 时结束。模式分析结果主要是内层嵌套的输出，每小时输出一次。

5.3.2　天气形势

图 5.13a 是 2015 年 11 月 20 日 20 时 500 hPa 位势高度场，乌拉尔山地区的高压脊不断发展，伸到高纬度极地地区。我国东北地区有一个东西向的横槽，横槽后部的偏北气流引导冷空气经贝加尔湖南下。北京上空为槽底部的偏西气流控制，700 hPa(图 5.13b)和 500 hPa 的

形势类似。850 hPa(图 5.13c)东北—西南走向的切变线压在北京上空。21 日 08—20 时，850 hPa 西南气流加强，切变线稳定维持在北京上空，为雨雪的发生提供了动力条件。

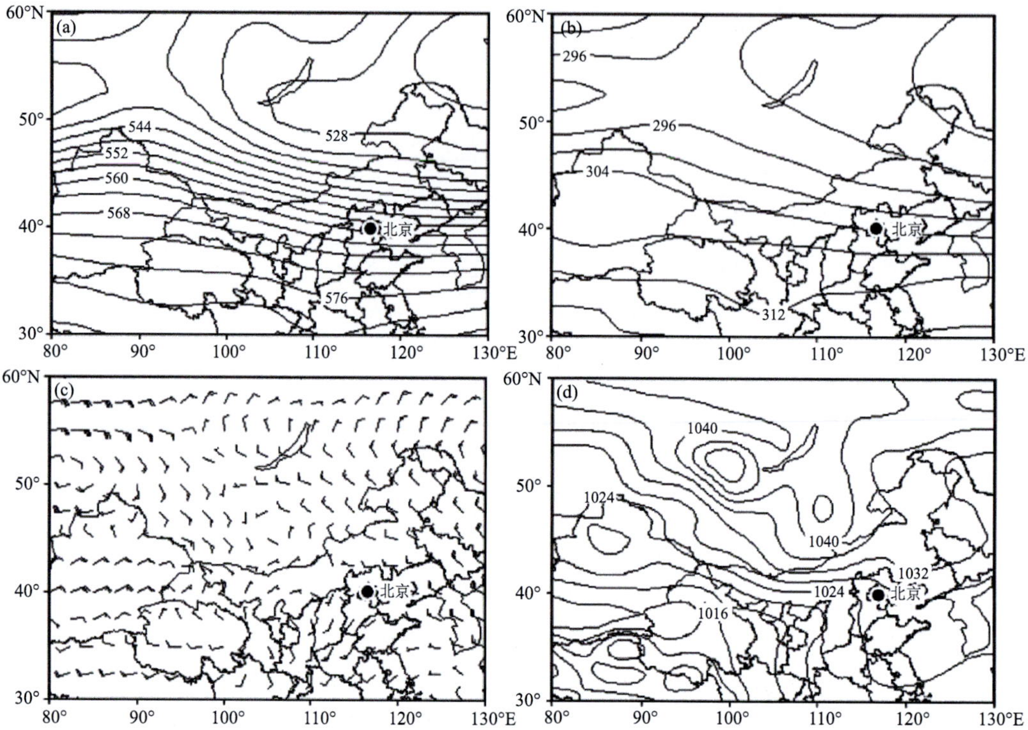

图 5.13 2015 年 11 月 20 日 20 时(a)500 hPa、(b)700 hPa 高度场(单位:dagpm)，(c)850 hPa 风场(矢量，单位:m/s)，(d)地面气压场(单位:hPa)(黑色实心圆点代表北京地区)

从地面气压场(图 5.13d)可以看出，20 日 20 时倒槽从我国西藏地区向东北方向逐渐发展，21 日 08 时(图略)倒槽一直向北伸展到河套地区，北京位于倒槽东侧。在倒槽以北是冷高压，冷空气从冷高压分裂出来向南入侵。这股冷空气从我国东北地区南下到渤海湾，由于北京地区位于冷高压的底部，所以南下到渤海湾的冷空气回流到华北平原东部形成偏东风，这是北京地区降水的典型形势之一。这种“东高西低”的华北回流形势稳定，所以降水持续时间较长。

图 5.14a 是 2016 年 11 月 20 日 20 时 500 hPa 位势高度场，在贝加尔湖以东存在一个低涡系统，对应 500 hPa 高空槽从我国东北地区一直延伸到内蒙古中部，北京地区位于槽前的偏西气流中，700 hPa(图 5.14b)槽线位于河北西北部，850 hPa(图 5.14c)东北—西南走向的切变线压在北京上空。观察地面气压场分布(图 5.14d)，与 2015 年 11 月 20 日 20 时的地面气压场类似，北京位于倒槽的东侧，南下到渤海湾的偏北路冷空气回流到华北平原东部，与偏南暖湿气流在北京地区交汇造成雨雪天气过程。

5.3.3 降水实况和降水量模拟

5.3.3.1 2015 年 11 月 20—22 日雨雪过程

2015 年 11 月 20 日夜间开始北京西部、北部出现小雪，北京城区及南部地区小雨或雨夹雪；21 日白天北京西部、北部地区出现中雪、局地大雪，城区及南部地区由雨转雨夹雪再转雨；22 日全市出现强降雪，大部分地区降雪量级达大雪。前面已经提到过，对于纯降雪过程的云

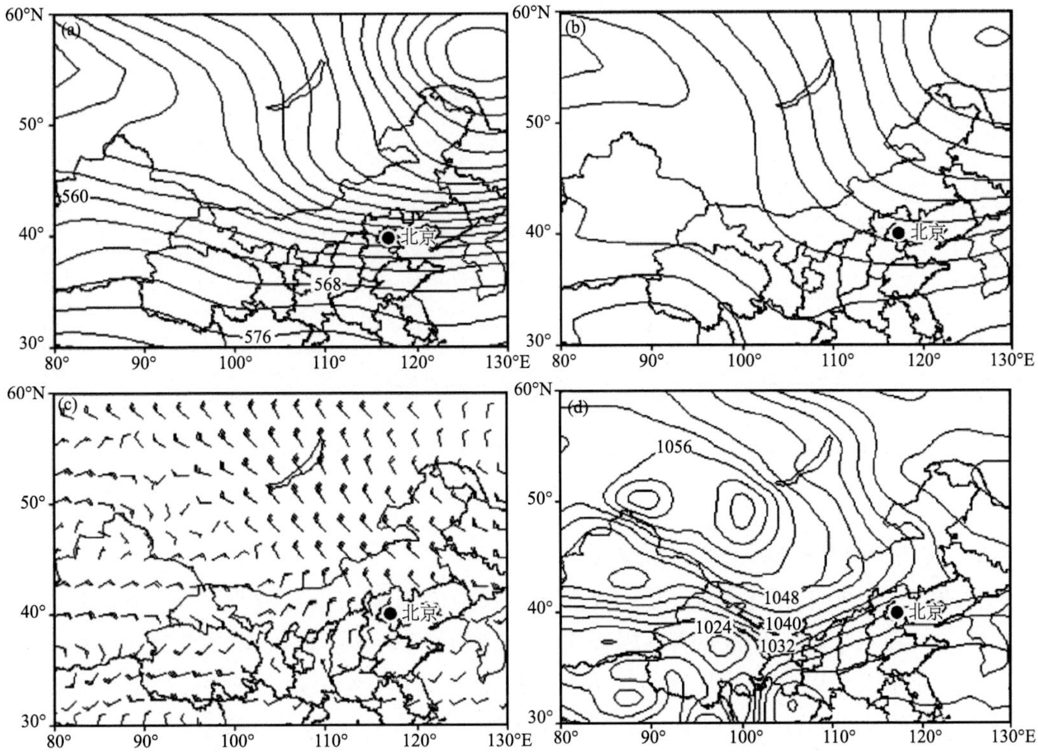

图 5.14　2016 年 11 月 20 日 20 时(a)500 hPa、(b)700 hPa 高度场(单位:dagpm),(c)850 hPa 风场(矢量,单位:m/s),(d)地面气压场(单位:hPa)(黑色实心圆点代表北京地区)

微物理特征,已有研究进行过详细分析。因此,对于此次雨雪过程,着重讨论 21 日的相态转换过程。表 5.1 给出了 2015 年 11 月 21 日 05—20 时观象台(116.5°E,39.8°N)、怀柔(116.6°E,40.37°N)随时间变化所对应的天气现象。

表 5.1　2015 年 11 月 21 日 05 时—21 日 20 时观象台、怀柔天气现象演变

站名	21 日			
	05 时	11 时	17 时	20 时
观象台	雨	雨	雨夹雪	雨
怀柔	雨	雪	雨夹雪	雪

图 5.15 为模式输出的 2015 年 11 月 20 日 20 时—22 日 02 时北京地区累计降水量和实况观测的降水量。实况降水量级分布比较均匀,大部分地区累计降水量在 4～6 mm,其中在昌平和平谷地区存在两个降水量的大值中心。与模式模拟的结果进行对比可以看出,模式对降水量级和落区分布的模拟较好,特别是城区及南部地区基本上与实况一致。对于昌平地区的降水大值中心位置与实况基本吻合,但量值略偏大;密云中部的降水与实况相比偏少。考虑到高分辨率对模式降水方案带来的误差影响,模式对此次雨雪过程的模拟比较理想。另外,将模拟的 500 hPa 高空槽、850 hPa 切变线的位置和移动速度与实况进行比较(图略),可以得出模式对系统位置和移动速度的模拟与实况是一致的。

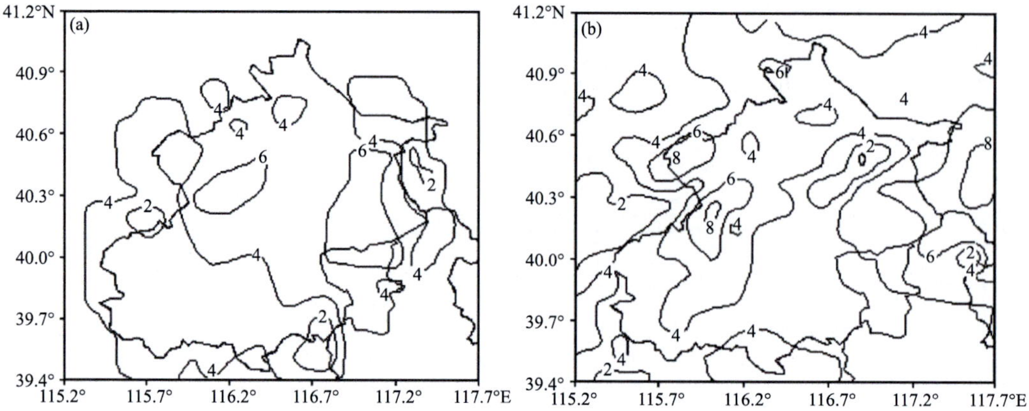

图 5.15　2015 年 11 月 20 日 20 时—22 日 02 时累计降水量分布(单位:mm)
(a. 实况,b. 模拟)

5.3.3.2　2016 年 11 月 20—21 日雨雪过程

2016 年 11 月 20 日中午前后,北京西部和北部山区出现雨夹雪或小雪,16 时前后延庆雨夹雪转雪,22—23 时城区大部分测站转雨夹雪,半夜前后转雪。此次雨雪天气过程相态转换复杂,为 2016 年入冬以来的首场降雪。表 5.2 给出了 2016 年 11 月 20 时—21 日 05 时观象台(116.5°E,39.8°N)、怀柔(116.6°E,40.37°N)随时间变化所对应的天气现象。

表 5.2　观象台、怀柔 2016 年 11 月 20 日 20 时—21 日 05 时天气现象演变

站名	20 日		21 日	
	20 时	23 时	02 时	05 时
观象台	雨	雨夹雪	雨夹雪	雪
怀柔	雨夹雪	雪	雪	雪

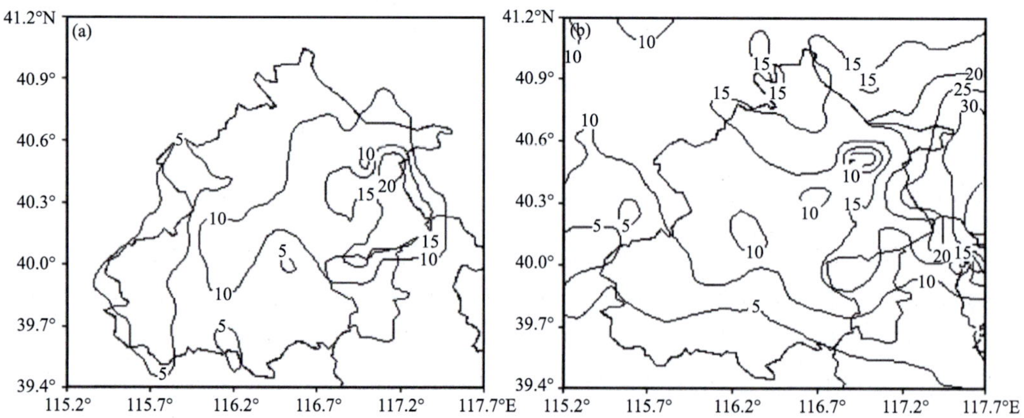

图 5.16　2016 年 11 月 19 日 20 时—21 日 08 时累计降水量分布(单位:mm)
(a. 实况,b. 模拟)

图 5.16 为模式输出的 2016 年 11 月 19 日 20 时—21 日 08 时北京地区累计降水量和实况

观测的降水量。对比图 5.16a 和图 5.16b 可以看出，实况降水分布是东北部大、南部小，这与模式模拟结果基本一致。与实况相比，模式对北部地区的降水量级模拟偏大，这可能跟区域模式在地形陡峭的地区易出现过量降水有关(Chao，2012)。因此，从整体的降水落区和量级来看，模式对此次雨雪过程的模拟比较理想。另外，比较 500 hPa 高空槽和 850 hPa 切变线的位置(图略)，可以得出模式对系统位置和移动速度的模拟与实况一致。

5.3.4 云物理过程分析

5.3.4.1 2015 年 11 月 20—22 日雨雪过程

21 日 05 时(图 5.17a、图 5.18a)，云水分布在 800～950 hPa，最大含水量出现在 850 hPa，为 0.6 g/kg。水汽含量的大值区位于南部暖区中，最大值为 4 g/kg。从垂直速度分布可以看出，此时云区内有强的上升运动，这与 850 hPa 的切变线是相对应的。雨水的分布与云水相对应，最大含水量为 0.03 g/kg。雪晶分布在 40°N 以北、800 hPa 以下，但是含水量较小，为 0.02 g/kg。这一阶段冰相粒子对降水的作用不明显，液相粒子起主要作用，北京大部分地区降水相态以雨为主。

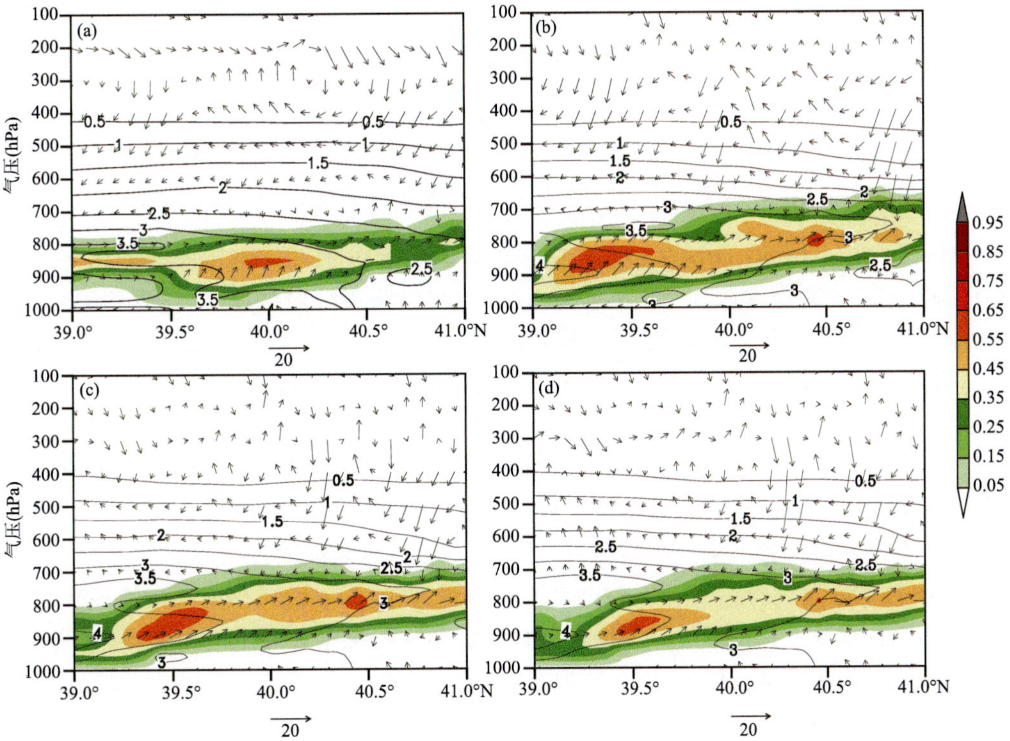

图 5.17　2015 年 11 月 21 日沿 116.5°E 比湿(黑色实线，单位：g/kg)、云水(阴影，单位：g/kg)和风场(矢量：v，$w\times100$，单位：m/s)的垂直剖面
(a. 05 时，b. 11 时，c. 17 时，d. 20 时)

11 时(图 5.17b、图 5.18b)，等温线受冷空气的推动由北向南移动，其中－6 ℃的等温线表现尤为明显，此时段雨水分布有所南移，雪晶分布的水平尺度加大，怀柔上空降温，雪晶含量增加，怀柔地区相态由雨转为雪。

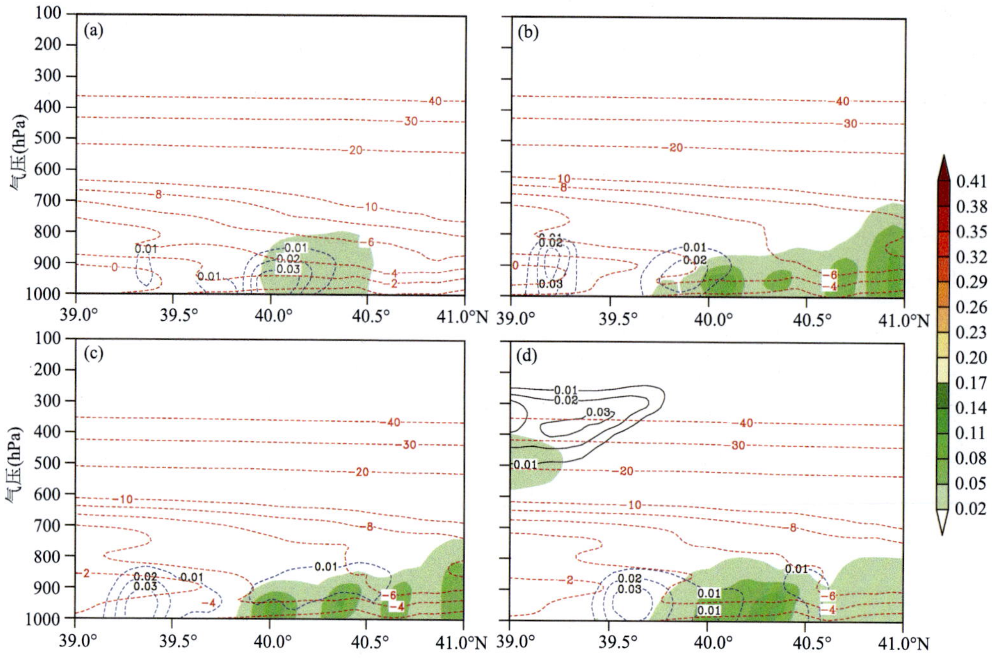

图 5.18　2015 年 11 月 21 日沿 116.5°E 温度(红色虚线,单位:℃)、冰晶(黑色实线,单位:g/kg)、雪晶(阴影,单位:g/kg)和雨水(蓝色虚线,单位:g/kg)的垂直剖面
(a. 05 时,b. 11 时,c. 17 时,d. 20 时)

17 时(图 5.17c、图 5.18c),观象台上空的雪晶含量与 11 时相比基本没有变化,但是雨水含量有所减少,在观象台观测到了雨夹雪,这说明当降水强度较弱时,地面观测到的相态变化是由液相粒子和冰相粒子的相对浓度大小决定的。此时,怀柔上空(900 hPa 附近)再次出现雨水,从等温线的变化推断这可能是由于日变化导致怀柔上空液相粒子有一定程度的增强,故在怀柔观测到雨夹雪。

20 时(图 5.17d、图 5.18d),观象台降水相态为雨,与 17 时相比,雪晶浓度几乎没有变化,模式预报地面温度也没有变化。那么是何种原因导致观象台 17 时和 20 时的降水相态存在差异?比较两个时刻观象台上空云水的含量,可以看出云水含量的大值中心都位于 850 hPa,但 20 时的最大含水量为 0.38 g/kg,17 时的最大含水量为 0.52 g/kg。根据云微物理降水理论,雪晶增长的一种重要方式是通过与过冷云(雨)滴的粘连碰冻增长,因此,推断 20 时雪晶与过冷云(雨)滴的粘连碰冻增长作用比 17 时要小一些,相应生成雪晶的数浓度少,以至于在地面观测到的降水相态为雨。

进一步考察了 21 日 20 时北京观象台的实况探空(图 5.19),从探空图中可以明显看出,在 500～650 hPa 是一个明显的干层,而这两个高度恰好是－20 ℃和－10 ℃等温线所在的高度,Pruppacher 等(1997)研究指出云中冰晶形成的关键区域位于－20～－10 ℃,这就意味着在这样的湿度条件下在这两个高度之间形成的冰晶数量非常有限,故这次过程中雪晶的增长几乎无法通过冰晶自身的凝华、撞冻及碰并等机制进行(顾震潮,1980);另一方面,由于 21 日白天北京地区 500 hPa 和 700 hPa 处于槽底部的偏西或西北气流控制,高空空气比较干燥,气温与露点差值大,在探空图上 700 hPa 附近可以观测到“喇叭口形”的下沉逆温,这表明 20 时高空出现了下沉运动，在这样的动力条件下也不利于冰晶的形成，云中水汽基本上都以过冷水滴的形式存在。同时，北京观象台自动气象站逐小时降水观测资料显示，17 时降水量为 0.4 mm，20 时降水量为 0.1 mm，这是由于 20 时高空下沉运动增强，抑制了云中过冷云（雨）滴的形成，故降水强度与 17 时相比减弱，雪晶的增长受过冷云（雨）滴的浓度限制，粘连碰冻作用减弱，生成的雪晶数量有限，以至于 20 时在观象台上空观测到雨。

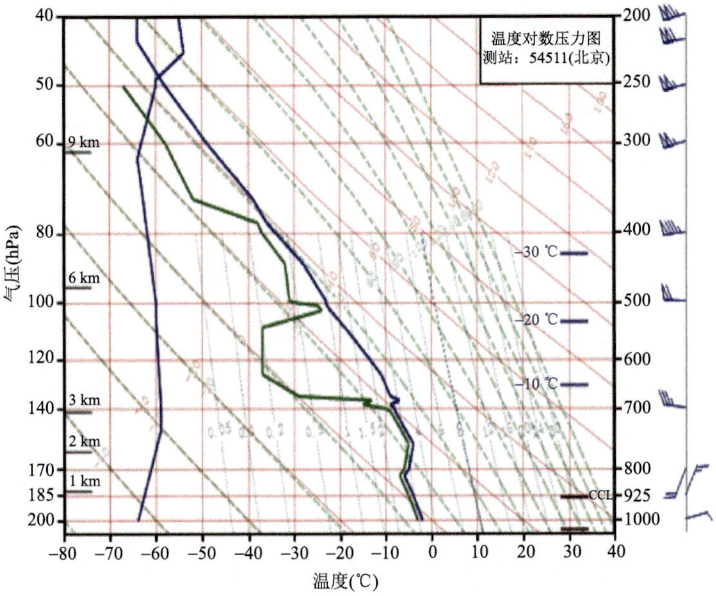

图 5.19　2015 年 11 月 21 日 20 时北京观象台温度压力对数图

另外，观象台实况探空显示整层温度都在 0 ℃以下，其中 850 hPa 温度为−5 ℃，925 hPa 温度为−4 ℃，根据北京地区雨雪转换的经验统计指标（张琳娜 等，2013），对于 925 hPa 雨雪转换阈值温度为−2 ℃，850 hPa 雨雪转换阈值温度为−4 ℃，按此标准判断相态应该为雪。通过上面的分析知道这次过程中对观象台来说几乎没有冰晶参与，不难理解 21 日白天的相态几乎以雨为主，只在 17 时前后短暂地观测到雨夹雪。这启示在预报降水相态时，不仅要关注各标准层的经验阈值温度，而且要关注模式产品中与微物理有关的水成物分布层次。

5.3.4.2　2016 年 11 月 20—21 日雨雪过程

20 日 20 时（图 5.20a、图 5.21a），冰晶主要位于 300～500 hPa 高度，最大含水量为 0.07 g/kg，冰晶分布区域对应大片的上升运动区。雪晶含量的最大值中心与上层冰晶含量的最大值中心相对应，位于 500 hPa，最大含水量为 0.13 g/kg。观察沿 39.8°N 垂直方向上的云微物质分布，可以发现冰相粒子和液相粒子共存，其中在 300～650 hPa 高度上全为冰相粒子，而对应 20 时观象台相态为雨，由于 20 时观象台地面温度在 0 ℃以上，这说明对于观象台的降水，除了暖云降水外，冰相粒子在下落过程中的融化也起了一定的作用，属于混合相云降水。

20 日 23 时（图 5.20b、图 5.21b），随着偏北路冷空气的逐渐增强，冰晶和雪晶的范围逐渐扩大南移，观象台上空的雪晶含量增加至 0.04 g/kg，相态由雨变为雨夹雪。对于怀柔地区，雪晶含量从 20 时的 0.06 g/kg 迅速增加至 0.37 g/kg，相态由雨夹雪转为雪。21 日 02 时（图 5.20c、图 5.21c），雨水的范围迅速南移，强度减弱，同时冰晶和雪晶的范围进一步向南扩大。

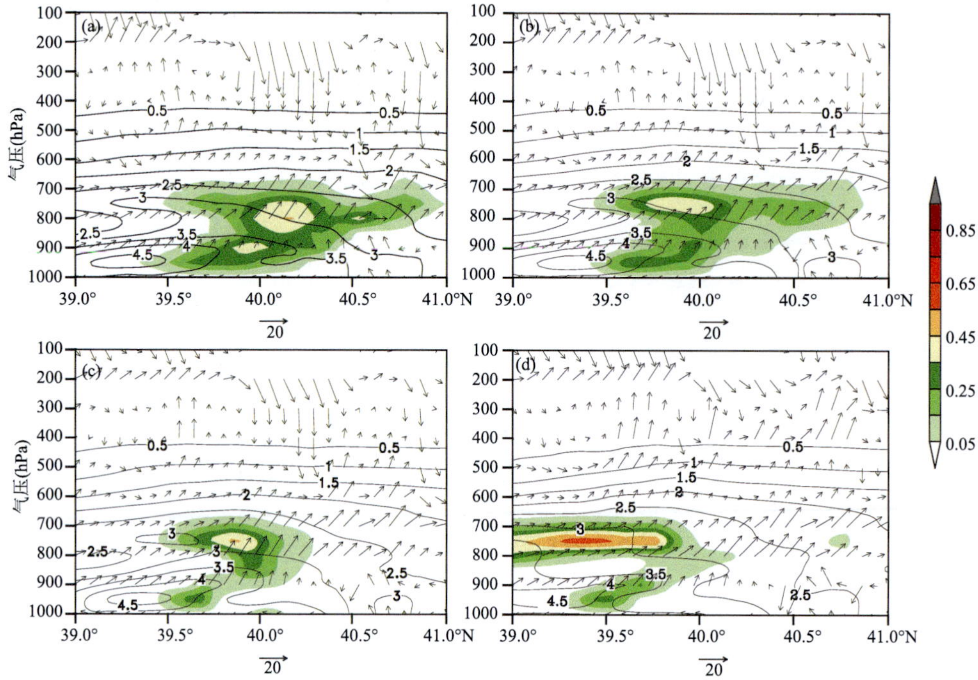

图 5.20　2016 年 11 月 20—21 日沿 116.5°E 比湿(黑色实线,单位:g/kg)、云水(阴影,单位:g/kg)和风场(矢量:v,$w\times100$,单位:m/s)的垂直剖面

(a. 20 日 20 时,b. 20 日 23 时,c. 21 日 02 时,d. 21 日 05 时)

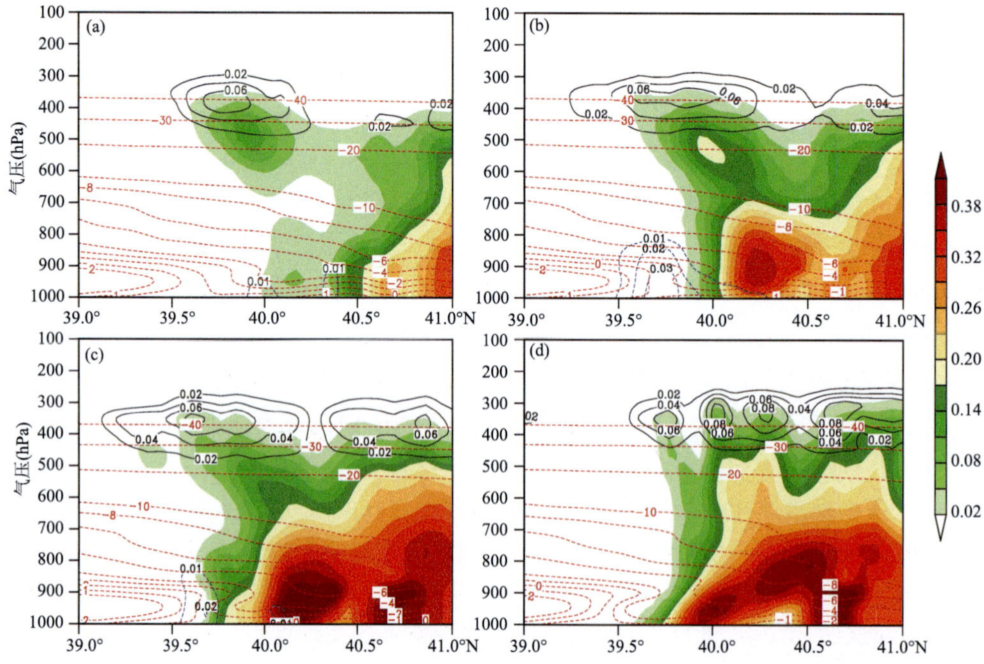

图 5.21　2016 年 11 月 20—21 日沿 116.5°E 温度(红色虚线,单位:℃)、冰晶(黑色实线,单位:g/kg)、雪晶(阴影,单位:g/kg)和雨水(蓝色虚线,单位:g/kg)的垂直剖面

(a. 20 日 20 时,b. 20 日 23 时,c. 21 日 02 时,d. 21 日 05 时)

怀柔地区上空液相粒子消失，整层为冰晶和雪晶构成的冰相粒子，相态为雪。21 日 05 时（图 5.20d、图 5.21d），随着北部高压系统南压，锋面开始过境，40°N 以北 900 hPa 至地面为北风分量，整层温度快速下降，观象台和怀柔地面温度均下降至 0 ℃以下。北京上空几乎不存在液相粒子，云微物质是由冰晶和雪晶组成的冰云，相态全部为雪。

另外，从 4 个时刻的云水分布（图 5.20）可以看出，在 700～950 hPa 含有较厚层次的过冷水层，高层形成的冰晶在下落过程中碰到过冷水，会通过“冰水转化”过程长大。因此，冰晶的增长除了靠冰晶间的碰并增长外，冰晶的凝华增长也起了重要作用，而不断长大的冰晶可以通过进一步撞冻、碰并等机制形成雪晶。

进一步考察 20 日 20 时和 21 日 08 时北京观象台的实况探空（图 5.22）。20 日 20 时（图 5.22a），−20 ℃等温线位于 520 hPa 附近，−10 ℃等温线位于 660 hPa，在这两个高度之间，即冰晶形成的关键区域，存在一定程度的饱和；与 2015 年的雨雪过程不同，这次雨雪过程中北京地区在 500 hPa 和 700 hPa 都有高空槽系统的存在，槽前的垂直上升运动为冰晶的形成及碰并增长提供了有力的动力条件。高层形成的冰晶长大后降落到中低层，由于冰面上饱和水汽压小于过冷水面上的饱和水汽压，它们之间存在的水汽压梯度导致冰晶通过耗费过冷水滴而迅速增长，即冰晶的凝华过程。这个过程效率高，速度快，降水粒子总质量的 90％以上是由该过程造成的（顾震潮，1980）。所以对于有冰晶粒子参与的雨雪过程，雪晶主要依靠冰晶的凝华、撞冻及碰并等机制而不断增长。但是在 20 日 20 时，实况探空显示 0 ℃层距离地面 357.5 m，而且地面温度为 3 ℃，那么冰晶下落到该区域时会融化成雨水。北京观象台自动气象站地面温度观测资料显示，20 日 23 时和 21 日 02 时地面温度分别为 1 ℃和 0 ℃，说明随着东北路回流冷空气的逐渐渗透，地面温度不断下降，高层形成的冰晶下落到暖层时的融化作用逐渐减弱，故在这两个时刻观测到了雨夹雪。

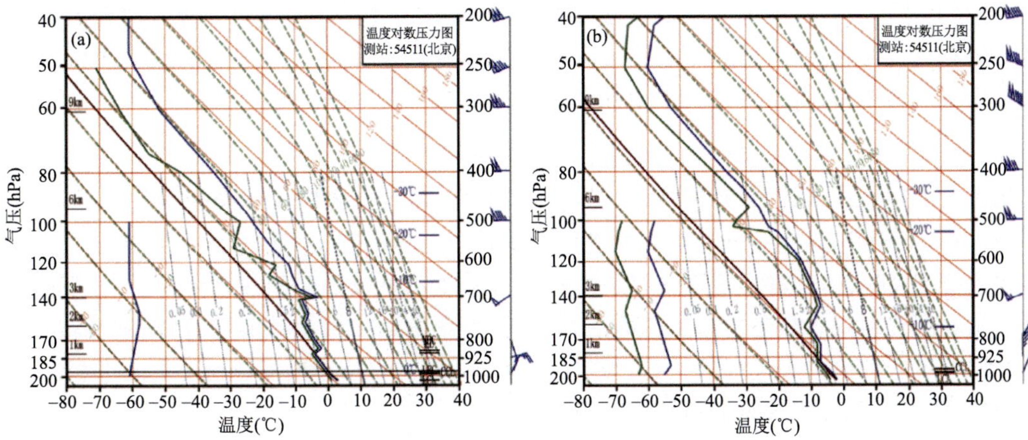

图 5.22　2016 年 11 月 20 日 20 时(a)和 21 日 08 时(b)北京观象台温度压力对数图

21 日 08 时（图 5.22b），锋面过境北京站，探空图上在 720～800 hPa 可以观测到明显的锋面逆温，整层温度均下降到 0 ℃以下，而且 −20 ℃到 −10 ℃之间几乎全部饱和，相对湿度条件的转好更加有利于高层冰晶的形成及碰并增长，故降水相态全部转为雪。

5.3.4.3　两次云微物理过程比较

第 5.3.4.1 节和第 5.3.4.2 节分别对两次雨雪过程的相态转换机制进行了详细分析，可以看出，两次过程虽然均为雨雪转换过程，但是导致雨雪转换的云内最主要的雪晶粒子含量和微物理形成机制存在很大差异。2015 年的过程，在雨转雨夹雪时段内，雪晶主要分布在 800 hPa以下，最大含水量为 0.07～0.1 g/kg，雪晶通过与过冷云（雨）滴的粘连碰冻作用而不断增长导致观象台的相态由雨转为雨夹雪；而 2016 年的过程，在雨转雨夹雪的时段内，雪晶分布在 300 hPa 至地面，最大含水量为 0.1～0.4 g/kg，远超过 2015 年过程的雪晶含量，雪晶主要依靠冰晶的凝华、撞冻及碰并等机制而不断增长，导致观象台的相态由雨转为雨夹雪。

综上所述，同样是雨转雨夹雪过程，但是云中雪晶粒子的含量和分布的层次是截然不同的，导致相态转换的微物理过程也不同。

因此，在冬季降水相态预报中，除了参考各标准层的温度和雨雪转换经验指标外，还要充分关注模式产品中与微物理有关的水成物分布的层次和浓度大小，结合云微物理理论，综合判别降水相态及其演变。

5.4 降水相态高精度客观分类短临预报技术

本研究基于睿图-睿思系统，采用传统统计分类和机器学习方法，研发了与冬奥会气象预报服务密切相关的京津冀冬季降水相态客观预报技术，并在冬季天气预报、冬奥会测试赛等气象预报服务中获得实际应用。

（1）基于传统统计分类方法，采用京津冀地区 1955—2019 近 65 年气象资料构建以湿球温度作为判断复杂地形下 5 类不同降水相态的关键指标，并联合睿图-短期模式微物理预报产品、睿图-睿思系统高精度温度和湿度廓线分析和预报产品、地面观测数据，建立了复杂地形下高时空分辨率降水相态客观诊断预报算法。该算法已集成进睿思系统实时运行，并在冬奥测试赛气象预报服务中获得实际应用。

（2）在上述传统统计分类方法研究基础上，进一步基于长序列国家级气象站资料，睿图-睿思高分辨率集成预报产品，构建了基于人工智能的京津冀复杂地形下降水相态关键判别指标和高分辨率预报模型，进一步提升了雨夹雪复杂降水相态的客观分类预报技巧。

5.4.1 传统统计订正方法

本研究运用睿思系统，将睿图-短期模式预报的雪、雨、冰、霰降水混合比通过三线插值法插值到 1 km 分辨率、0～4 km 高度内的睿思网格点上，计算近地面大气层雪混合比占雨和雪混合比的比率（SNF），将其作为降水相态诊断的背景场。基于长时间序列京津冀地区国家自动气象站观测资料降水相态与温度的关系，结合睿思系统输出的湿球温度廓线、地面温度、融化层厚度及自动气象站天气现象、气温等实况观测资料，构建京津冀复杂地形下降水相态分类客观预报算法，实现降水相态的精细化客观预报。

诊断因子如下：①每个网格点逐 10 min 的降水量（P）；②雨混合比（QR）；③雪混合比（QS）；④霰混合比（QG）；⑤雪混合比占雨和雪混合比的比率（SNF）；⑥气温（T_a）；⑦湿球温度（T_w）；⑧雪线高度（Z_s）；⑨地形高度（Z）；⑩融化层厚度（Z_s-Z）。降水相态诊断流程如图 5.23 所示。

为评估降水相态分类客观预报效果，选取 2016—2018 年京津冀地区共 15 次冬季降水过程，将检验类型分为雨(1)、雨夹雪(2)、雪(3)、冻雨(4)，将自动气象站天气现象解码为对应的雨(1)、雨夹雪(2)、雪(3)、冻雨(4)，以自动气象站实况观测的天气现象作为依据，当自动气象站出现 1～

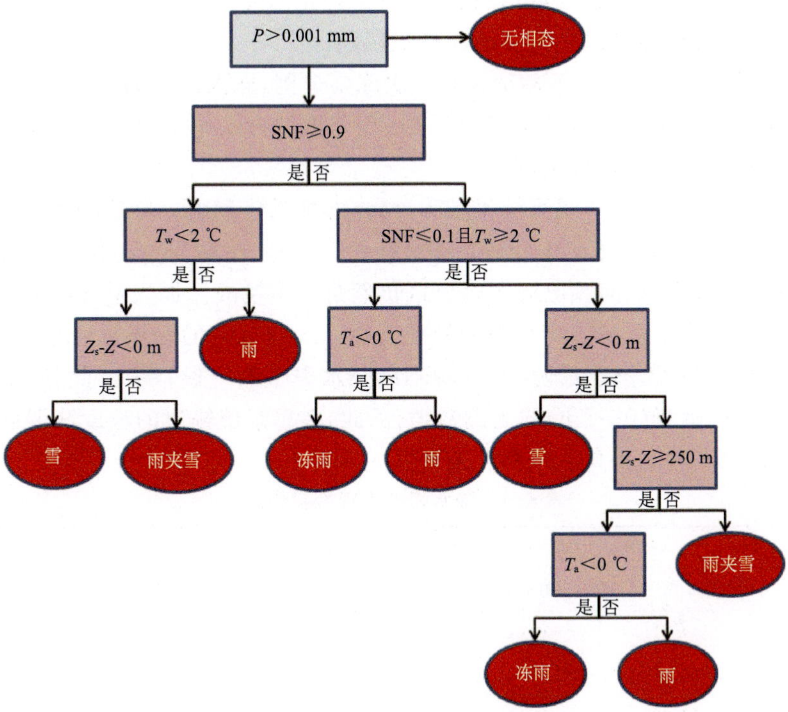

图 5.23　降水相态综合诊断流程

4 类，即雨、雨夹雪、雪和冻雨这 4 种天气现象时，若距离自动气象站附近最近的格点周围 9 个格点内(周围1.5 km 范围内)至少有一个格点出现 1～4 类天气现象，才进行降水相态的客观诊断，即分别计算各类降水类型在这个邻域空间内所占的百分比(F 雪/F 雨夹雪/F 雨/F 冻雨/F 无)来表示各类降水类型出现的概率，在每一个邻域空间内，各类降水类型出现的总概率都等于 1(表 5.3)。

表 5.3　降水相态客观诊断情况

		RISE 分析和预报					总的百分比
		雪	雨夹雪	雨	冻雨	无	
自动气象站观测	雪	Obs＝雪 F 雪>0	Obs＝雪 F 雨夹雪>0	Obs＝雪 F 雨>0	Obs＝雪 F 冻雨>0	Obs＝雪 F 无>0	F 雪＋F 雨夹雪＋F 雨＋F 冻雨＋F 无＝1
	雨夹雪	Obs＝雨夹雪 F 雪>0	Obs＝雨夹雪 F 雨夹雪>0	Obs＝雨夹雪 F 雨>0	Obs＝雨夹雪 F 冻雨>0	Obs＝雨夹雪 F 无>0	F 雪＋F 雨夹雪＋F 雨＋F 冻雨＋F 无＝1
	雨	Obs＝雨 F 雪>0	Obs＝雨 F 雨夹雪>0	Obs＝雨 F 雨>0	Obs＝雨 F 冻雨>0	Obs＝雨 F 无>0	F 雪＋F 雨夹雪＋F 雨＋F 冻雨＋F 无＝1
	冻雨	Obs＝冻雨 F 雪>0	Obs＝冻雨 F 雨夹雪>0	Obs＝冻雨 F 雨>0	Obs＝冻雨 F 冻雨>0	Obs＝冻雨 F 无>0	F 雪＋F 雨夹雪＋F 雨＋F 冻雨＋F 无＝1

从表 5.4 可以看出，雪和雨的准确率都很高，分别为 0.91 和 0.94。雨夹雪的准确率为 0.41，其中有 39％的雨夹雪被误诊为了雨。这也说明在 0.5～2 ℃这个范围内，对于降水相态的区分更难。在这个温度范围内，降水类型对睿思模式输出的雪和雨混合比相对更敏感。而

本研究提出的诊断方法由于没有考虑到整个粒子谱融化的变化性以及不同粒子变化对于融化程度的影响情况，本身也会对雨夹雪的诊断造成影响。

需要注意的是，2016—2019 年冬季仅有一次冻雨个例，冻雨的总验证样本数仅为 202 个，远小于其他降水类型。从客观检验结果可以看到，冻雨的命中率为 0.83。今后，需要收集和检验更多与冻雨有关的冬季降水个例。

总体来说，降水类型预测与观测结果较为一致，尤其是雪和雨。导致降水类型划分错误的因素可能与睿思预报的温度误差及雨雪混合比有关。此外，在算法中使用阈值总是会引入误差，对于复杂的物理过程，如何预测雨雪过渡区仍然是一个挑战。加入最佳温度阈值和修正的热力学信息在一定程度上提高了降水类型的准确性。不同地区的临界温度值不同，根据华北地区的长时间序列资料可以较好地反映 5 种不同降水类型的气候特征。此外，由于睿思系统直接吸收和融合了临近场(0～3 h)的观测数据，因此，睿思系统输出的温度和湿度的性能技巧也得到了改进，这也有利于提高降水类型的精度。

表 5.4　降水相态客观检验结果

		睿思分析和预报(0～12 h)					
		雪	雨夹雪	雨	冻雨	无	样本总数(个)
自动气象站观测	雪	0.91	0.02	0.02	0.00	0.05	204596
	雨夹雪	0.15	0.41	0.39	0.00	0.05	13446
	雨	0.00	0.01	0.94	0.00	0.04	92399
	冻雨	0.00	0.03	0.00	0.83	0.14	202

5.4.2　机器学习方法

5.4.2.1　机器学习理论基础

1)XGBoost 算法原理

XGBboost(Chen et al.,2016)是基于梯度提升框架的一种高度可扩展的树结构增强模型，对稀疏数据的处理能力卓越，算法原理是将原始数据集分割成多个子数据集，将每个子数据集随机分配给基分类器进行预测，然后将弱分类的结果按照一定的权重进行计算，它由模型、参数和目标函数组成。其中，模型是根据给定的输入样本因子去预测输出的结果，参数是指最终建立的最优模型对应的系数，而目标函数的优化情况则决定了模型的准确性，目标函数优化得越好，预测结果就越接近真实值。目标函数 $Obj(\theta)$ 由两部分组成，如式(5.1)所示：一部分为误差函数 $L(\theta)$，代表模型的预测值和真实值之间的误差，一部分为复杂度函数 $O(\theta)$，代表同样的数据集的变动对学习能力的影响，当误差函数和函数复杂度都处于一个相对低点时，目标函数最优；加入泰勒二阶展开之后的目标函数如式(5.2)所示。

$$Obj(\theta)=L(\theta)+O(\theta) \tag{5.1}$$

$$Obj(\theta)=\sum\nolimits_{i=1}^{n}L((y_i,y_i^{m-1})+f_m(x_i))+\phi(f_m) \tag{5.2}$$

式中，n 表示所用的样本数量，m 表示当前迭代的次数，f_m 表示当前迭代的误差。

本文选择 CART 回归树作为模型的基函数，单个 CART 第 m 次预测的结果可以表示为公式(5.3)：

$$f_m(x)=T(x;\theta_m) \tag{5.3}$$

式中，T 为决策树，m 代表基分类器的数量，θ 代表决策树的划分路径，每颗决策树一个一个往里面加，最后预测结果为前一次的预测结果加上当下的。误差项可以表示为：

$$L(y_i, \hat{y}_i) = L(y_i, f_{m-1}(x)) + T(x, \theta_m) \tag{5.4}$$

式中，$L(y_i, \hat{y}_i)$ 为真实值 y_i 和预测值 $\hat{y}_i$ 之间差值之和。

2）支持向量机

支持向量机（support vector machine，SVM）由 Cortes 等（1995）提出，是一种建立在统计学习理论和结构风险最小化原理基础上的小样本学习方法。它最初是为二值分类问题设计的，当处理多类问题时，就需要构造合适的多类分类器。本文采用 libsvm 中的一对一法，其做法是在任意两类样本之间设计一个 SVM，因此，k 个类别的样本就需要设计 $k(k-1)/2$ 个 SVM。当对一个未知样本进行分类时，最后得票最多的类别即为该未知样本的类别。

3）深度神经网络

深度神经网络（deep neural network，DNN），是深度学习中较为常见的，也是最为基本的网络结构，由输入层、隐藏层、输出层组成。输入层是经过预处理的输入数据，紧接着是隐藏层，隐藏层可以是一层，也可以多层级联。网络的最后一层是输出层，输出层则是需要针对不同的预测目标来设计其节点数，例如，手写体数字识别则属于十分类任务，可以输出 10 个结点代表十分类的概率分布。DNN 的训练过程可以分为两个过程，输入信息的前向传播和基于误差的反向传播。实验中所用深度神经网络结构如图 5.24 所示，是一个四层的全连接神经网络，包含两个隐藏层，输入层节点数为训练样本的特征数，训练样本也就是从输入层传入到整个神经网络，输出层含有 3 个节点，对应三分类。设 W_{ij} 为连接节点 i 与 j 的权值，b_j 则是节点 j 对应的偏置，a_j 为节点最终的激活值，σ 代表激活函数，通常选用 Relu 函数或者是 sigmoid 函数。正向传播的公式如下：

$$a_j = \sigma\left(\sum_{i=1}^{m} w_{ij} x_i + b_j\right) \tag{5.5}$$

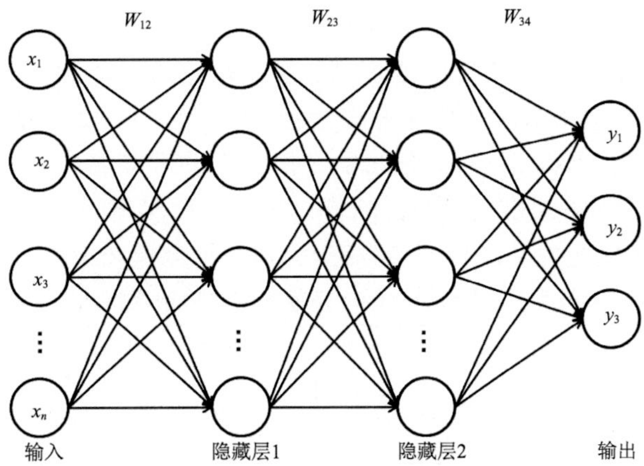

图 5.24　深度神经网络结构

误差的反向传播通常采用经典的 BP 算法（Rumelhart et al.，1986），通过计算损失函数，使用梯度下降法来不断地调整网络中的权值以减少输出结果的误差。例如，d 是期望输出，y 是网络输出，损失函数的定义可以是平方差损失：

$$\text{loss} = \frac{1}{2}\sum_{k=1}^{n}(d-y)^2 \tag{5.6}$$

整个训练以梯度下降法(gradient descent optimizer,GDO)作为优化器、以交叉熵作为损失函数进行网络的优化,使用带指数衰减的学习率设置、L2 正则化来避免过度拟合,并使用滑动平均模型来使得最终得到的模型更加健壮。

5.4.2.2　降水相态分类模型构建

1)不同特征参数组的选取方法

使用 2016—2019 年 1 月至次年 3 月的高分辨率模式产品和同期的国家自动气象站观测资料,将分析场(t=0 h)按近似 7∶3 的比例随机划分为训练集和测试集;同样将预报场(t 为 1～12 h)样本按近似 7∶3 的比例随机划分为训练集和测试集,分别基于分析场和预报场 70%的样本建立降水相态模型,并利用剩余的 30%的样本开展独立检验。分析场和预报场样本总数如表 5.5 所示。

表 5.5　分析场和预报场样本总数情况

	雨	雨夹雪	雪
分析场	97758	51219	201924
预报场	504495	209031	1215927

通过对与预报对象有明确意义的各种特征参数的选取,最终选取 41 个分析场特征,11 个预报场特征,各特征的物理意义如下:

(1)睿思模式输出产品:分析场样本包括地面 2 m 气温(T_{2m})、露点温度(T_d)、湿球温度(T_w)、相对湿度(RH)、雪线高度(Z_s)及雪混合比占雨和雪混合比的比例(SNF)及气温和湿球温度三维气象要素;预报场样本包括 T_{2m}、T_d、T_w、RH、Z_s 及 SNF。

(2)地面实况观测数据:实况天气现象。

(3)复杂地形下降水相态气候特征:基于 1955—2019 年自动气象站数据,得到京津冀地区各国家站点 T_{2m}和 T_w 在[−10 ℃,10 ℃]每 0.5 ℃间隔内雨、雨夹雪和雪的出现概率。

为比较不同特征参数构建对不同机器学习方法降水相态分类预报模型的影响,本节设计了 2 组(test1 和 test2)特征参数组的构建方法(表 5.6),其中 test2 中增加了复杂地形下降水相态气候特征,即根据 RMAPS-IN 模式输出的 2 m 气温和湿球温度,匹配[−10 ℃,10 ℃]每 0.5 ℃间隔内雨、雨夹雪和雪的出现概率,并利用 XGBoost、SVM 和 DNN 3 种机器学习方法,针对 test1 和 test2 对应的两种不同特征参数组,分别进行建模和检验。

表 5.6　不同模型不同特征参数组的构建方法

		RMAPS-IN 模式输出产品	地面实况观测数据	复杂地形下降水相态气候特征
XGBoost	test1	√	√	
	test2	√	√	√
SVM	test1	√	√	
	test2	√	√	√
DNN	test1	√	√	
	test2	√	√	√

2)数据归一化

由于奇异样本数据会导致训练时间增大和模型无法收敛的情况，为消除其带来的不良影响，使用 min－max 标准化将全部样本的每个特征映射到[0,1]。

$$X_{norm}=\frac{X-X_{min}}{X_{max}-X_{min}} \tag{5.7}$$

式中，X_{min}是原始特征 X 的最小值，X_{min}是原始特征的最大值，X_{norm}是标准化结果。

3)预测结果

由于雨、雨夹雪和雪的数据集不平衡，为了客观评测不同模型的性能差异，本文利用混淆矩阵进行评价。混淆矩阵是衡量分类型模型准确度中最基本、最直观、计算最简单的方法，即分别统计分类模型归错类、归对类的观测值个数，然后把结果放在一个表里。混淆矩阵的具体定义如表 5.7 所示，其中真阳性表示正类样本中分类正确的数量，假阴性表示对正类误分为负类的样本数，假阳性表示将负类错分为正类的样本数，真阴性表示负类正确分类的样本数。因为样本数量大，为方便对比，数字下面加“( )”里标上相对于总体的百分数，表示预测准确率，如表 5.8 和表 5.9 所示。

表 5.6 中 test1 特征参数组为睿思分析场样本和地面实况观测的天气现象，test2 特征参数组中增加了复杂地形下降水相态气候特征。针对两种不同特征参数组构建得到的 3 种不同降水相态混淆矩阵可以看出，XGBoost 和 DNN 两种机器学习方法对于雨、雨夹雪和雪的预测准确率相当，都明显高于 SVM 方法。特征参数中增加复杂地形下降水相态气候特征，可以明显提升 3 种机器学习方法对于雨、雨夹雪和雪的预测准确率。基于此，针对预报场样本，只对 test2 特征参数组方案(RMAPS-IN 预报场样本、地面实况观测的天气现象及复杂地形下降水相态气候特征)进行了建模和检测，混淆矩阵如表 5.9 所示，可以看出，XGBoost 和 DNN 两种机器学习方法对于雨、雨夹雪和雪的预测准确率相当，都明显高于 SVM 方法，整体预报准确率略低于基于分析场样本建立的降水相态模型(表 5.8)。

表 5.7 混淆矩阵

	预测为真	预测为假
实际为真	真阳性	假阴性
实际为假	假阳性	真阴性

表 5.8 基于分析场样本建立的不同降水相态模型的混淆矩阵

			XGBoost			SVM			DNN		
			预测值			预测值			预测值		
			雨	雨夹雪	雪	雨	雨夹雪	雪	雨	雨夹雪	雪
test1	真实值	雨	27418 (93.5%)	1773 (6%)	136 (0.5%)	25471 (86.9%)	3412 (11.6%)	444 (1.5%)	27931 (95.2%)	1164 (4.0%)	232 (0.8%)
		雨夹雪	1365 (8.9%)	12050 (78.4%)	1951 (12.7%)	3409 (22.2%)	7229 (47.0%)	4728 (30.8%)	1038 (6.8%)	13011 (84.7%)	1317 (8.6%)
		雪	140 (0.2%)	1365 (2.3%)	59072 (97.5%)	377 (0.6%)	2592 (4.3%)	57608 (95.1%)	305 (0.5%)	999 (1.6%)	59273 (97.8%)

续表

			XGBoost			SVM			DNN		
			预测值			预测值			预测值		
			雨	雨夹雪	雪	雨	雨夹雪	雪	雨	雨夹雪	雪
test2	真实值	雨	28162 (96.0%)	1036 (3.5%)	129 (0.4%)	25987 (88.6%)	2790 (9.5%)	547 (1.9%)	28573 (97.4%)	588 (2.0%)	163 (0.6%)
		雨夹雪	789 (5.1%)	13251 (86.2%)	1326 (8.6%)	3003 (19.5%)	9288 (60.4%)	3064 (19.9%)	627 (4.1%)	13803 (89.8%)	925 (6.0%)
		雪	84 (0.1%)	584 (1.0%)	59909 (98.9%)	564 (0.9%)	2236 (3.7%)	57770 (95.4%)	147 (0.2%)	550 (0.9%)	59873 (98.8%)

表 5.9 基于预报场样本建立的不同降水相态模型的混淆矩阵

			XGBoost			SVM			DNN		
			预测值			预测值			预测值		
			雨	雨夹雪	雪	雨	雨夹雪	雪	雨	雨夹雪	雪
test2	真实值	雨	141481 (93.5%)	5368 (3.5%)	4499 (3.0%)	134258 (88.7%)	8367 (5.5%)	8723 (5.8%)	141079 (93.2%)	6371 (4.2%)	3559 (2.4%)
		雨夹雪	3183 (5.1%)	44797 (71.5%)	14711 (23.5%)	7990 (12.7%)	30073 (48.0%)	24628 (39.3%)	4752 (7.6%)	42926 (68.5%)	14367 (22.9%)
		雪	1601 (0.4%)	5829 (1.6%)	357348 (98.0%)	4206 (1.1%)	8978 (2.5%)	351594 (96.4%)	2164 (0.6%)	6811 (1.9%)	355186 (97.4%)

另外，根据分析场和预报场 test2 方案混淆矩阵计算了不同降水相态模型的命中率（probability of detection，POD）、误警率（false alarm ratio，FAR）和临界成功指数（critical success index，CSI）（Chen et al.，2017），如表 5.10 和表 5.11 所示。基于分析场样本，SVM 模型 3 种降水相态的整体预测正确率为 88.4%，XGBoost 和 DNN 模型整体预测正确率分别为 96.3% 和 97.1%，明显优于 SVM 模型。基于预报场样本，SVM 模型 3 种降水相态的整体预测正确率为 89.1%，XGBoost 和 DNN 模型整体预测正确率分别为 93.9%和 93.4%。针对不同的降水类型，3 种模型对于雨和雪的预测准确率都明显优于雨夹雪。基于预报场数据得到的模型整体预测正确率略低于分析场，一方面是由于睿思系统格点分辨率高，分析场数据本身应用 5 min 自动气象站观测资料进行了数据融合和快速订正，大多数站点观测值可作为“真值”处理，数据的精度和准确性要优于预报场数据；另一方面，基于分析场样本建模时，共选取了 41 个分析场特征，其中包括了气温和湿球温度的三维气象要素，而由于 RMAPS-IN 系统没有三维气象要素的预报场，所以预报场样本，只选取了 11 个预报场特征，特征向量相对较少，对于模型整体预测的正确性也有一定影响。

整体来看，基于 XGBoost 和 DNN 预报场模型，对于雨诊断的准确率为 93%，略低于传统统计方案（94%），基于 SVM 预报场模型，雨诊断的准确率较传统统计方案偏低 5%；对于雨夹雪，基于 XGBoost 和 DNN 预报场模型，准确率可以达到 70%左右，高于传统统计方案（41%）；对于雪，3 种机器学习模型准确率都高于传统统计方案，其中，XGBoost 和 DNN 准确率较传统统计提升 7%，SVM 提升 5%。这也进一步说明，面对不同气候背景和海拔高度的站点，将每个诊断变量设置为同一阈值本身也会给降水相态的客观诊断带来误差，而选取合适的特征参数，基于机器学习方法对样本进行训练和学习，能够更好地解决客观模型在不同区域的适用性和预报能力。

表 5.10　基于分析场样本建立的模型预测评分

降水类型	POD			FAR			CSI		
	XGBoost	SVM	DNN	XGBoost	SVM	DNN	XGBoost	SVM	DNN
雨	0.96	0.88	0.97	0.03	0.12	0.03	0.93	0.79	0.95
雨夹雪	0.86	0.60	0.90	0.11	0.35	0.08	0.78	0.46	0.84
雪	0.99	0.95	0.98	0.02	0.06	0.02	0.97	0.90	0.97

表 5.11　基于预报场样本建立的模型预测评分

降水类型	POD			FAR			CSI		
	XGBoost	SVM	DNN	XGBoost	SVM	DNN	XGBoost	SVM	DNN
雨	0.93	0.89	0.93	0.03	0.08	0.05	0.91	0.82	0.89
雨夹雪	0.71	0.48	0.69	0.20	0.37	0.23	0.61	0.38	0.57
雪	0.98	0.96	0.98	0.05	0.09	0.05	0.93	0.88	0.93

5.4.3　个例分析

2021 年 2 月 13—15 日北京出现本年度首次雨雪天气，此次过程恰逢春节，雨雪天气直接影响春运以及给人们出行带来不便。此次主要降雨时段为 14 日 08—17 时，14 时后南部降水明显减弱，呈现北多南少的态势。13—14 日平原及城区以小雨为主，随着温度下降，高海拔山区逐渐转为雨夹雪或雪。15 日降水相态为雪。

从 14 日自动气象站实况观测资料可以看出，昌平国家站最先出现降水，降水时间为 06 时 39 分—15 时 14 分，降水相态均为雨，累计降水量 0.8 mm，另外，顺义、平谷、怀柔、石景山、通州、大兴、观象台、朝阳等国家观测站，降水相态均为雨。根据人工观测记录，怀柔汤河口站海拔高度 331.6 m，13 时 30 分—14 时的降水相态是雨夹雪，14—15 时的降水相态是雨；怀柔宝山镇碾子站，海拔高度为 569 m，12 时 20 分以后降水相态由雨转为雪，16 时 40 分停止降雪；怀柔琉璃庙镇，海拔高度为 341 m，14 时 30 分转为雪，16 时 30 分停止降雪；怀柔喇叭沟门乡，海拔高度为 473 m，11 时 10 分—17 时降水相态为雪。平谷玻璃台海拔高度为 680 m，11 时 21 分—14 时 19 分降水相态为雨夹雪，14 时 20 分转为雪。密云城区及西南部地区，降水相态为间歇性小雨和毛毛雨；密云西北部、北部及东部地区出现了雨夹雪或雪，其中密云北栅子，海拔高度为 594 m，降水相态为雨夹雪；大城子，海拔高度为 245 m，降水相态为雨夹雪；新城子，海拔高度为雪，海拔高度为 373 m，降水相态为雪。

本工作基于传统统计方法及 3 种机器学习方法建立的降水相态的高分辨率客观分类模型，对 2021 年 2 月 13—15 日降水相态进行了预测和检验。表 5.12 给出了传统统计方法（简称为 Y20）、XGBoost、SVM、DNN 这 4 种降水相态客观分类模型对这次过程的预测准确率评分。从表 5.12 可以看出，这次过程 Y20 预测雪的准确率（0.89）高于 3 种机器学习方法，其中 DNN 方法预测的雪准确率（0.77）略优于 XGBoost（0.75）和 SVM（0.73）；Y20 方案对雨预测的准确率(0.79)都低于 3 种机器学习方法,SVM 对于雨预测的准确率(0.98)最高,其次为 DNN(0.93)。

表 5.12　2021 年 2 月 13—15 日 Y20、XGBoost、SVM、DNN 4 种降水相态客观分类模型预测准确率评分

降水类型	POD			
	Y20	XGBoost	SVM	DNN
雨	0.79	0.89	0.98	0.93
雨夹雪	/	/	/	/
雪	0.89	0.75	0.73	0.77

图 5.25 给出了 2021 年 2 月 14 日 08 时(北京时)基于传统统计方法的睿思诊断降水相态分析场(填色)和观测降水相态(散点)的对比。通过与实时自动观测天气现象(只有国家站有资料)对比,睿思系统对怀柔站(海拔高度为 76 m),平谷站(海拔高度为 32 m),密云(海拔高度为 72 m)(实况:降水相态均为雨)提前 6 h 预报均为雨,与实况一致。

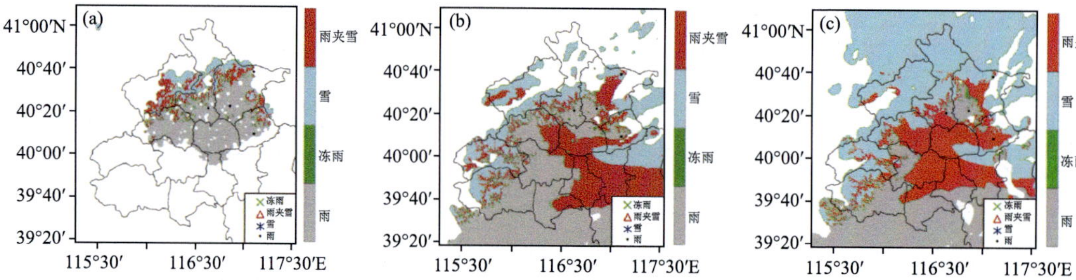

图 5.25　2021 年 2 月 14 日 08 时(北京时)睿思降水相态分析场(填色)和观测降水相态(散点)及对应时次降水相态预报场

(a. 14 日 08 时实况,b. 14 日 02 时 6 h 预报,c. 13 日 20 时 12 h 预报)

通过与人工加密观测天气现象对比,睿思对汤河口、碾子站、琉璃庙、北栅子、大城子、新城子等高海拔站点提前 6 h 或 12 h 为雨夹雪或雪(实况:降水相态为雨夹雪或雪),与实况一致。

图 5.26 给出了 2021 年 2 月 14 日 12 时(北京时)睿思诊断降水相态分析场(填色)和观测降水相态(散点)的对比。从图中可以看出,睿思提前 3 h 对城区降水相态预报为雨,与实况一致;对怀柔北部,密云西北部、北部及东部地区预报为雨夹雪或雪、南部预报为雨,平谷东北部

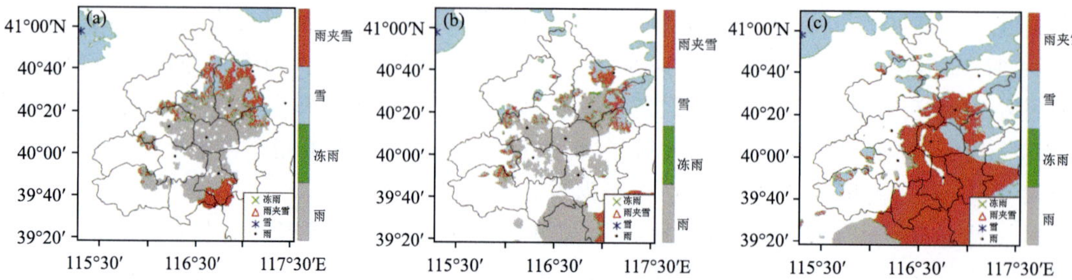

图 5.26　2021 年 2 月 14 日 12 时(北京时)睿思降水相态分析场(填色)和观测降水相态(散点)及对应时次降水相态预报场

(a. 14 日 12 时实况,b. 14 日 09 时 3 h 预报,c. 14 日 06 时 6 h 预报)

预报为雨夹雪或雪，与人工加密观测天气现象(14日怀柔北部出现了雨夹雪和雪，南部出现了间歇性小雨；密云城区及西南部地区，降水相态为间歇性小雨和毛毛雨；密云西北部、北部及东部地区出现了雨夹雪或雪；平谷玻璃台等东北部地区出现了雨夹雪和雪，城区为间歇性雨)一致。提前6 h预报的雨夹雪范围较实况略偏大。

参考文献

蔡雪薇，白佳蕴，2013. 2012年11月吉林省东南山区两次雨转暴雪过程对比分析[J]. 气象与减灾研究，36(3):43-50.

陈双，谌芸，何立富，等，2019. 我国中东部平原地区临界气温条件下降水相态判别分析[J]. 气象，45(8):1037-1051.

程丛兰，陈敏，陈明轩，等，2019. 临近预报的两种高时空分辨率定量降水预报融合算法的对比试验[J]. 气象学报，77(4):701-714.

崔锦，周晓珊，陈力强，等，2011. 利用WRF模式制作东北地区冬季降水相态预报[J]. 气象与环境学报，27(6):1-6.

崔锦，周晓珊，阎琦，等，2014. WRF模式不同微物理过程对东北降水相态预报的影响[J]. 气象与环境学报，30(5):1-6.

董全，黄小玉，宗志平，2013. 人工神经网络法和线性回归法对降水相态的预报效果对比[J]. 气象，39(3):324-332.

段长春，段旭，段苏芩，等，2011. 近50年云南省降雪的气候变化特征[J]. 气象，37(5):599-606.

辜旭赞，2011. 2008年1月我国南方持续雨雪过程的诊断分析[J]. 高原气象，30(1):150-157.

顾震潮，1980. 云雾降水物理基础[M]. 北京：科学出版社.

蒋建莹，史历，倪允琪，2005. 一次"高影响天气"的弱降雪过程的数值研究[J]. 应用气象学报，16(2):231-237.

李登文，乔琪，魏涛，2009. 2008年初我国南方冻雨雪天气环流及垂直结构分析[J]. 高原气象，28(5):1140-1148.

李江波，李根娥，裴雨杰，等，2009. 一次春季强寒潮的降水相态变化分析[J]. 气象，35(7):87-94.

李金霞，王海丰，2012. 二分查找判定树的构造方法研究及应用[J]. 软件，33(4):20-22.

刘玉莲，任国玉，于宏敏，2012. 中国降雪气候学特征[J]. 地理科学，32(10):1176-1185.

漆梁波，张瑛，2012. 中国东部地区冬季降水相态的识别判据研究[J]. 气象，38(1):96-102.

宋林烨，陈明轩，程丛兰，等，2019. 京津冀夏季雷达定量降水估测的误差统计及定量气候校准[J]. 气象学报，77(3):497-515.

孙继松，梁丰，陈敏，等，2003. 北京地区一次小雪天气过程造成路面交通严重受阻的成因分析[J]. 大气科学，27(6):1057-1066.

孙晶，王鹏云，李想，等，2007. 北方两次不同类型降雪过程的微物理模拟研究[J]. 气象学报，65(1):29-43.

孙欣，蔡芗宁，陈传雷，等，2011. "070304"东北特大暴雪的分析[J]. 气象，37(7):863-870.

王亮，王春明，2010. 一次雨夹雪转暴雪天气过程的微物理模拟研究[J]. 气象与环境学报，26(2):31-39.

徐辉，金荣花，2010. 地形对2008年初湖南雨雪冰冻天气的影响分析[J]. 高原气象，29(4):957-967.

许爱华，乔林，詹丰兴，等，2006. 2005年3月一次寒潮天气过程的诊断分析[J]. 气象，32(3):49-55.

许美玲，梁红丽，金少华，等，2015. 昆明冬季降水相态识别判据研究[J]. 气象，41(4):474-479.

杨成芳，姜鹏，张少林，等，2013. 山东冬半年降水相态的温度特征统计分析[J]. 气象，39(3): 355-361.

杨成芳，周淑玲，刘畅，等，2015. 一次入海气旋局地暴雪的结构演变及成因观测分析[J]. 气象学报，73(6):1039-1051.

杨璐，陈敏，陈明轩，等，2019. 高时空分辨率三维风场在强对流天气临近预报中的融合应用研究[J]. 气象学报,77(2):243-255.
尤凤春,郭丽霞,史印山,等,2013.北京降水相态判别指标及检验[J].气象与环境学报,29(5): 49-54.
俞小鼎,2014.关于冰雹的融化层高度[J].气象,40(6):649-654.
张琳娜,郭锐,曾剑,等,2013.北京地区冬季降水相态的识别判据研究[J].高原气象,32(6):1780-1786.
张迎新,姚学祥,侯瑞钦,等,2011.2009 年秋季冀中南暴雪过程的地形作用分析[J].气象,37(7):857-862.
赵思雄,孙建华,陈红,等,2002.北京"12·7"降雪过程的分析研究[J].气候与环境研究,7(1):7-21.
郑婧,许爱华,刘波,等,2010.江西大雪天气的时空变化及其影响系统分析[J].气象,36(4):30-36.
ALLEN R L,2001. MRF-based MOS precipitation type guidance for the United States[J]. NWS Tech Procedures Bull,485:12.
ALLEN R I,ERICKSON M C,2001. AVN-based MOS precipitation type guidance for the United States[J]. NWS Tech Procedures Bull,476:10.
BALDWIN M E,CONTORNO S,1993. Development of a weather-type prediction system for NMC's mesoscale Eta model[J]. Amer Meteor Soc: 86-87.
BALDWIN M E,TREADON R,CONTORNO S,1994. Precipitation type prediction using a decision tree approach with NMCs mesoscale eta model. 10th Conf. on Numerical Weather Prediction,Portland,OR[J]. Amer Meteor Soc: 30-31.
BAO H D,KUN Y,JUN Q,et al,2014. The dependence of precipitation types on surface elevation and meteorological conditions and its parameterization[J]. Journal of Hydrology,513:154-163.
BENJAMIN S G,COAUTHOR S,2016. A North American hourly assimilation and model forecast cycle: The Rapid Refresh[J]. Mon Wea Rev,144:1669-1694.
BOCCHIERI J R,1979. A new operational system for forecastingprecipitation type[J]. Mon Wea Rev,107:637-649.
BOCCHIERI J R,1980. The objective use of upper air soundings to specify precipitation type[J]. Mon Wea Rev,108:596-603.
BOCCHIERI J R,MAGLARAS G J,1983. An improved operational system for forecasting precipitation type [J]. Mon Wea Rev,111:405-419.
BOURGOUIN P,2000. A method to determine precipitation types[J]. Wea Forecasting,15: 583-592.
BROWN J M,COAUTHORS,2011. Improvement and testing of WRF physics options for application to Rapid Refresh and High Resolution Rapid Refresh[J]. Amer Meteor Soc: 5.
CHANGNON S A,2003. Characteristics of ice storms in the United States[J]. J Appl Meteor,42:630-639.
CHAO W C,2012. Correction of excessive precipitation over steep and high mountains in a GCM[J]. J Atmos Sci,69(5):1547-1561.
CHEN M,BICA B,TUCHLER,et al. 2017. Statistically extrapolated nowcasting of summertime precipitation over the Eastern Alps[J]. Advances in Atmospheric Sciences,34(7): 925-938.
CHEN T,GUESTRIN C,2016. XGBoost: A scalable tree boosting system[C]//Proceedings of the 22nd acm sigkdd international conference on knowledge discovery and data mining. [S. l.]: ACM: 785-794.
CHENARD M,SCHUMACHER P N,REEVES H D,2015. Determining precipitation type from maximum temperature in the lower atmosphere. Preprints,23rd Conf. on Numerical Weather Prediction/27th Conf. on Weather Analysis and Forecasting,Chicago,IL,Amer Meteor Soc,6B2[OL]. https://ams. confex. com/ams/27WAF23NWP/webprogram/Paper273342. html.
COBER S,ISAAC G A,STRAPP J W,2001. Characterizations of aircraft icing environments that include supercooled large drops[J]. J Appl Meteor,40:1984-2002.
CORTES C,VAPNIK V,1995. Support-Vector Networks[J]. Machine Learning,20:273-297.

CZYS R R,SCOTT R W,TANG K C,et al,1996. A physically based,nondimensional parameter for discriminating between locations of freezing rain and ice pellets[J]. Wea Forecasting,11:591-598.

DING B H,YANG K,QIN J,et al,2014. The dependence of precipitation types on surface elevation and meteorological conditions and its parameterization[J]. J Hydrometeor,513:154-163.

ELMORE K L,GRAMS H M,APPS D,et al,2015. Verifying forecast precipitation type with mPING[J]. Wea Forecasting,30:656-667.

HOUSSEYNI S,JULIE M THÉRIAULT,2016. On the relationship between the snowflake type aloft and the surface precipitation types at temperatures near 0 ℃[J]. Atmospheric Research,180:297-296.

HUFFMAN G J,NORMAN G A,1988. The supercooled warm rain process and the specification of freezing precipitation[J]. Mon Wea Rev,116(11):2172-2182.

IKEDA K,STEINER M,PINTO J,et al,2013. Evaluation of cold-season precipitation forecasts generated by the hourly updating High-Resolution Rapid Refresh model[J]. Wea Forecasting,28:921-939.

JANJIC Z I,BLACK T L,PYLE M E,et al,2005. The NCEP WRF-NMM core. Preprints,Joint WRF/MM5 User's Workshop,Boulder,CO,NCAR,2. 9.

KEETER K K,CLINE J W,1991. The objective use of observed and forecast thickness values to predict precipitation type in North Carolina[J]. Wea Forecasting,6:456-469.

KIENZLE S W,2008. A new temperature based method to separate rain and snow[J]. Hydrol Process,22:5067-5085.

LOTH B,GRAF H F,OBERHUBER J M,1993. Snow cover model for global climate simulations[J]. Journal of Geophysical Research-atmo-spheres,98:10451-10464.

LOWNDES C A S,BEYON A,HAWSON C L,1974. An assessment of some snow predictors[J]. Meteorol Mag,103:341-358.

LUNDQUIST J D,NEIMAN P J,MARTNER B,et al,2008. Rain versus snow in the Sierra Nevada,California: Comparing Doppler profiling radar and surface observations of melting level[J]. J Hydrometeorol,9:194-211.

MANIKIN G S,2005. An overview of precipitation type forecasting using NAM and SREF data. Preprints,21st Conf. on Weather Analysis and Forecasting/17th Conf. on Numerical Weather Prediction,Washington,DC,Amer Meteor Soc,8:6.

MOORTHI S,PAN H L,CAPLAN P,2001. Changes to the 2001NCEP operational MRF/AVN global analysis/forecast system[J]. NWS Tech Procedures Bull,484:14.

MORRISON H,CURRY J A,KHVOROSTYANOV V I,2005. A new double-moment microphysics parameterization for application in cloud and climate models. Part I: Description [J]. J Atmos Sci,62(6):1665-1677.

MORRISON H,THOMPSON G,TATARSKII V,2009. Impact of cloud microphysics on the development of trailing stratiform precipitation in a simulated squall line: Comparison of one-and two-moment schemes [J]. Mon Wea Rev,137(3):991-1007.

PRUPPACHER H R,KLETT J D,1997. Microphysics of clouds and precipitation. [M]. Netherlands:Kluwer Academic Publishers.

RAJAGOPAL S,HARPOLD A A,2016. Testing and improving temperature thresholds for snow and rain prediction in the Western United States[J]. J Am Water Resour Assoc,52(5):1142-1154.

RAMER J,1993. An empirical technique for diagnosing precipitation type from model output. Fifth Int. Conf. on Aviation Weather Systems,Vienna,VA[J]. Amer Meteor Soc:227-230.

RUMELHART D E,HINTON G E,WILLIAMS R J,1986. Learning representations by back-propagating errors[J]. Nature,323:533-536.

SCHUUR T J,PARK H S,RYZHKOF A V,et al,2012. Classification of precipitation types during transitional winter weather using the ruc model and polarimetric radar retrievals[J]. J Appl Meteor Climatol,51:763-779.

STEWART R E,THÉRIAULT J M,HENSON W,2015. On the characteristics of and processes producing winter precipitation types near 0 ℃[J]. Bull Am Meteorol Soc,96:623-639.

THÉRIAULT J M,STEWART R E,HENSON W,2010. On the dependence of winter precipitation types and temperature,precipitation rate,and associated features[J]. J Appl Meteor Climatol,49:1429-1442.

THOMPSON G,RASMUSSEN R M,MANNING K,2004. Explicit forecasts of winter precipitation using an improved bulk microphysics scheme. Part Ⅰ: Description and sensitivity analysis[J]. Mon Wea Rev,132:519-542.

THOMPSON G,FIELD P R,RASMUSSEN R M,et al,2008. Explicit forecasts of winter precipitation using an improved bulk microphysics scheme. Part Ⅱ: Implementation of a new snow parameterization[J]. Mon Wea Rev,136:5095-5115.

THOMPSON G,EIDHAMMER T,2014. A study of aerosol impacts on clouds and precipitation development in a large winter cyclone[J]. J Atmos Sci,71:3636-3658.

VAVRUS S,2007. The role of terrestrial snow cover in the climate system[J]. Climate Dyn,29:73-88.

WAGNER J A,1957. Mean temperature from 1000 mb to 500 mb as a predictor of precipitation type[J]. Bull Amer Meteor Soc,38:584-590.

WU B Y,YANG K,ZHANG R H,2009. Eurasian snow cover variability and its association with summer rainfall in China[J]. Advances in Atmospheric Sciences,26:31-44.

ZHANG T J,2005. Influence of the seasonal snow cover on the ground thermal regime: An overview[J]. Reviews of Geophysics,43(4):1-23.

ZHONG K,ZHENG F,XU X,et al,2018. Discriminating the precipitation phase based on different temperature thresholds in the Songhua River Basin[J]. China Atmos Res,205: 48-59.

ZHOU B,COAUTHOR S,2011. The great 2008 Chinese ice storm: Its socioeconomic-ecological impact and sustainability lessons learned[J]. Bull Amer Meteor Soc,92:47-60.